JN173778

高圧バイオサイエンスとバイオテクノロジー

—High Pressure Bioscience and Biotechnology—

野村 一樹・藤澤 哲郎・岩橋 均 編集

三恵社

はじめに

本書は、2013年9月5‐6日の両日にわたり岐阜大学サテライトキャンパスを会場として開催された第18回生物関連高圧研究会シンポジウムの記録集として出版するものであり、林力丸先生の追悼集としたい。

本研究会は、1988年10月京都大学の宇治キャンパスで「食品加工技術としての圧力利用」と題する講演会が開催され、その場で、発起人を岡見吉郎先生（微生物化学研究所），嶋田昇二先生（オリエンタル酵母工業）、谷口吉弘先生（立命館大学），堀 恵一先生（三菱重工業広島製作所），守時正人先生（神戸製鋼所）功刀 滋先生（京都工芸繊維大学）らによって、「生物関連領域における高圧科学研究会」が、主唱を林 力丸先生として発足した事に始まる（第一章参照）。

訃報「2013年8月3日　林 力丸先生　御逝去」は、本研究会シンポジウムの準備中に、功刀 滋先生から届いた。直ぐに会員の皆様にメールで配信したところ、多くの先生方から返信を頂いた。特に、本研究会発足当時にご活躍されていたが、最近の研究会には参加されていなかった先生方からの御返信が多く寄せられた。研究会においても御紹介させて頂いたがこの場を借りてお礼申し上げたい。

元々本シンポジウムの招待講演を功刀 滋先生にお願いすることを、勝手に心の中で決めていたこともあり、先生には「生物関連高圧研究会の来し方」と言うタイトルでのご講演をお願いすると共に本書の第一章の執筆をお願いした。また、鈴木敦士先生、嶋田昇二先生、大隈正子先生から追悼文をいただいた。

本書のタイトルは、「高圧バイオサイエンスとバイオテクノロジー」とさせて頂いた。これは、青山学院大学の阿部文快先生のご尽力により、J-STAGEに掲載されている本研究会のプロシーディングのタイトルをそのまま利用させていただいた。形式も同プロシーディングに合わせた。「生物関連領域における高圧科学研究会」では、記録集の出版を積極的に行ってきた。「データは記録として残さなければならない。」という林 力丸先生の強い意志に基づいている。「後世に記録を残すことが我々の使命である。」とよく言われていた。かなり遅くなってしまったが、この出版をもって最低限のつとめを果たしたと、思って下さっているだろうか、多分、小言が天からふってくるのだと思う。それを直接聞けないのは寂しい。

林力丸先生の遺影は、「三洋化成ニュース」No.390 1998年秋号に掲載されたものであり、再掲に際し、この場を借りて御礼申し上げます。

2015年　早春

岩橋 均

「三洋化成 ニュース」No.390 1998 年秋号より再掲

追悼
林　力丸先生のご逝去を悼む

鈴木　敦士

新潟大学

林力丸先生（京都大学名誉教授）は 2013 年 8 月 3 日、肝臓癌のために逝去されました。73 歳でした。わが国の平均寿命から考えると早すぎるご逝去でした。生前の林先生にいただいたご恩と先生のご功績を思うと、未だ悲しみと残念な気持ちが癒えることはありません。

林先生は1963年3月北海道大学農学部農芸化学科を卒業後、京都大学大学院に進学し、1965年に修士の学位を取得後、同大学食糧科学研究所の助手に採用されました。農学博士の学位を取得(1969年)後、食糧科学研究所の助教授（1977年）を経て1992年に京都大学農学部農芸化学科教授に昇格し、申し合わせにより2003年に定年退職しました。京都大学在籍中のご業績により京都大学名誉教授の称号を授与されました。その後2003年4月から2008年3月まで日本大学生物資源科学部の教授を務めました。

先生のご業績はタンパク質化学、酵素化学、ペプチド化学、高圧バイオサイエンス、高圧食品科学など多方面におよんでいますが、ここでは筆者との関係が一番深い高圧食品科学につい述べたいと思います。

J. Biological Chemistry, Vol.19, 511-512 (1914) に掲載された P. W. Bridgman 博士（1946年ノーベル物理学賞受賞）の「殻付きの卵に500～600 MPaの静水圧を加えると卵黄・卵白ともに凝固する」という論文は「食品の色、風味および栄養価を損なわず、殺菌可能な加熱に代わる食品加工としての圧力利用の可能性を示唆する」、とお考えになった林先生は「食品への高圧利用」を提唱しました｛食品と開発, Vol. 22, 55 (1987)｝。そして、(1) 高圧装置産業界と食品産業界の連携を図ること、(2) 食品や生物素材の加圧効果について情報交換を広く進めること、の２つを目的として1988年10月京都大学宇治研究所において討論会を開催しました。これが第１回生物関連高圧研究会シンポジウムに該当します。先生の提案をきっかけとして、農林水産省支援による「超高圧利用技術研究組合」が発足し(1989年～1993年までの４年間にわたる)、国内外から食品加工への高圧利用の取り組みが促進されました。　その結果、世界初の高圧加工食品として日本でジャムが開発され、これ以降、個包装米飯、畜肉加工品、味噌、ジュース、牡蠣などの魚介類、野菜（アボカドペースト）など各種の高圧加工食品が国内外で市場に提供されています。

次に先生と新潟との関係について触れたいと思います。新潟大学で開催された1989年度日本農芸化学会全国大会において「食品の加工・保蔵への高圧利用」がシンポジウムの課題として取り上げられました。これを契機とし「新潟県高圧応用食品研究会」が生まれました。これは前述の農林水産省支援による「超高圧利用技術研究組合」の発足に先駆けるものでありました。勉強会に先生を講師としてお招きした際に京都大学宇治研究所に於けるシンポジウムをもとに刊行された、「食品への高圧利用（さんえい出版、1989年)」を持参されました。私たちはこの書籍を買い求め、現在もなお、「高圧食品研究」のバイブルとして活用しています。

その後、京都で開催された、いくつかの国際会議に参加し、新潟県の高圧食品研究は産・学・官の協力により順調に発展しました。京都で開催されることが恒例となっていた生物関連高圧研究会シンポジウムを1996年に初めて京都の地を離れて新潟で開催することが出来ました。

このような背景のもとに2008年1月、日本科学技術振興機構（JST）2007年度「新潟県地域結集型研究開発プログラムー食の高付加価値化に資する基盤技術の開発」が開始され、林先生はフェーズＩの研究顧問に就任されました。このプログラムは新潟県が提案したものですが、新潟県内の研究者・研究機関にとどまらず、林先生と縁のある、あるいは教えを受けた研究者が多数参加しました。その成果は「進化する食品高圧加工技術－基礎から最新の応用事例までー」として刊行されました(2013年 NTS)。

現在、この成果を如何に実用に結びつけるかが緊急を要する課題となっています。実用化というボールは産業界に投げかけられていますが、これを如何に打ち返すかは学・官との緊密な連携を必要とします。この大事な時期に林先生を失ったことは痛恨の極みであります。

先生の高圧バイオサイエンス・高圧食品科学に関する多くのご業績と社会貢献に深く感謝するとともに、先生のご意志を継いで高圧バイオサイエンスの発展と後継者の育成に努力することをお誓いして、謹んで哀悼の意を表します。

目　次

第 3 編　生物に与える高圧効果

第 4 編　生体物質に与える高圧効果

High Pressure Bioscience and Biotechnology

Edited by
Kazuki Nomura, Tetsuro Fujisawa, and Hitoshi Iwahashi

Published by
SANKEISHA Co., Ltd., Aichi, Japan

CONTENTS

8. Inactivation of *Escherichia coli* in Liquid Whole Egg with Sucrose by High Hydrostatic Pressure
Shigeaki Ueno[*1], Norihito Kimizuka[2], Mayumi Hayashi[3], Toshimi Hasegawa[3], Akinori Iguchi[3], Toru Shigematsu[3]
*[1] Faculty of Education, Saitama University. [2] School of Food, Agricultural and Environmental Sciences, Miyagi University. [3] Faculty of Applied Life Sciences, Niigata University of Pharmacy and Applied Life Sciences. *E-mail: shigeakiu@mail.saitama-u.ac.jp*

III. Effects of High Pressure on Organisms

9. Strong Tolerance of Animals and Plants to Very High Pressure
Fumihisa Ono[1], Naomi Nishihira[2], Yoshio Hada[3], Yoshihisa Mori[1], Kenichi Takarabe[1], Yasushi Matsushima[4], Masayuki Saigusa[5], N. L. Saini[6]
[1] Department of Applied Science, Okayama University of Science. [2] Okayama Ichinomiya Senior High School. [3] Department of Biosphere-Geosphere System Science, Okayama University of Science. [4] Department of Physics, Okayama University. [5] Department of Biology, Okayama University. [6] Dipartimento di Fisica, Universita di Roma "La Sapienza".
**E-mail: fumihisa@das.ous.ac.jp*

10. Effects of Divalent Metal Ions on Pressure-Induced Hemolysis of Human Erythrocytes
Kento Kiyotake, Takeo Yamaguchi[*]
Department of Chemistry, Faculty of Science, Fukuoka University.
**E-mail: takeo@fukuoka-u.ac.jp*

11. Hemolytic Properties under High Pressure of Human Erythrocytes Agglutinated by Lectin
Takeo Yamaguchi*, Keita Tajiri
Department of Chemistry, Faculty of Science, Fukuoka University.
**E-mail: takeo@fukuoka-u.ac.jp*

12. Bacterial Motility Measured by High–Pressure Microscopy
Masayoshi Nishiyama[*]
The HAKUBI Center for Advanced Research / WPI-iCeMS, Kyoto University.
**E-mail: mnishiyama@icems.kyoto-u.ac.jp*

13. Pressure Inactivation Analyses on Pressure-Tolerant and Sensitive Mutants of *Saccharomyces cerevisiae*
Toru Shigematsu*[1], Masaru Nanba[1], Kazuki Nomura[1,3], Tomoe Saiki[1], Manabu Hayashi[1], Kanako Nakajima[2], Miyuki Kido[1], Mayumi Hayashi[1], and Akinori Iguchi[1]
[1]Faculty of Applied Life Sciences, Niigata University of Pharmacy and Applied Life Sciences. [2]Liaison Center for R&D Promotion, Niigata University of Pharmacy and Applied Life Sciences.
[3]The United Graduate School of Agricultural Science, Gifu University.
**E-mail: shige@nupals.ac.jp*

14. Inactivation Mechanism of Yeast Cells by High Hydrostatic Pressure
Shuto Ohshima[1], Michiru Toyama[2], Kazuki Nomura[3], Hitoshi Iwahashi*[1,2,3]
*[1] The Graduate School of Applied Biological Sciences, Gifu University. [2]Faculty of Applied Biological Sciences, Gifu University. [3]The United Graduate School of Agricultural Science, Gifu University. *E-mail: h1884@gifu-u.ac.jp*

15. The Effect of the Petit-High Pressure Carbon Dioxide Gas to the Yeast *Saccharomyces cerevisiae* S288C.
Masataka Kusube*[1], Noboru Ise[2], Sho Hamada[3], Chizu Horie[1] and Dina Pranaswari[1]
[1]Department of Material Science, National Institute of Technology, Wakayama College. [2]Department of Civil Engineering, National Institute of Technology, Wakayama College. [3]Advanced of Engineering Faculty, National Institute of Technology, Wakayama College.
**E-mail: kusube@wakayama-nct.ac.jp*

16. History of High Pressure Bioscience and Biotechnology
Kazuki Nomura* and Hitoshi Iwahashi
The United Graduate School of Agricultural Science, Gifu University.
**E-mail: k.nomura6103@gmail.com*

IV. Effects of High Pressure on Biological Substances

17. Pressure-Induced Membrane Fusion of Phospholipid Bilayer Membranes: Spherical Growth of Giant Unilamellar Vesicles
Hitoshi Matsuki*, Masaki Goto, Nobutake Tamai, Shoji Kaneshina
Department of Life System, Institute of Technology and Science, The University of Tokushima.
**E-mail: matsuki@bio.tokushima-u.ac.jp*

18. High-Pressure Induced Degradation of the Yeast Tryptophan Permease Tat1: Quality Control of Membrane Proteins
Fumiyoshi Abe*, Takahiro Mochizuki, Asaha Suzuki, and Satoshi Uemura
*Department of Chemistry and Biological Science, College of Science and Engineering, Aoyama Gakuin University. *E-mail: abef@chem.aoyama.ac.jp*

19 Environmental Adaptation Mechanism of Dihydrofolate Reductases from Deep-sea Bacteria
Eiji Ohmae*[1], Yurina Miyashita[1], Kunihiko Gekko[2], and Chiaki Kato[3]
[1] Department of Mathematical and Life Sciences, Graduate School of Science, Hiroshima University. [2] Institute for Sustainable Sciences and Development, Hiroshima University. [3] Institute of Biogeosciences, Japan Agency for Marine-Earth Science and Technology (JAMSTEC).
** E-mail: ohmae@hiroshima-u.ac.jp*

20. Structural Study of Proteins Using High-Pressure Protein Crystallography: Pressure-Induced Hydration Structure Change of 3-isopropylmalate Dehydrogenase and Pressure Adaptation of a Deep-Sea Bacteria Enzyme
Takayuki Nagae[1], Yuki Hamajima[2], Takashi Kawamura[3], Ken Niwa[4], Masashi Hasegawa[4], Chiaki Kato[5], Nobuhisa Watanabe[3, 4*]
[1]Venture Business Laboratory, Nagoya University. [2]Graduate School of Science, Rikkyo University. [3]Synchrotron Radiation Research Center. [4]Graduate School of Engineering. [5]Japan Agency for Marine-Earth Science and Technology (JAMSTEC).
**E-mail: nobuhisa@nagoya-u.jp*

第 1 編　追悼

高圧下の酵素反応研究と生物関連高圧研究会の来し方
－林力丸先生を偲んで－

功刀　滋

京都工芸繊維大学名誉教授

要旨

林力丸先生の生物関連高圧科学へのご貢献と、本研究会の歩みを、筆者のかかわりを中心に回顧し、先生のご遺徳を偲んだ。
The huge contribution of Prof. Rikimaru Hayashi to high pressure science in bio-related field and to this HPBBJ meeting is commemorated.

確か1986年の年初ではなかったかと思う。雪の降った後で、普通の革靴を履いておられた先生は、靴先をずぶ濡れにして私の大学の建物に入って来られた。勿論先生のことだから、いくらかの文句を口にされながら。

その数年前だったかと記憶するが、「功刀君、君はカルボキシペプチダーゼＹ（CPDY）もやっているそうじゃあないか、一度話に来たらどうだ」と仰っていただいて、宇治の食糧研に研究紹介の講演をしに出かけた。

私自身は、京都大の助手の時に始めたタンパク質分解酵素に対する高圧の研究を83年に移動した福井大学では継続できず、後輩の福田君が京都で続けてくれていたが、セリンプロテアーゼから始まってZn-プロテアーゼと進み、その次にセリンカルボキシペプチダーゼを取りあげていた。この時には、基質と反応の両面（カルボキシペプチダーゼ活性とエステラーゼ活性）から興味を持って始めたのだが、その大元の単離や活性残基の決定が林先生らによって行われていた[1, 2]ことは、あまりよく知らなかった。従って、本家に乗り込んで話をするなどという無謀さには気づかなかったというところである。後に林先生のアドバイスでエンドペプチダーゼ用の蛍光ペプチド基質をCPDYなどが切段することを示す研究を一緒にすることができた[3]。

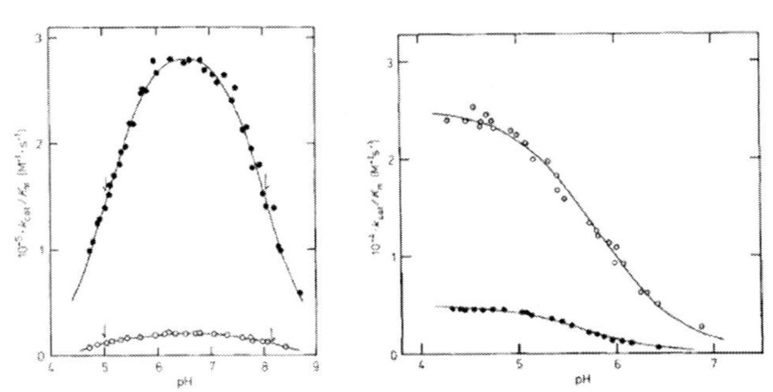

Fig. 1 Effect of pressure on the hydrolytic activity of TLN (left) and CPDY (right). ○ambient pressure, ●100 MPa. Substrate: $FuaGlyPheNH_2$ for TLN and FuaGlyPhe for CPDY. From ref 4(CPDY) and ref 5 (TLN).

講演では、加圧で減速するCPDYの結果[4]よりも、1,000気圧かけると10倍以上加水分解活性が上がるZn-酵素のサーモライシン（TLN）の結果[5]に興味を持たれたようで、後日「加圧下でタンパク質を分解させたら、よく切れるのではないか」という話をされ、milk wheyをTLNで切ってみようではないかと進んだ。そして milk wheyとβ-lactoglobulin, α-lactalbuminの試料を携えて、福井まで来られたのである。ただ、まだ福井では高圧の装置を持っていなかったので、教育学部の先生に頼んで貸してもらって実験を行った。加圧下ではβ-lactoglobulinがかなり見事に優先的に加水分解された。この結果は86年の8月にJournal of Food Scienceに投稿されたが、編集部門の手違いで、ほぼ1年後の87年7月に掲載された[6]。たった2頁のresearch noteではあるが、林先生が発表された論文の中では4番目に被引用数の多いものとなっている。（116 by Google Scholar, 03. 2015）

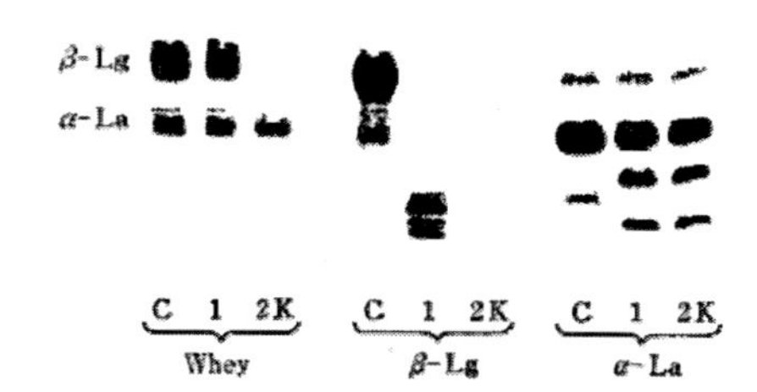

Fig. 2. SDS-PAGE of thermolysin digests of cow's milk whey concentrates, β-lactogloblin (β-Lg) and α-lactalbumin (α-La) at ambient pressure (1) and 200 MPa (2K). C; control without enzyme. From ref 6.

このころまでに、林先生は研究所内の食糧安全利用分野に移られており、リジノアラニンの毒性やアミノ酸のラセミ化などを研究されていたので[7, 8]、食品の非熱加工に強い関心を持っておられ、圧力がその有力な候補ではないかと思われるようになっていった。

生物や食品への高圧効果そのものは、19世紀末にBert [9], Regnard [10]やCertes [11]らが魚などに対する圧力の影響を調べたり、Royer [12]が高圧によるバクテリアの殺菌を示したりしたり、あるいはHite [13]がミルク、果物、肉、野菜への圧力の影響を検討したころにまで遡る。さらに1914年にはBridgemanが卵白のゲル化を示している[14]。

一世紀近い時間を経て、再び生物材料への高圧の効果を「利用しよう」とする動きがこの国で始まっていく。87年だけで林先生の邦文論文（主に提言）は「食品と開発」[15]「醗酵工学会誌」[16]「化学と生物」[17]と3報あり、調理・加工・殺菌・保存への高圧利用の可能性を説いておられる。「自分は応用を中心に書くから君は基礎的なことを書け」とおっしゃられ、幾つかの総説を回してこられたので、浅はかにも似たような話をそこここに書かしていただいたことを、冷や汗をかきながら思い出す[18-20ほか]。

早くも翌88年10月には京都大の宇治キャンパスで「食品加工技術としての圧力利用」と題する講演会が開催され、その場で「生物関連領域における高圧科学研究会」（主唱 林力丸）が発足した（発起人：岡見吉郎（微生物化学研究所），嶋田昇二（オリエンタル酵母工業）、谷口吉弘（立命館大学），堀　恵一（三菱重工業広島製作所），守時正人（神戸製鋼所）の諸先生および筆者）。会の後京都駅南の新都ホテルで懇親会が催されたが、大学関係者ばかりでなく企業からの方も沢山参加されており、今更ながら林先生の活動の広さと熱意に感じ入ったものである。

この会の発表内容は翌年さんえい出版から「食品への高圧利用（Use of High Pressure in Food）」として出版された。この本は現在CiNiiの検索によれば所蔵館が北は酪農学園大から南は琉球大まで106にのぼっており、またAmazonの古書提示では1万円以上の値が付けられている（原定価、税込3,600円）。この後この研究会は「生物関連高圧科学研究会」と改名したが、以降95年までは毎年京都で行なわれ（欧州との共催を除く：下記参照）、96年からは各地で（97年以降はほぼ隔年）開催されてきた。さんえい出版による会議録の出版はその後も続き、全10冊に及んでいる。本書の基盤である第18回が岐阜大学で行われたことはご承知のとおりである（表1参照）。

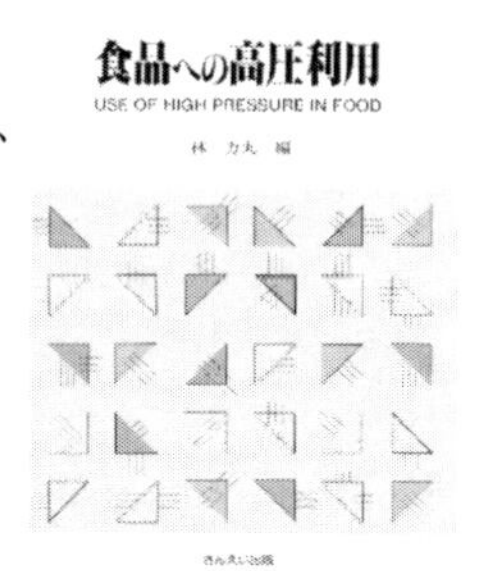

表1　生物関連高圧科学研究会のあゆみ					
回数	開催日	開催場所	Proceedings		
			書名	編者	出版元
1	1988.10	京都大学　宇治ｷｬﾝﾊﾟｽ	食品への高圧利用	林力丸	さんえい出版
2	1989.08	京都国際会館	加圧食品　研究と開発	林力丸	さんえい出版
3	1990.08	京都国際会館	高圧科学と加圧食品	林力丸	さんえい出版
4	1991.08	京都国際会館	生物と食品の高圧科学	林力丸	さんえい出版
5	1992.09	La Grande Motte	High Pressure and Biotechnology	Balny, Hayashi, Heremans, Masson	Eurotext
		Joint with1st European Seminar			
6	1993.08	京都国際会館	高圧バイオサイエンス	功刀・島田・鈴木・林	さんえい出版
		Joint with 2nd European Seminar			
7	1995.11	京都国際会館	High Pressure Bioscience and Biotechnology	R. Hayashi, C. Balny	Elsevier
		1st International Conference on High Pressure Bioscience and Biotechnology			
8	1996.09	U. Leuven, Belgium	High Pressure Research in the Biosciences and Biotechnology	K. Heremans	Leuven Univ. Press
		34th EHPRG Meeting			
9	1996.10	新潟大学	高圧生物科学と高圧技術	鈴木敦士・林力丸	さんえい出版
10	1997.12	京都工芸繊維大学	高圧バイオテクノロジー	功刀滋・林力丸	さんえい出版
11	1999.12	宇都宮大学	高圧バイオサイエンスとバイオテクノロジー	菅野長右ェ門・林力丸	さんえい出版
12	2001.09	酪農学園大学	生物科学・食品科学への高圧利用	山本克博・林力丸	さんえい出版
13	2003.09	産総研　つくば			
14	2005.09	徳島大学	高圧力下の生物科学	金品・田村・林	さんえい出版
15	2007.09	海洋研　横浜研究所	High Pressure Bioscience and Biotechnology, 2 (1) (2008)		J-stage
16	2009.07	産総研 臨海副都心 C			
17	2011.09	新潟大学			
18	2013.09	岐阜大学	本書		

研究会発足直後、政府・産業界でも動きがあり、1989 年に農林水産省の支援のもとに、食品産業超高圧利用技術研究組合が組織され、食品への高圧の利用の研究が加速した。同省食品流通局技術室（当時）は、4 ケ年計画で食品製造業 11 社および機械装置等製造業 10 社で研究組合を運営し、11 の研究課題を遂行した[21]。それ以外でも様々な食品に対する challenge が行なわれ、azaquar.com の“Food Science and Technology (Food preservation by high pressure)” (http://www.azaquar.com/en/doc/food-preservation-by-high-pressure) には ”Although the initial studies demonstrating the efficacy of treatment of food by high pressure in the late nineteenth century, the first food pascalisés could not see days in 1990 in Japan. He was fairly certain acids such as beverages and jams. The Japanese then pressurized diversified products (fruit juice, meat, fish, rice cakes, ham and beef, sake, etc..)”という文章が見られる。

高圧関係の研究会としては、我が国には日本高圧力学会があり、学会として発足するよりはるか以前の 1959 年から高圧討論会が開催されてきているが、欧州には European High Pressure Research Group (EHPRG)というのがあり、1963 年から続いている（”Back in 1963, a group of scientists and engineers involved in high pressure research decided to meet on an annual basis.” EHPRG の HP より）。この 1990 年の会（28th Congress of EHPRG, Bordeaux, France, 8-13 July 1990）で林先生が INSERM U128（Montpellier）の C. Balny 教授と会われ、高圧とバイオテクノロジ

一を主題にした日欧の共催セミナーを開くことで意見が纏まった。その結果、92 年の 9 月に Montpellier 近くの La Grande Motte の Palais des Congrès で第 1 回の共催セミナー "Europe-Japan joint seminar on high pressure and biotechnology"が開催された。（このセミナーは「生物関連高圧科学研究会」の第 5 回と数えられている。）日本からも多くの参加者があり、上記技術研究組合の第 2 回欧州視察団も出席された。その内容も、John Libbey Eurotext から"High Pressure and Biotechnology " (Eds. C. Balny, R. Hayashi, K. Heremans, P. Masson) として出版されている。

Palais des Congrès

Seminar scene（From the left: Prof. Hayashi, Prof. Knoll (Berlin TU), and Prof. Gekko）

La Grande Motte というのは地中海岸の著名なリゾート地であり、ピラミッド型のマンションとヨットにあふれる街の海岸プロムナードを、浜辺のスウィミング姿の人たちを横目にしながら会場に向かったのを思い出す。(水着を持って行かなかったので、泳ぐ機会はなかった。生貝を口にしすぎて、少々消化不良に陥った方も居られたようだ。)

La Grande Motte; Pyramids and Yachts.
（Palais des Congrès is in the center. From La Grande Motte Office du Tourisme HP）

これをより大きな動きにするために、94 年の 5 月には "Japanese and European Brainstorming Meeting for Development of High Pressure Bioscience; Prospects of high pressure for food processing development"と冠して京都で日欧の研究者が集い、今後の進展を議論した。次の写真をご覧いただくと、その後の運営・研究の中心となった方が多く集まっておられるのが理解していただけるであろう。

Japanese and European Brainstorming Meeting
for Development of High Pressure Bioscience
Kyoto International Congress Hall, May 25-27, 1994

そして、翌95年の晩秋に、同じく京都でInternational Conference on High Pressure Bioscience and Biotechnologyが開催された。以降、国際シンポジウムは2･3年おき程度に開催され、時折EHPRGのMeetingでテーマをバイオ系に絞って開催されたものも含めると表2のようになる（*は前表と重複記載)。

表2　生物関連高圧科学国際会議のあゆみ

開催年月	開催場所 / Proceedings: Editor(s)	会議名	出版社
1992.09*	La Grande Motte, France	1st European Seminor Joint with 5th Japanese Symposium	
	High Pressure and Biotechnology: C. Balny, R. Hayashi, K. Heremans, P. Masson		John Libbey Eurotext
1995.11*	Kyoto, Japan	1st International Conference on High Pressure Bioscience and Biotechnology	
	High Pressure Bioscience and Biotechnology (Progress in Biotechnology Vol. 13): R. Hayashi, C. Balny		Elsevier
1996.09*	U. Leuven, Belgium	High Pressure Research in the Biosciences and Biotechnology, 34th EHPRG Meeting	
	High Pressure Research in the Biosciences and Biotechnology: K. Heremans		Leuven U. P.
1997.09	Reading, GB	35th EHPRG and Food Chem. G.	
	High Pressure Food Science, Bioscience and Chemistry: N. S. Isaacs		RSC
1998.08	Heidelberg, Germany	The International Conference on High Pressure Bioscience and Biotechnology	
	Advances in high pressure bioscience and biotechnology: H. Ludwig		Springer
2000.11	Kyoto, Japan	1st International Conference on High Pressure Bioscience and Biotechnology	
	Trends in High Pressure Bioscience and Biotechnology (Progress in Biotechnology Vol. 19) : R. Hayashi		Elsevier
2002.09	Dortmund, Germany	2nd International Conference on High Pressure Bioscience and Biotechnology	
	Advances in High Pressure Bioscience and Biotechnology II: W. Roland		Springer
2004.09	Rio de Janeiro, Brazil	3rd International Conference on High Pressure Bioscience and Biotechnology	
	Braz J Med Biol Res. Vol.38 No.8 (2005)		*Ribeirão Preto*
2006.09.	Tsukuba, Japan	4th International Conference on High Pressure Biosciences and Biotechnology	
	High Pressure Bioscience and Biotechnology Vol. 1 No. 1 (2007)		J-stage
2008.09	La Jolla, USA	5th International Conference on High Pressure Bioscience and Biotechnology	
	High-pressure bioscience and biotechnology, Annals of the New York Academy of Sciences ; v. 1189. (2000)		
2010.08	Freising, Germany	6th International Conference on High Pressure Bioscience and Biotechnology	
	High Pressure Research. Vol. 30 (4) (2010): Selected papers from the 6th International Conference on High Pressure Bioscience and Biotechnology (HPBB 2010) in Freising (Germany)		
2012.10	Otsu, Japan	7th International Conference on High Pressure Bioscience and Biotechnology	
	High Pressure Research. Vol. 33 (2) (2013): Papers from the 7th Conference on High Pressure Bioscience and Biotechnology (HPBB2012) at Otsu (Japan)		
2014.07	Nantes, France	8th International Conference on High Pressure Bioscience and Biotechnology	
	Limited numbers are to be published in High Pressure Research (Taylor & Francis)		

International Conferenceの「第1回」をどのように定義するかは2種あるようだが、1995年の京都の会も2000年の京都の会も出版物には「The first」と謳っている。2000年以降西暦偶数年に開催されてきており、回数は2000年を基にしているようだ。2012年の大津の次はフランスのナント（Nantes）で2014年の7月15日～18日に第8回が開催され、Scientific committeeには阿部文快（青学大)、赤坂一之（近畿大)、山本和貴（食総研）の先生方が入っておられる。

林先生が苗を植えて育てられた木は、大樹となって繁り、日本から欧州へそして米州へと拡がって行った。先進諸国では食品高圧処理技術（HPP）への関心が高まっており[22]、さらに生物材料一般に対する高圧処理の効果・効能が様々研究され、生命科学の進展と相俟ってヒト細胞や医薬品など当初は想定していなかった分野にまで進展している。

参考文献

[1] Hayashi R., Aibara S., Hata T. A Unique Carboxypeptidase Activity of Yeast Proteinase C. *Biochim. Biophys. Acta.* 15, 212(2), 359-61 (1970).

[2] Hayashi R., Hata T. Action of Yeast Proteinase C on Synthetic Peptides and Poly-L-Amino Acids. *Biochim. Biophys. Acta.* 18, 263(3), 673-9 (1972).
[3] Kunugi S., Fukuda M., Hayashi R. Action of Serine Carboxypeptidase on Endopeptidase Substrates, Peptide-4-methyl-coumaryl-7- amides. *Eur. J. Biochem.*, 153, 37-40 (1985).
[4] Fukuda M., Kunugi S. Pressure Dependence of Thermolysin Catalysis. *Eur.J.Bioche*m., 142, 565-570 (1984).
[5] Fukuda M., Kunugi S. Mechanism of Carboxypeptidase Y-Catalyzed Reaction Deduced from a Pressure-Dependence Study. *Eur.J.Biochem.*, 149, 657-662 (1985).
[6] Hayashi R., Kawamura Y., Kunugi S. Introduction of High Pressure to Food Processing: Preferential Proteolysis of β -Lactoglobulin in Milk Whey. *J. Food Science*, 52, 1107-1108 (1987).
[7] Hayashi R., Kameda I. Conditions for Lysinoalanine Formation during Exposure of Protein to Alkali. *Agric. Biolog. Chem.* 44(1), 175-181 (1980).
[8] Hayashi R., Kameda I. Racemization of Amino-Acid-Residues during Alkali-Treatment of Protein and its Adverse Effect on Pepsin Digestibility. *Agric. Biolog. Chem.* 44(4), 891-895 (1980).
[9] Bert P., La pression barométrique: recherches de physiologie expérimentale" Paris: Masson (1878).
[10] Regnard P., Effet des hautes pressions sur les animaux marins. *C.R. Séances Soc. Biol.* 36, 394–395 (1884).
[11] Certes A., Sur la culture, à l'abri des germes atmosphériques, des eaux et des sédiments rapportés par les expéditions du Travailleur et du Talisman, *Compt. Rend.* 98, 690–693 (1884).
[12] Royer H., *Archives de Physiologie Normale et Pathologique*, 7, 12 (1895).
[13] Hite B. H., The effect of pressure in the preservation of milk. *West Virginia Agricultural Experiment Station Bulletins*, 58, 15-35 (1899).
[14] Bridgman P. W., The coagulation of albumen by pressure. *J. Biol. Chem.*, 19, 11-12. (1914).
[15] 林 力丸「調理・加工・殺菌・保存への高圧利用の可能性」*食品と開発*, 22(7), 55-62, (1987).
[16] 林 力丸「高圧を利用する食品の加工, 保蔵, 殺菌」*醗酵工学会誌*, 65(5), 476-477, (1987).
[17] 林 力丸「食品分野への高圧の利用の可能性を探る」*化学と生物*, 25(11), 703-705, (1987).
[18] 功刀 滋「生化学反応に圧力はどんな効果を与えるか」*化学*, 40, 98-104 (1985).
[19] 功刀 滋「高圧下の生化学反応を理解するために」*化学*, 42, 200-203 (1987).
[20] 功刀 滋「高圧下の酵素反応」*化学と生物*, 26, 516-519 (1989).
[21] 食品産業超高圧利用技術研究組合 編 「食品産業の未来を拓く高圧技術と高密度培養」（1993, 健康産業新聞社）.
[22] The Food High Pressure Processing (HPP) Technologies Market 2013-2023 - Pascalization & Bridgmanization (2013, Visiongain)

追　悼　文

嶋田昇二

元オリエンタル酵母工業（株）中央研究所

2013 年 8 月に旅立たれた林力丸先生に永久のお別れのお言葉を述べたいと思います。

実は、私が、所属していたオリエンタル酵母工業（以下、ＯＹＣと称す）は、林先生が京大食糧科学研究所に所属されていた時期から、生化学分野で先生とは太いパイプがありました。ＯＹＣの大阪工場にあるバイオ部門で、先生からの研究指導・支援により製品化を実現したのが、研究用試薬の１つ、酵母を給源とする酵素ＣＰＹ（カルボキシペプチダーゼY）でした。この酵素は、その後の林先生の高圧利用研究の材料の１つとにもなっていました。

私と先生との長期にわたる交流は、高圧技術の食品分野へ利用という課題で始まりました。何よりも交流の中心は、1988 年にスタートした生物関連領域における高圧科学研究会（第 1 回の会場は当時の京大食糧科学研）でした。私が参加したのは、第 1 回から 2 回、3 回、6 回、9 回、10 回のシンポジウムでしたが、1993 年第 6 回のシンポの記録集の編集には、林先生の依頼で編集者の一員として参加し、林先生のもとに鈴木先生（新潟大学）、功刀先生(京都工芸繊維大)が編者として加わり、富山で 1 日編集作業をしたことがよき思い出となっています。

林先生は、当初から熱に代る高圧利用の原理と意義、とりわけ食品分野への高圧の応用研究と実践に欠かせない高圧装置の普及のために宣伝をかってでて、まず、農水省や経済産業省関係の研究機関、各県の工業技術センター、試験場への導入を働きかけました。同時に、先生は、大学での研究や、上記シンポジウムの記録集の編集などのお仕事の合間を縫って、数多くのセミナー、講演会にも出席され、講演を通して、高圧利用の原理と意義を紹介されました。私も先生の講演を聴く機会が多々ありましたが、その中で、今でも私には、2002 年(平成 14 年)の飯島記念食品科学振興財団第 16 回学術講演会の特別講演が印象に残りました。講演で、高圧科学利用の原理と食品分野への応用と現時点での日本の研究成果と将来展望についてお話しをされ、食品の異分野の方々にも、実にわかり易い内容でした(当時の講演要旨集が手元にあります)。

私にとっては、林先生のご指導の功績は、私ども企業の高圧利用の研究開発事業の成果にもつながりました。特に、私が所属するＯＹＣも参画した、1989 年(研究開発期間：平成元年～4 年)にスタートした農水省の食品産業超高圧利用研究組合の補助事業では、アドバイザリー委員の１人として、参画した企業の研究開発を指導されました［写真：1992 年開催の第 1 回高圧バイオテクノロジー国際会議での議長団として（フランス、モンペリエ）。この会議には、研究組合も欧州調査の中で、海外交流の一環として参加しました。］。

一方、この間、私どもは独自に林先生の指導を受けて、大隅先生(日本女子大グループ)との共同研究で大きな成果を上げました（註 1 : 高圧による酵母細胞の死滅メカニズムを解明)）。

私にとっては、林先生との交流は 20 年余になり、今いろいろなことが思い出されます。しかし、2003 年以降、私が定年退職後の事業に専念したため、日大に移られた林先生[註 2]とは交流ができず、高圧科学研究の将来について意見交流ができなかったことは残念でなりません。

先生のご冥福をお祈り申し上げます。

註１：Appl. Microbiol. Biotechnol.,40, 123-131(1993)
註２：リレー対談：２１世紀の食のあり方を求めて、FOOD Style 21,vol7-8,49-57(2003)：上野川修一先生との対談で林先生は高圧科学研究に至る研究の歩みと高圧科学の将来展望につて語っております。先生のお人柄と先生の研究姿勢を知る上で貴重な対談です。また、高圧科学研究の応用：実生産のひな形として、越後製菓の無菌包装ごはんの生産システムに触れています。私も５月に越後製菓の新ライン（１昨年稼働）を見学いたしました。高圧による次世代の食品加工技術として必見ラインです。

林力丸先生を偲ぶ

大隅正子 [1,2]

[1] 認定特定非営利活動法人 綜合画像研究支援
[2] 日本女子大学

林力丸先生の訃報のメールを岐阜大学の岩橋先生から頂いてから直ぐに、私は林先生を偲んで、先生から頂いた「高圧とバイオテクノロジーに関する日欧合同会議」印象記[1]を読み直した。その別刷りには、それをお送り下さった際に添えられたお手紙も大事に挟んであった。貪るようにそれらの文章を読んで、1992年にフランスのモンペリエで開催されたその国際会議に出席させて頂いた時の私の発表のことを、先生が文中で紹介して下さっており、恐縮するとともに、先生とご一緒させて頂いたその学会の楽しかった思い出が蘇ってきた。その後、毎年の国内での同種の会議に出席していたが、1995年の京都での国際会議に参加を最後に、私はこの研究から遠のいてしまった。その頃高圧ストレス研究の分野にも、すでに分子生物学的研究が始まっていた。

私はすぐに岩橋先生にメールして、林先生の追悼記を出版される際には、是非あの日欧合同会議のことを記述させて頂きたいとお願いした。それにも関わらず、私はIIRS創立十周年記念事業の準備に追われたり、いくつかのハプニングが続いたりして、追悼文を書くことをお約束しておきながらそれを失念し，締め切りが迫っていることに気が付いて、岩橋先生にお詫びのメールをするとともに、高圧ストレス研究の幕開け時代を思い出しながら、林先生の「印象記」をもう一度読ませて頂いた。

私が研究材料としてきた酵母は、厚い細胞壁を有するために、一般の生物試料などでは当たり前の、オスミウム酸固定が単独ではできない。そのため近年は加圧（高圧）凍結で、試料を急速凍結して行う方法で研究を行う方法が主流であり、高圧ストレス研究から離れている。しかし、食品関係で35年も前にインスタントのご飯の袋に「加圧」と記載されていたので、購入して味を調べて、「なかなかいける」と思ったことを思い出す。現在では、いろいろな食品の製造には加圧が特殊な方法でなく、それがいろいろの食品の殺菌にも利用されていうようであり、頼もしく思っている。

林先生の印象記でも、当時から日本では食品製造から加圧法の応用がスタートしていたが、先生がそれを牽引して下さった。私共の研究は基礎的なものであったが、昨年の学会の要旨を拝見しても、この分野の研究が、大きく発展したことを実感し、嬉しく思うとともに、林先生とご一緒させて頂いた日欧合同会議で、若輩の私が夢中で研究発表をしたことを懐かしく思う。

ご参考までに、林力丸先生の「高圧とバイオテクロジーに関する日欧合同会議」印象記を記して、ご冥福をお祈りいたします。林先生、大変お世話になりました。安らかにお眠り下さい。合掌

参考文献

[1] 林力丸 (1992)「高圧とバイオテクノロジーに関する日欧合同会議」印象記. バイオサイエンスとインダストリー 50: 1123-1125.

「何故、日本で突然に、しかも、これほど盛んになったのか、依然として分からない」。これは閉会式で壇上に立った Heremans 氏の開口一番の呻きである。

圧力とバイオサイエンスを結合させる試みが数年前から人々の好奇心を誘っている間に、たちまち加圧食品が市場に出るという目覚ましい日本側の R&D の発表に圧倒されたのはやむを得まい。

「高圧とバイオテクノロジーに関する第１回欧州セミナー」と「高圧と食品科学に関する第5回シンポジウム」の日欧合同会議は、次のような経過で実現された。筆者らは圧力処理を食品の加工・保存・殺菌に利用する産業を実現するために、1988 年以来、大文字の火を見送った後のやや閑散とした京都において、毎年１回全国から集まりシンポジウムを行ってきた。これが回を重ね、4 回目を迎える会合を企画している折、外国からも参加を希望する問合せがいくつも舞い込んだ。しかし、同時通訳を配する経済的余裕は到底無く、やむなくお断りしていたのであるが、間もなく欧州で第１回の高圧とバイオテクノロジーのセミナーを持つにあたり、日本側からの講演(数名)の可否について事前の問合せが C. Balny からもたらされた。それなら、次の我が方のシンポジウムをこれに合わせ、合同で行えば、一挙両得にならないかとすぐ考えた。

ことの流れとして、我が国の進歩を語るため、一度は国際的に開かれた会合を持つのは、先進国の義務であろう。しかし、そもそもおいしい食品はドメスチックであり、ローカルなものが多いと思う。それゆえに、おいしい食品を目指す食品工業の方々は外国語に堪能ではないし、それを話す必要もないことが多い。食文化の発達したヨーロッパとて同じ事情と思われる。お互いに外国に出向いて講演する必要性は乏しいし、そんなことなど考えずに多くの人は、今まで、シンポジウムに参加し、講演をし、討論をしている。大体、筆者自身が外国で会議を主催したことはないし、お金のことも心配である。いささか悩んだのであるが、国際化の叫ばれる現在、現実と大義をバランスにかけ、思い切って、第 5 回目の日本シンポジウムを第１回目の EC セミナーと合同でやることを申し入れた。これに対して、両手を挙げての快諾がただちにファックスされ、この合同会議が実現に向けて動き出した。

早速、組織委員会として、日本側は月向邦彦(名大)、林 力丸(京大)、堀 恵一(三菱重工)、功刀 滋(京都工繊大)、守時正人(神戸製鋼)、岡見吉郎(徴化研)、嶋田昇二(オリエンタル酵母)、鈴木敦士(新潟大)、谷口吉弘(立命館大)、故堀江 雄(明治屋食品工場)の 10 名で構成した(代表は筆者)。EC 側は C. Balny (Monpellier, INSERM), K. Heremans (ベルギー), J. C. Cheftel(フランス)以下 15 名で構成された(代表 C. Balny)。共通語を英語とし、フランスの地中海に面した保養地 *La Grande Motte* において 9 月 13 日～17 日に行うことにした。会議を実行するための詳細な打合せは Balny 氏と筆者がやりとりした。この 1 年間、氏と取り交わしたファックスは山ほどもたまりにたまった。ファックスなしにはこのシンポジウムは実現しなかったであろう。逆に、実際の打合せ会合などしなくても、ファックス通信で国際会議は実現できることを学んだ。

この会議は一会場でやらざるをえない。なぜなら参加者すべてがすべての講演を聴きたいからである。ポスター会場も一つにした。

会議の総参加者は 299 名であり、そのうち日本からは 57 名の参加者があった。会期中の実務は Balny 氏と INSERM の方々が担当した。京都のシンンポジウムの折にも研究室全員が詰め掛け、アルバイトをお願いして、てんてこ舞いするが、この時も同じであった。あまり英語が話せない受付けやスライド係の大学院生や学生アルバイトはもとより、教官や職員も日本人以上に英語がたどたどしい。もっとも、アメリカ人の参加者が少なく(8 名ほど)、お互いにゆっくりした英会話ができて幸いしたと思う。つまり、10 か国以上の参加者が集う会議で 95%以上の人が母国語ではなく外国語で話し合うことになったのであるが、総じて、英語のコミュニケーションには大きな問題がなかった。時代の移りとは恐ろしいもので、EC が共通語として英語を使わざるをえないということは、フランス語やドイツ語やオランダ語など、昔の人やあるいはだれでもが学生時代に苦労した言語は今や地方語であり、日本で言えば地方弁になってしまったということである。その他、実務責任者の Balny 氏が挨拶に飛び回り、コントロールセンターとして目もくらむような多忙に見舞われる点は日本の会議と同じであった。

会議場は町中のPalais des Congresという建物である。これは、卵を横に置き、底部分を地面につけ、頂点部分を空中に上げた姿をしており、中は底部分に演台と座長席を配し、頂点部分に向かい階段状に座席が設けてある。会議の行われた主会場は京都国際会議場の A 会場に相当する規模である。外観は、同様に、極めて大胆でモダンである。

セッションは生体系(講演数 6)、生体分子(講演数 10)、食品科学(講演数 10)、食品科学とバイオテクノロジー(講演数9)、物理科学と有機化学(講演数7)、高圧装置(講演数7)の六つであった。ポスター講演は総数 50。会議幕開けのトップバッターは、本誌でもなじみ深い、第一セッション生体系の大隅正子氏の「酵母の微細構造に与える高圧効果」の招待講演であった。氏の力強い自信に満ちた講演態度と、また、素晴らしい電子顕微鏡写真を提示しながらの、世界のだれもが初めて知る講演内容に強いインパクトを受けた。これで幸先よしと、後部座席から全体を見回しつつ、筆者は心から拍手を送った。

食品分野の講演は日本の独壇場であった。欧州側の招待講演にはすでに単行本として日本で発表した今までの講演をまとめた解説的なものがいくつも見られた。ただ、ドイツの Knorr 博士とイギリスのJohnston博士の講演が新たに本格的な研究として印象に残った。日本側の講演はちょっと古いのではないかと 2, 3 の識者が漏らしていたが、これはプロシーディングを会議開始時に発行するという早手回しの方法をとったため、仕方のない現象と思う。

圧力装置とその関連分野ではEC側の講演も多かったが、今までの日本の重工業の方々が説くことを裏付けるものが多く、圧力を食品分野に導入することに意欲的な姿勢が見られた。メリットやデメリットの評価もなるほどと思わせるものであった。

ポスター講演は十分に観察できなかったが、会場設営がまずく窮屈であった。会終了後にもIN- SERMのBalny 氏を訪ね、次回には改善することを話し合った。

その他、欧州側は依然物理化学者の発表が多く、一見、基礎科学重視の印象を持つ向きもあろうが、内容はすでに古い文献の蒸し返しが多いと思う。これに対し、日本側は企業の発表が多く、応用重視と即断しがちと思うが、こと食品に関しては口に入る食品が現実にあれば、学者の参画は今後続くと思う。すでに、食品に根を下ろした個性的な研究がいくつも発表され、EC 側の感嘆を呼んでいる。

英語で質疑応答をすることは苦痛である。そのために日本側とEC側の二人の座長を配した。この場合、分かりにくい質問は講演者と座長が日本語でマイクを使い堂々と打ち合わせて良いと思う。外国人の前で日本語を話すのは失礼とつつしみ深く思いがちであるが、ひそひそと打ち合わせるより座持ちが良いと思う。フランス人はせっかく苦労してこちらが英語で語りかけているのに、フランス語でまくし立てる。いっそ、フランス人には日本語で話すと良いと、日本の紳士淑女がぶ然と漏らしたのはおもしろい。

この会議が大盛況裏に終えることができたのは、参加された方々とその参加を積極的に推奨された機関あるいは上司の方々、並びに、「食品超高圧利用技術研究組合」の海外派遣団のご努力とご理解の賜物である。この機会を借りて御礼申し上げるしだいである。また、紙数の都合で、筆者の個人的印象記になってしまったが、会議の内容に関しては別の方の報告があれば幸いである。

1992年10月8日記す。

第 2 編　食品への高圧利用

酸素および二酸化炭素ガス加圧による白胡椒粉体の殺菌

河内哲史、鈴木良尚、魚崎泰弘、田村勝弘

国立大学法人徳島大学大学院ソシオテクノサイエンス研究部
徳島市南常三島町 2-1
*E-mail: kawachi@chem.tokushima-u.ac.jp

要旨

白胡椒粉体に対して、70°C、80°C 、90°C、 100°C の加熱と併せた酸素ガス加圧（10 MPa）および二酸化炭素ガス加圧処理（5 MPa）を行い、その殺菌効果を調べた。ガス加圧処理による白胡椒の殺菌効果は、加熱温度、処理時間に大きく依存し、90°C 、60 分以内に、100°C では 10 分以内に一般生菌数を 10^3 個/ g 以下に低減させることができた。また、これらの処理条件下では、加熱による殺菌効果だけでなく、ガス加圧による効果が大きく現れた。ガス加圧殺菌処理した白胡椒中のピペリン量は、未処理のものと比べ 9 割以上残存しており、ピペリンに対する高圧ガスの影響が少ないことがわかった。しかし、ガス加圧殺菌処理した胡椒では、明度の減少や香気成分の相対比率変化が観察された。そこで、殺菌効果に影響を与えるであろう白胡椒の水分活性を変化させたところ、水分活性の増加とともにガス加圧殺菌効果は大きくなった。

キーワード：酸素ガス、二酸化炭素ガス、高圧力、胡椒、殺菌

1. はじめに

胡椒は、特有の色や風味を持つ香辛料として、食品加工や家庭料理において幅広く使用されている。その原料は通常植物から収穫した実を天日乾燥させたものであり、土壌などに由来する微生物に汚染されている[1,2]。これが加工食品の腐敗の原因となる可能性があるため、胡椒を加工食品用として使用するには殺菌処理を施す必要がある。実際に、食品衛生法では食肉製品、鯨肉製品、魚肉ねり製品に使用する香辛料中の耐熱性総菌数（胞子数）は、1 g 当たり 1000 個以下でなければならないと規定されている。

食品の殺菌には通常加熱殺菌が利用されるが、胡椒は熱に対して感受性が強いため、加熱により十分な殺菌効果を得ようとすると、精油成分などの品質を損ねてしまう。そのため、胡椒の殺菌法として加熱殺菌に替わる非加熱殺菌が注目されてきた。非加熱殺菌には、薬剤殺菌、放射線殺菌、超高圧殺菌等がある。薬剤殺菌は使用される薬剤が原料に残留する恐れがあるために食品殺菌には適さない。ガンマ線や電子線などを使用した放射線殺菌法は、香辛料の殺菌に実用化できる殺菌技術として期待されている。放射線を使用した研究例では、精油成分や色調といった香辛料の品質に影響を及ぼさず、効果的に殺菌でき、長期にわたって品質保持できることが明らかになっている[3,4]。しかしながら、照射食品の安全性に関して消費者の拒否反応が強く、日本ではジャガイモの芽止めを除いて食品照射は禁止されている。超高圧殺菌は原料を数百～千 MPa の静水圧で殺菌する方法であるが、胡椒を用いた実験例では、香気成分の減少などが見られる[5]。また、原料を加圧するためには、大掛かりな装置が必要なため高コストとなる。このように、いずれの方法も問題点が指摘されており、新

たな殺菌技術の開発が求められている。

一方、我々は、これまで「加圧気体」を利用した微生物制御の研究を進めてきた[6-9]。なかでも、スダチ果汁を、酸素ガスにより加圧した結果、10 MPa、50°C、1 分間で、酵母の生存率が 100 万分の 1 以下となり、果汁が殺菌できることを見いだした[6-8]。さらに、果汁中のビタミン C の減少は約 20%と少なく、色・香りも生果汁とほぼ同じ品質を保持できた[6,7]。酸素ガスを使った加圧殺菌方法は、超高圧殺菌と比較して 1/10 以上の低い圧力で殺菌処理が可能で、装置コストの低下が期待できる。また、酸素は空気中の成分を使用しているため、原料に毒性成分は残らない。二酸化炭素ガスを使用した加圧殺菌法も、酵母や細菌などの殺菌に有効であることが示されており[10-12]、装置コスト、残留毒性の問題も解決できる。そのため、我々が提唱している酸素および二酸化炭素ガス加圧殺菌は、胡椒の新たな非加熱殺菌方法として期待できる。しかし、液状食品と異なり、水分活性が低い粉末食品にガス加圧殺菌を試みた例はほとんど知られていない。

そこで、本研究では、白胡椒に対して酸素ガス加圧殺菌および二酸化炭素ガス加圧殺菌を試みて、その殺菌効果を調べた。加えて、短時間で十分な殺菌効果が確認できた白胡椒に対して、色調変化、辛み成分であるピペリンの定量測定、香気成分の測定を行った。

2. 材料と方法

2.1. 試料とガス加圧装置・操作

胡椒は、未殺菌の白胡椒（マレーシア産）を使用した。この原料の水分活性は、水分活性測定装置（IC-500 AW-LAB: Novasina 社）を用いて測定したところ、0.576±0.016 aw であった。水分活性の調整は、胡椒に滅菌水を噴霧することで、0.867±0.005　aw、0.970±0.008　aw の胡椒を得た。加圧装置は、高圧ガスボンベ、圧力調整器、圧力計、圧力表示部、圧抜きバルブ、遮断バルブ、高圧試料容器（17 ml 容量、SUS630）、オイルバスから構成されている。装置図は文献を参照されたい[6,7]。白胡椒を高圧試料容器に入れ、酸素ガス（10 MPa）、二酸化炭素ガス（5 MPa）により加圧した。加圧中の温度は高圧容器をオイルバスに静置させ一定に保った。酸素ガス加圧殺菌した白胡椒は、多くの酸素と接触しており、酸化される可能性が高い。そのため、酸素ガス加圧殺菌した白胡椒については、ガス加圧殺菌後、直ちに、窒素ガス（10 MPa）により 10 分間、常温で加圧を行い、酸素を除去した。この窒素ガス加圧技術は、果汁中の溶存酸素を窒素通気よりも効率的に除去できることがわかっている[7,13]。窒素ガス加圧を行うことで、粉体である胡椒に接触している酸素も効率的に除去できると仮定した。

2.2. 白胡椒中の一般生菌数測定

本研究では、一般生菌数を汚染指標として実験を行った。ガス加圧処理前後の白胡椒をリン酸緩衝生理食塩水で適宜希釈後、標準寒天培地と混釈し、35°C で 48 時間培養した後、コロニー数を一般生菌数とした。

2.3. 白胡椒中のピペリンの定量

白胡椒中のピペリンの定量には、紫外部吸光度法を適用した[5,14]。殺菌処理前後の白胡椒粉末 0.5 g を変成アルコール中に混ぜ、暗所で 1 時間加熱還流抽出を行った。その後、抽出検液を適宜希釈後、分光光度計（U-2001: 日立製作所）を用いて、343 nm の吸光度からピペリン量を算出した。343 nm の吸光度には、ピペリンの異性体の吸光度も含まれることがわかっているが[14]、吸光度測定方法は操作が簡易であり、ピペリン量の指標を量る方法として用い

られている [5]。

2.4. 白胡椒の色調測定

ガス加圧殺菌処理前後の白胡椒の色調は、測色色差計（ZE6000: 日本電色工業株式会社）により測定した。L*a*b*表色系を用い、未殺菌の白胡椒を基準として色差⊿E*ab を求めた。

2.5. 白胡椒の香気成分分析と官能検査

白胡椒の香気成分測定は、ヘッドスペース - ガスクロマトグラフ/質量分析法（GC: Agilent6890N，MS: Agilent5793: ともにアジレント・テクノロジー株式会社）を使用した。ガス加圧殺菌処理した胡椒の嗜好性型官能検査は、学科内 33 名のパネルにより調査した。パネルは、各胡椒の香り、色、辛さの 3 項目について評価を行った。胡椒の香り、色について、「とても嫌い」を 1、「嫌い」を 2、「どちらでもない」を 3、「好き」を 4、「とても好き」を 5 として 5 段階評価を行い平均評点を求めた。また、辛さについては「とても弱い」を 1、「弱い」を 2、「どちらでもない」を 3、「強い」を 4、「とても強い」を 5 として評価を行った。

3. 結果と考察

3.1. 酸素ガス加圧および二酸化炭素ガス加圧の白胡椒殺菌効果

Fig.1 は、70°C、80°C、90°C、100°C において、加圧処理なし、酸素ガス加圧、二酸化炭素ガス加圧処理した場合の白胡椒の殺菌効果を示している。横軸は処理時間、縦軸は一般生菌数の対数であり、一般生菌数が 10 個以下/ g で検出できなかった場合は、対数 1 として表した。白胡椒の殺菌効果は、加熱温度、処理時間に大きく依存した。70°C においては、いずれの条件においても、あまり菌数の減少は見られなかった。80°C では、加熱のみの場合菌数の減少がほとんど見られなかったが、ガス加圧処理を組み合わせることで、約 2 時間で菌数を 10^3 個/ g 以下に減少させることができた。90°C 以上にすると、ガス加圧なしとガス加圧ありとの

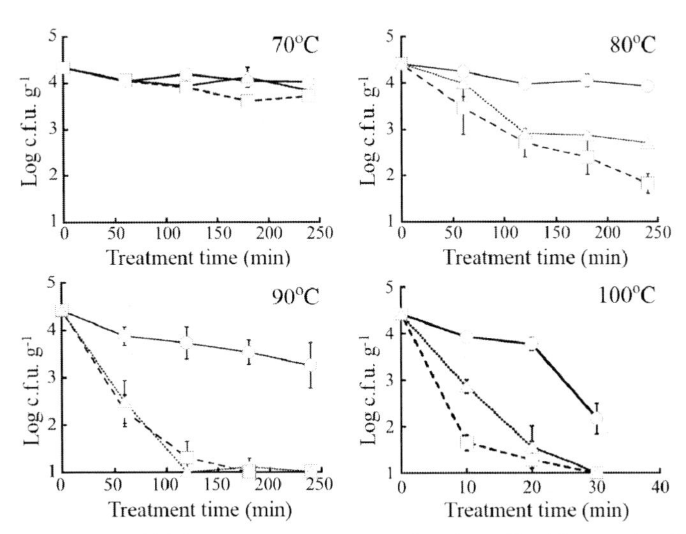

Fig.1　Comparative effects of high-pressure oxygen and carbon dioxide on microbial population in white pepper at various temperatures.
White pepper was treated with heat only (○), oxygen at 10 MPa (△), carbon dioxide at 5 MPa (□).

生菌数の差が大きく認められ、ガス加圧の効果がはっきりと表れた。これは、加熱と高圧ガスの相乗的な作用が大きな殺菌効果をもたらしたと考えられる。古川らは、二酸化炭素加圧処理（35°C、6.5 MPa、2 時間）した場合、*Bacillus* 属の 40~70%の発芽をもたらしたと報告しており[15]、本研究でも高圧ガスが発芽を促進し殺菌に至った可能性があるが、古川らの結果は、水溶液系の結果であり、粉体食品中でも同じようなことが起こっているかはわからない。また、加熱と静水圧による相乗的な効果も原因のひとつとして考えられるが、一般的に微生物の生存率に影響を与える圧力は 100~200 MPa と今回使用した圧力よりもはるかに大きいため[16]、静水圧が関係する効果は小さいであろう。温度を 100°C まで上げると、90°C の場合より短時間で菌数を減少させることができ、酸素ガス加圧、二酸化炭素ガス加圧とも 10 分以内の非常に短時間で菌数を 10^3 個/ g 以下にすることができた。また、酸素ガス加圧と二酸化炭素ガス加圧による殺菌効果の優劣は、各温度や処理時間でばらつきがあり、どちらの殺菌効果が優れているかはいえなかった。

3.2. ガス加圧処理後の白胡椒中のピペリン量

ガス加圧した胡椒の品質評価には、十分な殺菌効果が得られたうえ、より短時間で殺菌できる 100°C、30 分ガス加圧処理の条件を選択した。Table 1 はガス加圧殺菌処理前後の白胡椒中のピペリン量を示したものである。ピペリンは胡椒の辛味の主成分であり、ピペリンを定量することで、殺菌処理が胡椒の辛さへ及ぼす影響を計ることができる。ガス加圧処理後の白胡椒中のピペリン量は、未殺菌の胡椒と比べ 9 割以上残存しており、ガス加圧処理が胡椒中のピペリン量に及ぼす影響は小さかった。超高圧殺菌（100°C、1000 MPa、30 分）した場合の黒胡椒のピペリン量は、未殺菌のものと比べ約 8 割程度であることがわかっている[5]。また、コバルト 60 の放射線殺菌（10 kGy）を行った黒胡椒のピペリン量は、未殺菌と比べ、約 9 割程度である[4]。試料が同一ではないため単純に比較はできないが、加圧酸素や加圧二酸化炭素がピペリンに与える影響は、超高圧や放射線と同程度であるといえる。

Table 1 Piperine content in white peppers after treatment with high-pressure oxygen (100°C, 10 MPa, 30 min) and carbon dioxide (100°C, 5 MPa, 30 min).
Values were indicated in means ± standard deviation.

Sample	Piperine (mg / g)
No treatment	125±4
Heat (100°C) + Oxygen (10 MPa)	114±0
Heat (100°C) + Carbon dioxide (5 MPa)	120±5

3.3. ガス加圧処理が白胡椒の色調へ及ぼす影響

Table 2にそれぞれ未処理、加熱のみ、酸素ガス加圧、二酸化炭素ガス加圧処理後の白胡椒の色調を示した。なお、L*は明度、a*は色相、b*は彩度を表す。各ガス加圧処理条件は、胡椒のピペリン量比較に用いた条件と同じである。未殺菌の白胡椒とガス加圧処理直後の白胡椒の色調を比較すると、ガス加圧殺菌処理した白胡椒のL*が減少し、元の色より黒変していることがわかる。この黒変は、加熱処理のみの場合においても同程度見られ、フェノール類の酸化反応やメイラード反応が原因と考えられる。Wajeらは、水蒸気殺菌（約100°C、16分）すると黒胡椒のL*が減少したと述べており[4]、同じことがガス加圧殺菌後でも起こったかもしれない。また、ガス加圧処理後ではb*が増加し、やや黄みを有していた。

Table 2　Color values of white peppers treated with heat (100°C, 30 min), high-pressure oxygen (100°C, 10 MPa, 30 min) and carbon dioxide (100°C, 5 MPa, 30 min).
Values were indicated in means ± standard deviation.

Sample	Color			
	L*	a*	b*	⊿E*ab
No treatment	71.65	2.52	25.87	
Heat (100°C)	63.55±0.33	5.05±0.09	29.90±0.17	9.41
Heat (100°C) + Oxygen (10 MPa)	62.67±0.36	5.24±0.13	30.03±0.47	10.27
Heat (100°C) + Carbon dioxide (5 MPa)	64.06±0.09	4.85±0.28	30.07±0.39	8.99

3.4. ガス加圧処理後の白胡椒香気成分測定結果

Fig.2に、未処理、酸素ガス加圧、二酸化炭素ガス加圧処理後の白胡椒のクロマトグラムを示す。酸素ガス加圧後の白胡椒のクロマトグラムでは、2-メチルブタナール、イソブタナールのピークが未処理と比べ新たに検出された。Zhaoらは、粉末状の黒胡椒をオゾン殺菌処理したことにより、胡椒中の炭化水素系精油成分が酸化されたと考えられる3種類のアルデヒド成分を検出したと報告している[17]。本実験結果の2-メチルブタナール、イソブタナール

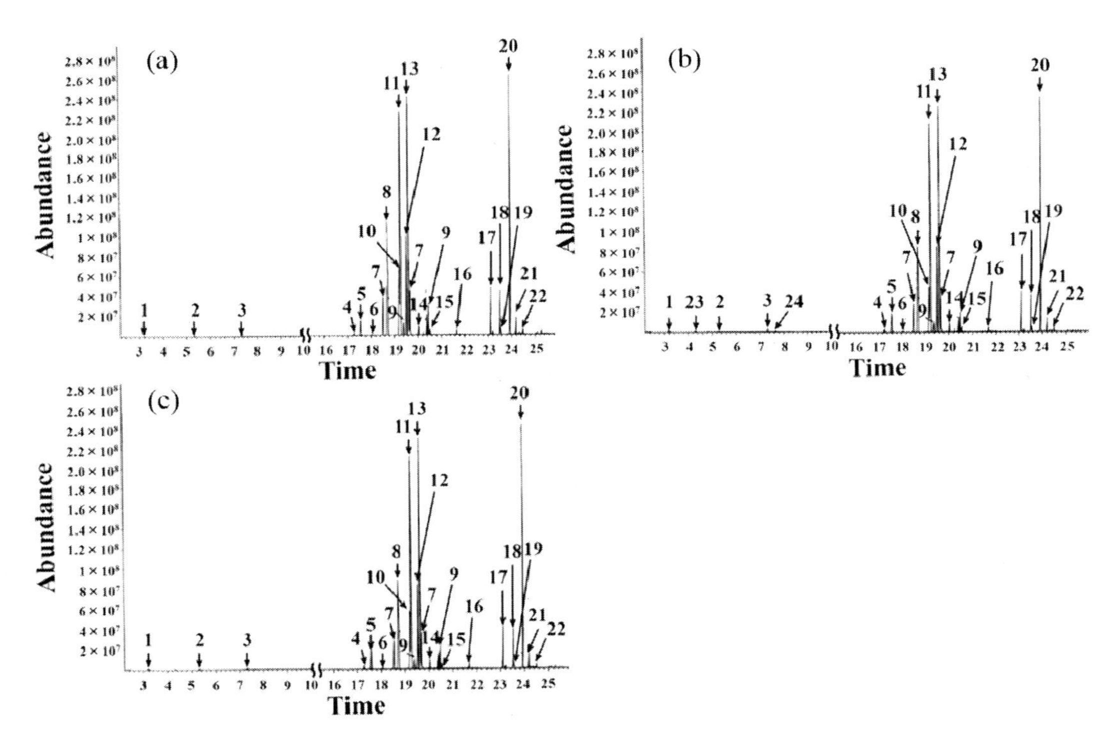

Fig.2　Gas chromatograms of headspace vapor from white peppers untreated (a), treated with high-pressure oxygen (100°C, 10 MPa, 30 min) (b) and treated with high-pressure carbon dioxide (100°C, 5 MPa, 30 min) (c).
1, Acetone; 2, Hexane; 3, 3-Methylbutanal; 4, α-Thujene; 5, α-Pinene; 6, Camphene; 7, Sabinene; 8, β-Pinene; 9, α-Terpinolene; 10, Phellandrene; 11, δ-3-Carene; 12, *p*-Cymene; 13, Limonene; 14, γ-Terpinene; 15, Linalool; 16, 4-Terpineol; 17, δ-Elemene; 18, Copaene; 19, β-Elemene; 20, *trans*-Caryophyllene; 21, α-Humulene; 22, δ-Cadinene; 23, Isobutanal; 24, 2-Methylbutanal.

もアルデヒド類であり、酸素による酸化がもたらしたと考えられる。また、未処理では *β*-ピネンのほうが *p*-シメンよりもピークが大きいが、酸素ガス加圧後ではほぼ同程度のピーク強度である。これは、香気成分の相対比率が変化していることを示しており、加熱・減圧したことによる香気成分の揮発が原因かもしれない。一方、二酸化炭素ガス加圧処理を行った白胡椒では、未処理の白胡椒と比べ、アルデヒド類の新たなピークは検出されなかった。しかし、酸素ガス加圧処理と同様、香気成分の相対比率変化が見られた。Chacko らは、130～150°C、15～30 分で加熱した黒胡椒の香気成分を測定したところ、香気成分の相対比率が未処理と比べ、やや変化したと報告している[18]。本研究におけるガス加圧処理条件は、加熱処理時間が Chacko らの実験よりも長いため、香気成分のバランスがさらに崩れた可能性もある。今回示した胡椒の香気成分結果は、ヘッドスペース法を用いた結果である。未処理の胡椒についても前処理で加温処理（60°C、20 分）を行ったため、実際には未処理とガス加圧処理の胡椒でより明確な違いが生まれているかもしれない。

3.5 ガス加圧処理後の白胡椒の官能検査

ガス加圧殺菌処理を行ったことで胡椒の色や香りに変化が生じることが、化学分析によりわかったが、ガス加圧処理後の胡椒の品質が消費者に受け入れられるかは、化学分析のみでは判断が困難である。そこで、提供を受けた過熱水蒸気殺菌済みの白胡椒と加熱処理の白胡椒も含めて、ガス加圧殺菌後の白胡椒の嗜好型官能検査を行った。Table 3 に、白胡椒の香り、色、辛さの 3 項目についての結果を示した。白胡椒の香りについては、過熱水蒸気殺菌処理が平均評点で最も評価が高く、二酸化炭素ガス加圧処理、酸素ガス加圧処理した白胡椒の順になり、過熱水蒸気殺菌処理と酸素ガス加圧処理した白胡椒の間に有意差が現れた。これは、以下のような原因が考えられる。酸素ガス加圧処理をした白胡椒については、香気成分のバランスが崩れ、全体として胡椒の刺激臭を感じなかった、または精油成分が酸化し発生したと思われるイソブタナールなどの香りがパネルに著しく好まれなかったため、低評価になった可能性が考えられる。二酸化炭素ガス加圧処理した白胡椒は、香気成分の比率が加熱・減圧により変化し、パネルにとって胡椒本来の刺激臭を感じられなかったため、過熱水蒸気殺菌済みの胡椒より平均評点を下回った可能性がある。しかし、酸素と胡椒の接触がほとんどないため精油成分の酸化は少なく、香りの変化は相対比率変化のみに抑えられたため、酸素ガス加圧処理済みの白胡椒より評価を上回った可能性が考えられる。白胡椒の色においては、過熱水蒸気殺菌された白胡椒の色が一番好ましく、辛さにおいては、すべての処理条件間で有意差は現れなかった。ガス加圧した白胡椒の色は、黒変が認められため、この色の変化が、過熱水蒸気殺菌との有意差をもたらしたと考えられる。

Table 3 Sensory scores of white peppers treated with high-pressure oxygen (100°C, 10 MPa, 30 min) and carbon dioxide (100°C, 5 MPa, 30 min), compared with those of peppers treated with superheated steam (130-170°C, < ca. 30 sec) or heat (100°C, 30 min).
Values were indicated in means ± standard deviation. Mean values with the same letter (a,b) in columns were not significantly different ($P > 0.05$).

Sample	Organoleptic properties		
	Flavor	Color	Pungency
Superheat steam (130~170°C, < ca. 30 sec)	3.4 ± 0.8[a]	3.7 ± 0.9[a]	2.6 ± 1.2[a]
Heat (100°C)	2.5 ± 0.8[b]	3.0 ± 0.6[b]	3.0 ± 1.1[a]
Heat (100°C) + Oxygen (10 MPa)	2.5 ± 1.0[b]	3.0 ± 0.8[b]	3.0 ± 1.0[a]
Heat (100°C) + Carbon dioxide (5 MPa)	2.9 ± 0.9[ab]	3.1 ± 0.6[b]	2.8 ± 1.0[a]

3.6　白胡椒の水分活性とガス加圧殺菌効果

官能検査結果では、ガス加圧処理した胡椒は、過熱水蒸気殺菌された胡椒に比べ香りが好まれなかった。これは、高温度・長時間の殺菌条件が必要だったためと考えられる。過去の報告では、胡椒やそば粉、パプリカに対して、オゾンや二酸化炭素を使って殺菌した場合、その殺菌効率は食品の水分活性に大きく依存している[17,19,20]。このことから、ガスを用いた粉体食品の殺菌においては、その水分活性が重要な役割を果たすと考えられる。そこで、白胡椒の水分活性を上げ、ガス加圧殺菌を行った。Fig.3 に、その結果を示す。酸素ガス加圧処理、二酸化炭素ガス加圧処理ともに、水分活性の増加とともに、白胡椒の菌数は減少しガス加圧殺菌効果は大きくなった。水分活性を 0.576 aw から 0.970 aw まで上げることにより、二酸化炭素ガス加圧では菌数を 1/10 以上に減少させることができた。水分活性の増加は、芽胞菌が活性化し、芽胞菌の熱耐性の減少につながることが報告されている[21]。本実験でも、同じ現象が起こり、殺菌効果が大きくなったと考えられる。または、熊谷らが指摘しているように、二酸化炭素は水に溶解しやすく、乾燥状態の菌は水分と一緒に二酸化炭素を吸収するので、水分量の増加とともに殺菌効果が高まるのかもしれない[22]。

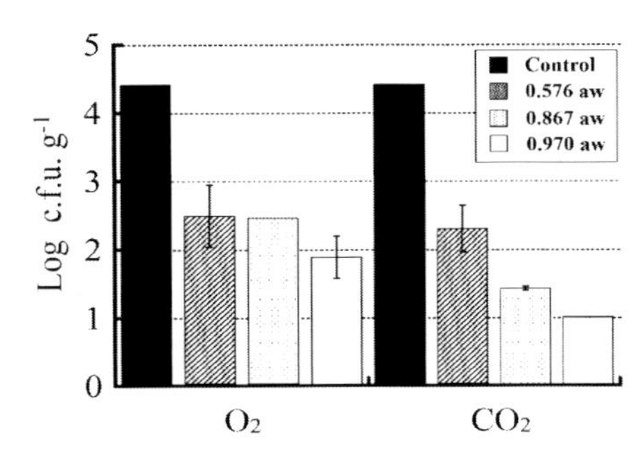

Fig.3 Influences of water content in white pepper on microbial population as a result of oxygen pressurization (90°C, 10 MPa, 60 min) and carbon dioxide pressurization (90°C, 5 MPa, 60 min).

4. まとめ

気体は粉体の細部にまで入り込むと同時に、除圧により容易に除去が可能であることから、ガス加圧殺菌は粉体食品の殺菌に適していると考えられる。そこで、粉体食品の新たな殺菌法として、白胡椒粉体に酸素ガス加圧および二酸化炭素ガス加圧殺菌を試みた。ガス加圧処理による白胡椒の殺菌効果は、加熱温度に大きく依存したが、90 °C 、60 分以内もしくは、100°C、10 分以内に一般生菌数を 10^3 個/ g 以下に低減させることができた。その際、加熱だけでなく、ガス加圧による効果が大きく現れた。酸素や二酸化炭素などによるガス加圧殺菌は、今まで液状食品を対象に実験が行われてきたが[6-8,10,12]、粉体食品、特に香辛料類を取り扱った例はない。本研究結果は、粉体食品にガス加圧殺菌を適用しても、ガス加圧の効果により殺菌できることを示すことができた成果といえる。また、ガス加圧殺菌処理した白胡椒のピペリン量は未処理の白胡椒と比べ 9 割以上保持したまま、殺菌することができた。辛味成分に対する高圧ガスの影響は少なかったことは、ガス加圧殺菌が適用できる食品を広げる際の重要な情報である。しかし、ガス加圧殺菌処理した白胡椒の明度に変化が現れ、香気成分のバランスの変化も観察された。これらの結果から、白胡椒の品質に影響を与えず殺菌するには、ガス加圧法と他の殺菌方法を併用するなど改善の必要がある。水分活性の増加とともにガス加圧殺菌効果は大きくなり、殺菌処理時間の短縮が見込める結果が得られたが、殺菌過程が胡椒の品質に及ぼす影響を最小限にするためには、さらなる殺菌時間の短縮が必要だと思われる。今回の実験系では無撹拌だったため、ガスと微生物の接触が少なく、ガス加圧そのものの殺菌効果も小さかったと思われる。撹拌を加え、ガス加圧の殺菌効果を高めるよう改良を目指す。また、内藤は、オゾン殺菌処理した黒胡椒の原形物、粗挽き物、粗粉砕物、粉砕物の香気成分を調べた結果、原形物では香気の変化はあまりなく、粉砕物が一番著しい変化が認められたと報告している[23]。胡椒の粒径を大きくして、ガスが及ぼす香気成分への影響を抑えることもできれば、ガス加圧殺菌を適用できる可能性がある。改善すべき課題はあるが、本結果はガス加圧の食品に対する殺菌効果や作用の一端を示した結果といえる。

謝辞

胡椒を提供していただいた小林桂株式会社に感謝いたします。また、胡椒の香気成分測定にご協力を賜りました日本ハム株式会社中央研究所に感謝申し上げます。なお、本研究は、公益財団法人　山崎香辛料振興財団の研究助成を受け実施いたしました。お礼申し上げます。

参考文献

[1] Emam, O. A., Farag, S. A. and Aziz, N. H. (1995) Comparative effects of gamma and microwave irradiation on the quality of black pepper. Z. Lebensm. Unters. Forsch. 201: 557-561.
[2] 赤羽義章 (2001) 香辛料.「食品の保全と微生物」, 藤井建夫編, 幸書房, 東京, pp. 142-148.
[3] 林徹, Mamun, 等々力節子 (1993) 香辛料の殺菌技術としての電子線照射とガンマ線照射の比較. 食品総合研究所研究報告 57: 1-6.
[4] Waje, C. K., Kim, H., Kim, K., Todoriki S. and Kwon J. (2008) Physicochemical and microbiological qualities of steamed and irradiated ground black pepper (*Piper nigrum* L.). J. Agric. Food Chem. 56: 4592-4596.
[5] Skapska, S., Windyga, B., Kostrzewa, E., Jendrzejczak, Z.; Karlowski, K., Fonberg-Broczek, M., Ścieżyńska, H., Grochowska, A., Górecka, K., Porowski, S., Morawski, A., Arabas, J. and Szczepek, S. (2003) Effect of ultra high pressure under argon and temperature on the volatiles and piperine content and microbiological quality of black pepper (*Piper nigrum* L.). In: Advances in High Pressure Bioscience and Biotechnology II, Proceedings of the 2nd International Conference on High Pressure Bioscience and Biotechnology, Winter, R. (eds.), Springer Berlin Heidelberg, New York, pp. 431-436.
[6] 村本桂久, 田村勝弘, 荒尾俊明, 谷脇孝典, 鈴木良尚 (2004) スダチ果汁の酸素ガス加圧殺菌. 日本食品科学工学会誌 51: 604-612.
[7] 田村勝弘 (2007) 酸素・窒素ガスハイブリッド加圧食品殺菌技術の開発. 高圧力の科学と技術 17: 57-63.
[8] 村本桂久, 田村勝弘, 荒尾俊明, 鈴木良尚, 岩橋均 (2008) 酸素・窒素ガスハイブリッド加圧食品殺菌装置の開発. 高圧バイオサイエンスとバイオテクノロジー 2: 101-108.
[9] Kawachi, S., Hara, Y., Arao, T., Suzuki, Y. and Tamura, K. (2010) Effects of compressed hydrocarbon gases on the growth activity of *Saccharomyces cerevisiae*. Biosci. Biotechnol. Biochem. 74: 1991-1996.
[10] Erkmen, O. (2000) Antimicrobial effects of pressurized carbon dioxide on *Brochothrix thermosphacta* in broth and foods. J. Sci. Food Agric. 80: 1365-1370.
[11] Garcia-Gonzalez, L., Geeraerd, A. H., Elst, K., Van Ginneken, L., Van Impe, J. F. and Devlieghere, F. (2009) Influence of type of microorganism, food ingredients and food properties on high-pressure carbon dioxide inactivation of microorganisms. Int. J. Food Microbiol. 129: 253-263.
[12] 原田暢善, 岩橋均, 大淵薫, 田村勝弘 (2008) 中国産クコ果汁に対する二酸化炭素ガス微高圧長期処理. 高圧バイオサイエンスとバイオテクノロジー 2: 96-100.
[13] 村本桂久, 田村勝弘, 谷脇孝典, 高井信吾, 鈴木良尚 (2005) 窒素ガス加圧によるスダチ果汁

中溶存酸素の除去. 日本食品科学工学会誌 52: 178-182.
[14] AOAC (2006) AOAC Official Method 987.07. Official methods of analysis, Association of Official Analytical Chemists, Gaithersburg, MD.
[15] Furukawa, S., Watanabe, T., Tai, T., Hirata, J., Narisawa, N., Kawarai, T., Ogihara, H. and Yamasaki, M. (2004) Effect of high pressure gaseous carbon dioxide on the germination of bacterial spores. Int. J. Food Microbiol. 91: 209-213.
[16] 阿部文快 (2008) 微生物生理に及ぼす圧力効果. 高圧力の科学と技術 18: 119-127.
[17] Zhao, J. and Cranston, P. M. (1995) Microbial decontamination of black pepper by ozone and the effect of the treatment on volatile oil constituents of the spice. J. Sci. Food Agric. 68: 11-18.
[18] Chacko, S., Jayalekshmy, A., Gopalakrishnan, M. and Narayanan, C. S. (1996) Roasting studies on black pepper (*Piper nigrum* L.). Flavour Frag. J. 11: 305-310.
[19] 村松信之, 唐沢秀行, 金子昌二, 大日方洋, 大池昶威 (1995) そば粉の菌数変化に及ぼす炭酸ガスの処理圧力及び温度の影響. 長野県食品工業試験場研究報告 23: 44-47.
[20] Calvo, L. and Torres, E. (2010) Microbial inactivation of paprika using high-pressure CO_2. J. Supercrit. Fluid. 52: 134-141.
[21] Härnulv, B. G., Johansson, M. and Snygg, B. G. (1977) Heat resistance of Bacillus stearothermophilus spores at different water activities. J. Food Sci. 42: 91-93.
[22] Kumagai, H., Hata, C. and Nakamura, K. (1997) CO_2 sorption by microbial cells and sterilization by high-pressure CO_2. Biosci. Biotechnol. Biochem. 61: 931-935.
[23] 内藤茂三 (1987) 食品保存へのオゾンの利用に関する研究(第 20 報) 香辛料のオゾン処理. 愛知県食品工業試験所年報 28: 80-87.

Microbial Decontamination of Ground White Pepper by Compression of Oxygen or Carbon Dioxide Gas

Satoshi Kawachi*, Yoshihisa Suzuki, Yasuhiro Uosaki, Katsuhiro Tamura

Department of Chemical Science and Technology, Faculty of Engineering, The University of Tokushima, Minamijosanjima-cho 2-1, Tokushima 770-8506, Japan
**E-mail: kawachi@chem.tokushima-u.ac.jp*

Abstract

White ground pepper was compressed with oxygen (10 MPa) or carbon dioxide (5 MPa) at 70°C, 80°C, 90°C and 100°C. Reduction in microbial count in the pepper was shown to be dependent on thermal temperature and treatment time. Viable cell counts of less than 10^3 CFU g^{-1} in the white pepper could be accomplished with gas pressurization at 90°C for 60 min and at 100°C for 10 min. This microbial reduction in the pepper could be attributed to thermal effect as well as impact of gas pressurization. In addition, piperine content in the white pepper treated with gas pressurization (100°C and 30 min) remained more than 90% of the level in untreated pepper. This result suggests that high-pressure oxygen or carbon dioxide does not greatly affect the piperine in white pepper. However, white pepper following the treatment with gas pressurization appeared darker (Lower L*), and a change in relative ratios of volatile compounds was observed. To enhance the microbial inactivation rate, white pepper with high water activity was pressurized with oxygen or carbon dioxide. The degree of inactivation by gas pressurization improved as the water content increased.

Keywords : oxygen gas, carbon dioxide gas, high pressure, pepper, decontamination

重曹ならびに高圧処理がブロイラーおよび廃鶏胸肉の物性と嗜好性に及ぼす影響

田部加奈恵、金娟廷、鈴木敦士 、西海理之*

新潟大学大学院自然科学研究科
新潟県新潟市西区五十嵐２の町 8050
*E-mail: riesan@agr.niigata-u.ac.jp

要旨

食肉の食感改善効果があると言われる重曹処理と高圧処理を併用し、各重曹濃度および各加圧条件での物性と嗜好性の変化を検討した。ブロイラー胸肉に重曹および高圧処理をすることにより、水分含有量は増加、重量減少率および破断応力は低下した。官能評価では、重曹・高圧処理肉が最もジューシーでやわらかく、おいしいと評価された。廃鶏胸肉においても、重曹および高圧処理をすることで、水分含有量の増加、重量減少率および破断応力の低下がみられた。官能評価ではブロイラー以上にその効果が大きいことを示し、どの試料肉と比較しても重曹・高圧併用処理を行った試料肉は有意にやわらかく、ジューシーでおいしいと評価された。このことから、重曹処理と高圧処理を併用することで、保水性の向上と軟化効果が得られ、ブロイラー胸肉のパサパサとした食感が改善され、廃鶏胸肉は柔らかくなり利用性が高まったと言える。

キーワード：重曹、ブロイラー胸肉、廃鶏、物性、官能評価

1. はじめに

一般に私たちが食している鶏肉であるブロイラーの中でも、胸肉は特に柔らかくヘルシーだが、加熱するとパサパサした食感になるという欠点がある。また、卵を産まなくなった採卵用の雌鶏である廃鶏は肉量が少なくて硬く、正肉で市場に出回ることはほとんどない。スープのだしやレトルト鶏釜めしに利用されているが、廃棄されることも多い。ブロイラー胸肉や廃鶏胸肉のそれぞれの食感を改善することで、嗜好性の向上、食資源の有効利用に繋がると考えられる。食肉の食感を改善する方法としては、酵素処理が多く用いられてきたが、現在様々な食感改善方法が研究されている[1-3]。重曹は食肉の軟化を目的に中華料理などでよく用いられており、高橋ら[4]は重曹濃度が高くなるに従って豚肉が軟化することを報告している。高圧処理は加熱に代わる技術として、食品加工や殺菌に用いられており、高圧処理に関する様々な研究が行われてきている[5-7]。その中でも鈴木ら[8]は高圧処理による食肉の水分含量の増加と軟化効果を報告した。この重曹処理と高圧処理を組み合わせることで、豚肉[9]、牛肉[10]に対し大きな軟化効果と保水性の向上が得られることが報告されている。

本研究では、ブロイラー胸肉および廃鶏胸肉の食感の改善を目的とし、各重曹濃度および各圧力強度による物性の変化ならびに官能評価による嗜好性について検討した。

2. 材料と方法

2.1. 試料調製

ブロイラー胸肉は屠殺 3 日後の冷蔵国産若鶏胸肉をクリタミートパーベイヤーズ株式会社から購入し、皮を取り除いた。廃鶏胸肉は屠殺から 1 日後に冷凍された廃鶏を新潟ポートリー事業協同組合から購入し、4°C で解凍してから皮を取り除いた。ブロイラーと廃鶏はそれぞれ実験に供するまで－20°C で冷凍保存された。実験に用いる際、4°C で解凍し、ブロイラー胸肉は厚さ 1 cm にスライスした。廃鶏胸肉は肉量が少なくブロイラーに比べ厚さが少ないため、そのまま用いた。

試料肉を重曹溶液と共にポリエチレン(PE) バッグに入れ、20°C で 40 分間浸漬処理を行い、浸漬後重曹溶液から取り出して JK ワイパーで試料肉表面の水気を取り除いた。その後試料肉を再度 PE バッグに入れ真空パックし、さらに大きめの PE バッグに真空パックした試料肉を入れて水で満たし空気を抜いた。そして、20°C で 10 分間高圧処理を行い、大きめの PE バッグから試料肉を取り出し、真空パックのまま 80°C で 30 分間加熱した。加熱後は試料肉の内部温度が 20°C になるまで氷水中で冷却した。なお、重曹および高圧処理の両処理とも行わなかった試料肉 (重曹 0.0 M, 圧力 0.1 MPa) を未処理肉とした。

2.2. pH 測定

加熱後の試料肉 10 g と等量の超純水をフードプロセッサー (bamix M250, Cherry Terrace) でホモジナイズし、pH 測定器 (HM-25R, TOA-DKK) を用いて測定を行った。

2.3. 水分含量および重量減少率

水分含有量は、加熱後の試料肉約 3 g を測定用試料としてハロゲン水分計 (GmbH2003, METTLER TOLEDO) を用い、加熱温度 137°C で測定した。重量減少率は、解凍後の試料肉の重量を予め測定し、加熱後に再度重量を測定して解凍後の肉重量に対する割合 (%) で示した。

2.4. 破断応力の測定

破断応力は、レオメーター (RE2-33005B, YAMADEN) を用いて測定した。加熱後の試料肉を 15×20×10 mm に整形し、筋線維と直角の方向に接触面積 2.5×8 mm、長さ 20 mm のくさび型プランジャーを配置し、圧縮率 100%、破断速度 10 mm/sec で破断応力を測定した。なお、試料肉の温度は 20°C に保持した。

2.5. 官能評価

ブロイラー胸肉、廃鶏胸肉においてそれぞれ最も軟化効果の得られた重曹濃度と加圧条件を用い、未処理肉を Co、高圧処理肉を Po、重曹処理肉を Ct、重曹・高圧併用処理肉を Pt とし、4 試料肉を官能評価に用いた。官能評価は順位法[11] で行い、評価項目ごとに試料間の有意差検定はフリードマンの検定で行った。評価項目はやわらかさ、ジューシーさ、おいしさ (総合評価) の 3 項目とした。パネリストはブロイラー胸肉において男性 21 名、女性 17 名の計 38 名 (新潟大学の 20 代学生)、廃鶏胸肉において男性 15 名、女性 15 名の計 30 名 (新潟大学の 20 代学生) で行った。

2.6. 遊離アミノ酸測定

加熱後の試料肉をミンチしたものを 8 g 採取し、2.5 倍量の超純水を加えて均質化 (60 秒間) した後、15,000 × g で 15 分間遠心分離を行った。得られた上澄み液をろ紙 (No.3, 東洋濾紙) でろ過した。ろ過後の上澄み液に等量の 10%トリクロロ酢酸溶液を加えて、再度 15,000 × g で 15 分間遠心分離を行い、再度ろ紙でろ過した。最後に孔径 0.45 µm のメンブランフィルター (Millex-HV, Merch Millipore) を通し、アミノ酸分析機 (LCSS-905, JASCO) で分析した。

3. 結果

3.1. pH の変化

ブロイラー胸肉および廃鶏胸肉の両胸肉とも、重曹処理を行うことで pH が上昇し、また、その pH の上昇は重曹濃度に依存した (Fig. 1.)。これは、弱アルカリ性である重曹溶液に浸漬したためである。一方、試料肉中の pH に及ぼす高圧処理の影響はほとんど認められなかった。

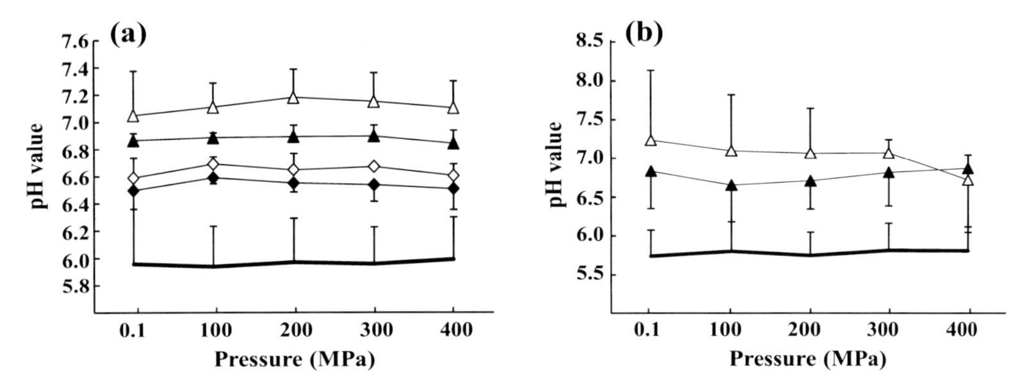

Fig. 1. Effect of high-pressure and $NaHCO_3$ treatment on meat pH value. (a) Broiler chicken breast (n=3). (b) Spent hen breast meat (n=5). ―: 0.0 M, -◆-: 0.1 M, -◇-: 0.2 M, -▲-: 0.3 M, -△-: 0.4 M $NaHCO_3$

3.5. 水分含量および重量減少率の変化

Fig. 2.に水分含量および重量減少率の変化を示した。ブロイラー胸肉、廃鶏胸肉共に、重曹処理をした試料肉では有意な水分含量の増加と重量減少率の低下が見られた ($p<0.05$ vs 0.0 M)。つまり、重曹処理により保水性が向上したと言える。ブロイラー胸肉では、重曹濃度が高くなるに従って水分含量の増加と重量減少率の低下が大きくなっており、水分含量と重量減少率の間には相関があると思われる。圧力による影響を見ると、重曹濃度が高いほど高圧処理による影響が認められ、重曹濃度0.4 M、圧力200 MPaで処理した試料肉で最も水分含量が増加し、最も重量減少率が低下した。重曹濃度が高くなるにつれpHが上昇し、食肉を構成する主なタンパク質であるミオシンの等電点から遠ざかったため水和が増加し、保水性が向上した[12]。重曹処理でタンパク質の水和が増したことに加え、高圧処理により自由水とタンパク質との間に水素結合が増加したため、重曹処理と高圧処理の相乗効果が得られた。廃鶏胸肉では (Fig. 2b, d)、重曹濃度が高くなるにつれ、水分含量の増加と重量減少率の低下が大きくなった。圧力による影響はあまり大きくなかった。

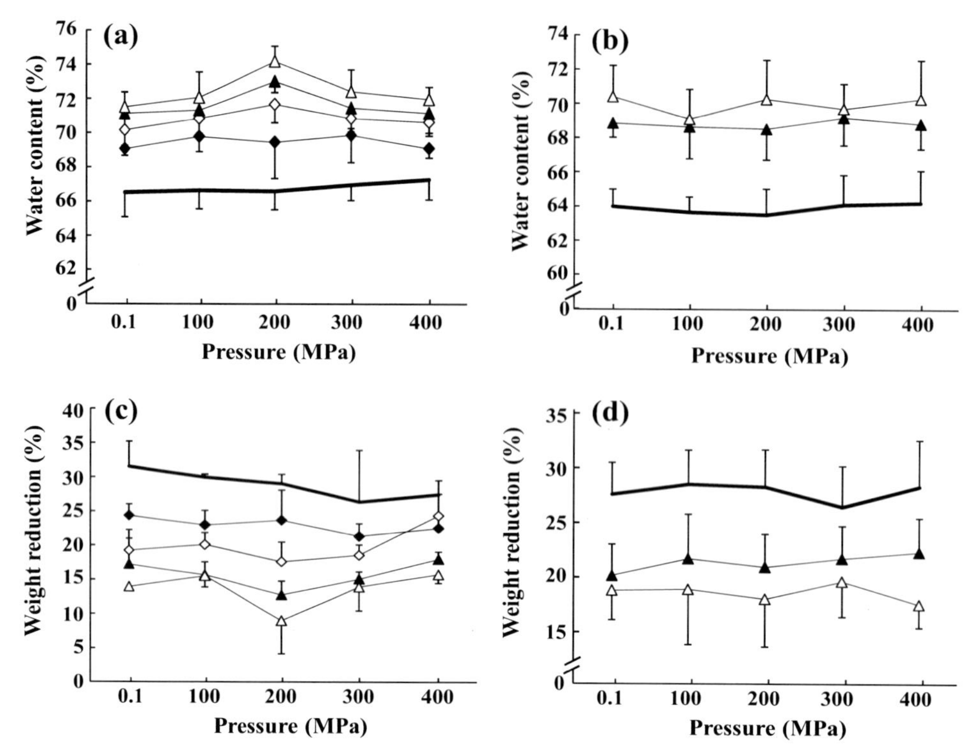

Fig. 2. Effect of high-pressure and $NaHCO_3$ treatment on the water content and weight reduction.
(a) Water content of broiler breast meat (n=7). (b) Water content of spent hen breast meat (n=9).
(c) Weight reduction of broiler breast meat (n=3). (d) Weight reduction of spent hen breast meat (n=9).
―: 0.0 M, -◆-: 0.1 M, -◇-: 0.2 M, -▲-: 0.3 M, -△-: 0.4 M $NaHCO_3$

3.6. 破断応力の変化

ブロイラー胸肉では、重曹未処理 (0.0 M) の試料肉は圧力の増加に伴い破断応力が低下した (Fig. 3a)。つまり、未処理肉と比べて柔らかい食肉となったと言える。高圧処理によって筋原線維タンパク質が解離し、解離したまま加熱によって凝固するため食肉は柔らかくなることが報告されている[8]。また、重曹未処理肉と比べて重曹処理を行った試料肉は破断応力が低下した。特に、重曹濃度 0.3 M、圧力 200 MPa で処理した試料肉で最も軟化効果が得られた。廃鶏胸肉では、未処理肉と重曹処理肉との間に大きな差は認められず、圧力による影響もまたほとんど認められなかった (Fig. 3b)。廃鶏は個体によって鶏種、週齢、飼育環境などが異なるため、各試料肉において値のバラつきが大きかったが、重曹濃度 0.4 M、圧力 400 MPa で処理した試料肉のみ、未処理肉と比べて有意に軟化した ($p<0.05$)。重曹処理で水和が増したことと、高圧処理により筋原線維の構造が崩壊したことで、両処理の相乗効果が得られ、食肉が軟化したと考える。

3.7. 官能評価

ブロイラー胸肉では 0.3 M 重曹、200 MPa 高圧併用処理肉を、廃鶏胸肉では 0.4 M 重曹、400 MPa 高圧併用処理肉を用いて行った官能評価の結果を Fig. 4 に示した。ブロイラー胸肉では、重曹・高圧併用処理肉 Pt が最もやわらかく、ジューシーで、おいしいと評価された (Fig. 4a)。

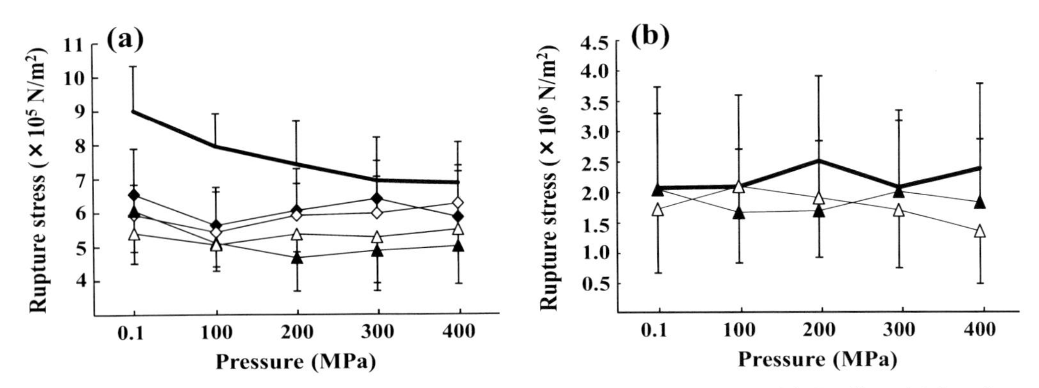

Fig. 3. Effect of high-pressure and $NaHCO_3$ treatment on rupture stress. (a) Broiler chicken breast (n=17). (b) Spent hen breast meat (n=29). ─: 0.0 M, -◆-: 0.1 M, -◇-: 0.2 M, -▲-: 0.3 M, -△-: 0.4 M $NaHCO_3$

特においしさの項目では、Ptは他の3つの試料肉と比べて有意においしいと評価され(p<0.05)、重曹処理のみまたは高圧処理のみよりも、両処理を併用することで相乗効果が得られることが示された。廃鶏胸肉においても、Ptが他の3つの試料肉と比べて有意にやわらかく、ジューシーで、おいしいと評価された(p<0.05) (Fig. 4b)。加えて、ブロイラー胸肉よりも、廃鶏胸肉の方が重曹・高圧併用処理の効果が顕著に示された。

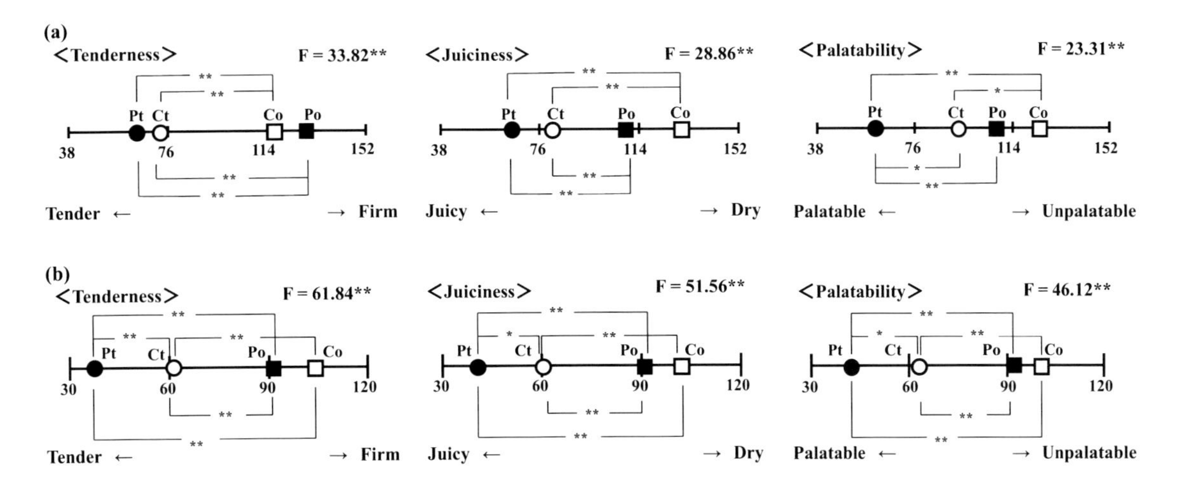

Fig. 4. Distance scale for sensory evaluation of 4 meat samples. The judges ranked each characteristic from least intense to most intense. (a) Broiler chicken breast (n=38). (b) Spent hen breast meat (n=30). □ Co: untreated, ■ Po: high-pressure treatment, ○ Ct: $NaHCO_3$ treatment, ● Pt: high-pressure treatment after $NaHCO_3$ treatment. *significant difference at $p < 0.05$ and **significant difference at $p < 0.01$

3.8. 遊離アミノ酸含量

重曹・高圧併用処理肉 Pt と未処理肉 Co を比較すると、Pt の方がブロイラー胸肉の加熱後肉中の総遊離アミノ酸含量が多かった。つまり、重曹・高圧併用処理を行うことで、加熱による遊離アミノ酸の試料肉外への放出を防げることが示唆された。呈味性を示す各遊離アミノ酸において、全ての遊離アミノ酸で Pt の方が高い値を示した (Fig. 5.)。Glu、Thr、Ser、Gln、Gly、Val においては、Co に比べ Pt が有意に多いことが認められた ($p<0.05$)。このことから、重曹・高圧併用処理は食肉の物性だけではなく呈味にも影響を及ぼすことが示された。呈味性遊離アミノ酸が試料肉中に多く含まれることは、官能評価で重曹・高圧併用処理肉が最もおいしいと評価されたことの一因であると推察する。

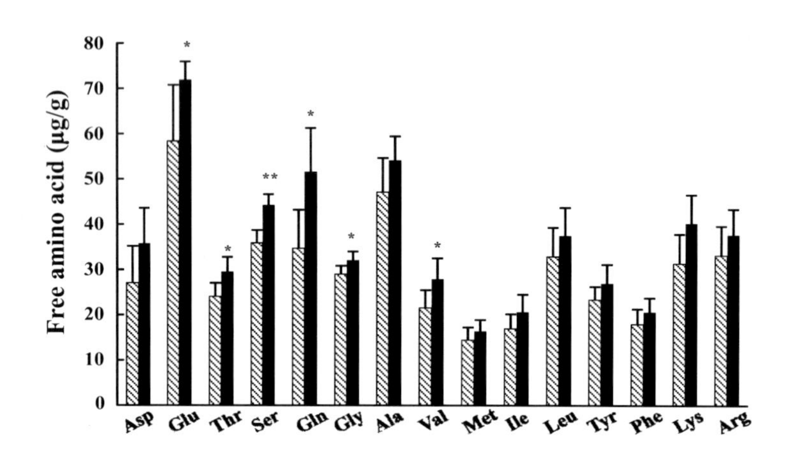

Fig. 5. Effect of high-pressure and $NaHCO_3$ treatment on free amino acid of broiler breast meat (n=5).
▧Co: untreated, ■Pt: high-pressure treatment after $NaHCO_3$ treatment.
* significant difference at $p < 0.05$ and **significant difference at $p < 0.01$

4. まとめ

重曹・高圧併用処理をすることで、ブロイラー胸肉は柔らかく、ジューシーでおいしい食肉となった。廃鶏胸肉でも保水性の向上、軟化効果が得られ、特に官能評価においてはブロイラー胸肉以上に重曹処理および高圧処理による相乗効果が大きく示された。また遊離アミノ酸の結果から、重曹・高圧併用処理は食肉の物性の改善だけでなく、呈味性の向上にも寄与することが示唆された。以上の結果は、ブロイラー胸肉の嗜好性向上、廃鶏胸肉の品質向上に寄与できると考えられる。

参考文献

[1] Choe, I., Park, Y., Ishioroshi, M. and Samejima K. (1996) Animal Sci. Technol. (Jpn.) 67: 43-46.
[2] Nadia Al-Hajo N. A. (2009) Tenderize chicken breast meat by using different methods of curing. Pk. J. Nutr. 8: 1180-1183.
[3] 高橋淑子, 寺田和子 (2001) 食肉用調味料を使用した鶏もも肉から揚げの食味特性. 駒沢女子短期大学研究紀要 34: 31-36.
[4] 高橋智子, 齊藤あゆみ, 川野亜紀, 朝賀一美, 和田佳子, 大越ひろ (2002) 食べ易い食肉の力

学的特性と咀嚼運動. 日本家政学会誌 53: 347-354.
[5] Jimenez-Colmenero, F., Cofrades, S., Carballo, J., Fernandez, P. and Martin F.F. (1998) Heating of chicken and pork meat batters under pressure conditions: protein interactions. J. Agric. Food Chem. 46: 4706-4711.
[6] Suzuki, A., Suzuki, N., Ikeuchi, Y. and Saito, M. (1991) Effect of high pressure treatment on the ultrastructure and solbilization of isolated myofibrils. Agric. Biol. Chem. 55: 2467-2473.
[7] Carballo, J., Cofrades, S., Solas, M.T. and Jimenez-Colmenero F. (2000) High pressure/thermal treatment of meat batters prepared from freeze-thawed pork. Meat Sci. 54: 357-364.
[8] 鈴木敦士 (1995) 超高圧による食肉の軟化と熟成促進機構. 日本食品科学工学会誌 42: 388-394.
[9] Kim, Y., Nishiumi, T., Fujimura, S., Ogoshi, H. and A. Suzuki, (2013) Combined effects of high pressure and sodium hydrogen carbonate treatment on pork ham: improvement of texture and palatability. High Pressure Research 33: 354-361.
[10] Ohnuma, S., Kim, Y., Suzuki, A. and Nishiumi, T. (2013) Combined effects of high pressure and sodium hydrogen carbonate treatment on beef: improvement of texture and color. High Pressure Research 33: 342-347.
[11] ISO (International organization for standardization) (2006) ISO 8587: Sensory analysis -Methodology- ranking, Switzerland.
[12] Allen, C. D., Russell, S. M. and Fletcher D. L. (1997) The relationship of broiler breast meat color and pH to shelf-life and odor development. Poultry Sci. 76: 1042-1046.

Improvement of Texture and Palatability of Broiler and Spent Hen Breast Meat: Effect of High Hydrostatic Pressure and Sodium Hydrogen Carbonate

Kanae Tabe, Yun-jung Kim, Atsushi Suzuki, Tadayuki Nishiumi*

Graduate School of Science and Technology, Niigata University, Ikarashi:2-8050, Niigata 950-2181, Japan
**E-mail: riesan@agr.niigata-u.ac.jp*

Abstract

Broiler chicken breast is not preferred in Japan because it is not juicy. If the texture of chicken breast can be improved, the preference for this product could increase in Japan. The spent hen meats are commonly incinerated because of their tough flesh compared to broiler chickens. If the texture of spent hen meat can be soften, the utility value for this product could increase. In this study, the effect of combined high-pressure and sodium hydrogen carbonate ($NaHCO_3$) treatment on the texture and palatability of chicken breast was investigated.
The sample used was broiler chicken breast and spent hen breast meat. Meat samples were soaked in 0.0-0.4 M $NaHCO_3$ solution and then pressurized at 100-400 MPa. After pressurization, the samples were heated for 30 min at 80°C and cooled down in ice-cold water.
In broiler chicken breast exposed to $NaHCO_3$ and high-pressure treatment, the water content increased and weight reduction and rupture stress decreased. Sensory evaluation showed that meat treated with 0.3 M $NaHCO_3$ and high pressure at 200 MPa was tender, juicy and had a good taste. It was considered that broiler breast meat was judged tasty because the free amino acids contained in the broiler breast meat was increased by high-pressure and $NaHCO_3$ treatment. It is suggested that combined $NaHCO_3$ and high-pressure treatment is effective to improvement of taste of broiler chicken breast as well as the texture. On the other hand, high-pressure and $NaHCO_3$ treatment of spent hen breast meat resulted in increased water content, and decreased weight reduction and rupture stress. Moreover, meat exposed to 400 MPa pressurization and 0.4 M $NaHCO_3$ treatment was judged tender, juicy and of good taste by sensory evaluation.
The combination of high-pressure and $NaHCO_3$ treatment can be effectively used for broiler and spent hen breast meat production.

Keywords : $NaHCO_3$, Broiler breast meat, Spent hen breast meat, Texture, Palatability

低温貯蔵中の牛肉の色調の安定性に及ぼす重曹および高圧処理の影響

渡邊ゆい、大沼俊、金娟廷、鈴木敦士 、西海理之*

新潟大学大学院自然科学研究科
新潟市西区五十嵐2の町 8050
*E-mail: riesan@agr.niigata-u.ac.jp

要旨

高圧処理は食肉の白色化を引き起こすが、重曹 ($NaHCO_3$) 処理を併用することで抑制できることが報告されている。本論文では、重曹・高圧併用処理が低温貯蔵中における牛肉の色調変化に与える影響について報告する。牛そともも肉を 0.4 M $NaHCO_3$ 溶液に 40 分間浸漬し、高圧処理は 100~500 MPa (20°C, 10 分間) で行った。各処理後の試料肉を 28 日間低温貯蔵し、表面色を CIELAB 表色系にて評価した。重曹処理は牛肉表面の L*値 (明度) および b*値 (黄色度) を低下させ、肉色を暗くした。対して、高圧処理は肉色の白色化をもたらし、L*値および b*値が上昇し、a*値 (赤色度) が低下した。これらの試料肉の退色は 0.4 M 重曹処理と 300 MPa 高圧処理とを併用することで抑えることができ、輸入牛肉の色調を国産牛肉と近くし、かつその色調をより長く保つことができた。

キーワード：牛肉、色調、白色化、重曹

1. はじめに

食肉の色調は消費者が食肉や食肉加工品の鮮度を判断する際に基準とする重要な指標であり、変色や退色した食肉・食肉加工品はその商品価値が大きく損なわれる。食肉の色調は、主に筋肉中の色素タンパク質であるミオグロビン (Mb) に由来し、Mb 含量、Mb の状態ならびに pH の影響を大きく受ける。Mb の状態はヘム部中心に存在する鉄イオンの電荷と、第 6 配位座に結合しているリガンドの種類に依存する。生肉中の Mb の誘導体には、鮮赤色の酸素 Mb (O_2Mb)、紫赤色の還元 Mb (RMb)、茶褐色のメト Mb (MMb) が存在する。

近年、非加熱食品加工技術としての高圧処理が注目されている。食品に対する高圧処理は微生物の生育抑制や殺菌、食味の向上などを目的に用いられ、食肉に対しては熟成と軟化を促進することが報告されている[1-3]。しかし、軟化を目的とした食肉への高圧処理は、同時に食肉の白色化 (whitening) をもたらし[4]、その商品価値を大きく損なう。これは Mb のグロビン部の変性またはヘム部からの鉄の放出のどちらかあるいは両方が原因となっておこるものと考えられる。これに関連して、Ohnuma らは、高圧処理と重曹処理を併用することで牛肉の白色化が抑えられることを明らかにした[5]。しかし、その色調の安定性や処理条件による差異については未知の部分が多く、その実用化に向けてさらなる検討が必要とされている。そこで本研究では、食肉の軟化処理法としての重曹・高圧併用処理の実用化を視野に入れ、特に重曹浸漬時の温度条件や重曹および高圧処理後の低温貯蔵が牛肉の色調に及ぼす影響について検討を行った。

2. 材料と方法

2.1. 試料調製

オーストラリア産グラスフェッド牛のそともも肉を試料肉として用いた。試料肉を 0.4 M 重曹溶液中に入れ、20°C もしくは 4°C で 40 分間浸漬処理した。なお、20°C で重曹溶液に浸漬した試料肉を 20°C 重曹処理肉、4°C で重曹溶液に浸漬した試料肉を 4°C 重曹処理肉、浸漬処理を行わなかった試料肉を浸漬未処理肉と表記する。その後試料肉をポリエチレンバッグに真空封入し、100～500 MPa の 5 条件で 20°C、10 分間高圧処理を行った (Dr.CHEF, 神戸製鋼)。なお、高圧処理を行っていない試料を 0.1 MPa と表記する。

2.2. 色調測定

色彩色差計 (CR-400, コニカミノルタ) を用いて試料肉表面の色調を測定した。高圧処理後の試料肉を浸漬区ごとに含気状態で遮光し、4°C 下の低温貯蔵中における試料肉の表面色の測定を行った。ただし、試料調製日を 0 日目とし、測定は 28 日目までとした。解析は CIE1976 (L*, a*, b*) 色空間 (CIELAB) を用いた。統計処理は、一つの試料につき異常値を除いた十点の L*値 (明度)、a*値 (赤色度)、b*値 (黄色度) それぞれの平均を算出した。

3. 結果

3.1. 重曹・高圧併用処理直後の色調

Fig. 1～Fig. 3 に重曹・高圧併用処理直後の各試料肉ならびに未処理の国産牛肉の色調を示した。国産牛肉は日本人が好む牛肉の色調モデルとして用意した。

Fig. 1 に、試料肉の明度をあらわす L*値を示した。L*値は、浸漬未処理肉と比較して 4°C および 20°C 重曹処理肉では 0.1～200 MPa において低くなり、重曹浸漬により牛肉の色調が暗くなることが示された。また、重曹処理時の温度に関わらず処理圧力が高いほど L*値が高くなった。Carlez らの報告によると、白色化を引き起こす Mb の変性は 200～350 MPa の圧力で起こり、それに伴い L*値は上昇する[4]。本実験の結果において浸漬未処理肉・処理圧力 300 MPa 以上でみられる急激な L*値の上昇は白色化によるものと考えられる。一方、4°C 重曹処理肉と 20°C 重曹処理肉とでは浸漬未処理肉に比べ処理圧力 300 MPa での L*値の上昇が抑えられ、高圧処理に伴う白色化が抑制されたことが示唆された。また、4°C および 20°C 重曹処理肉・処理圧力 300 MPa の L*値は国産牛肉の L*値とほぼ等しくなり、重曹・高圧併用処理により輸入牛肉の L*値 (明度) が改善された。この時、4°C 重曹処理肉と 20°C 重曹処理肉の間に明確な差異は認められなかった。

Fig. 2 に示されるように、赤色度を表す a*値は浸漬未処理肉では処理圧力の上昇に伴って低下し、特に処理圧力 500 MPa において著しく低下した。このことは、Carlez らが報告する処理圧力 400～500 MPa の範囲で起こる a*値 (赤色度) の低下[4]に一致する。高圧処理による a*値の低下は、鮮赤色を呈す O_2Mb が褐色を呈し食肉の色調劣化の原因となる MMb に酸化されるために引き起こされる。Mb は 200 MPa 以上の高圧処理で変性し、400 MPa 以上の高圧処理で O_2Mb の MMb への自動酸化 (メト化) が促進される[4]。一方、4°C 重曹処理肉と 20°C 重曹処理肉では、処理圧力 300 MPa で a*値が急激に上昇し、処理圧力 400 MPa で最大となった。このことから、重曹処理によって高圧処理に伴う a*値の低下が抑制されたことが示された。しかし、500 MPa では a*値が再度低下したことから、高圧処理によるメト化の促進は重曹処理で抑制できないと考えられる。したがって、国産牛肉の色調に比べてオーストラリア産牛肉の色調は「赤み」に欠けるが、0.4 M 重曹処理・処理圧力 300 MPa もしくは 400 MPa の重

曹・高圧併用処理により国産牛肉の a*値に近づけることができたといえる。

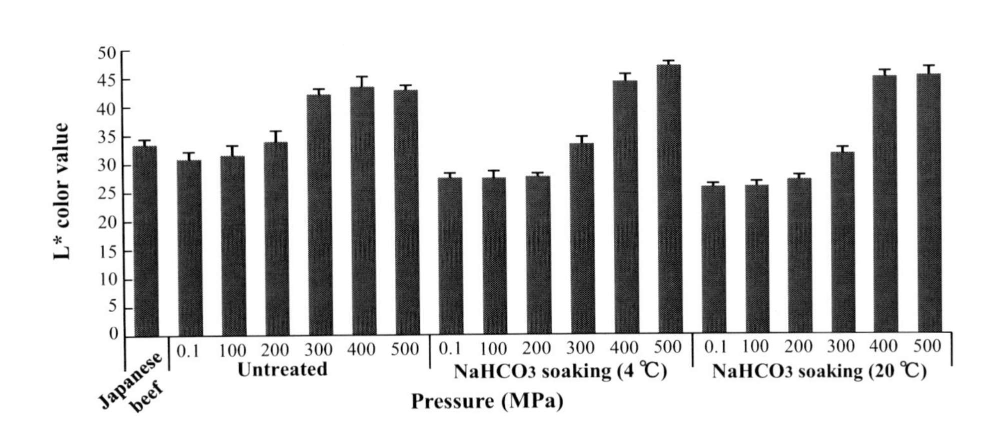

Fig. 1 Effect of high pressure and $NaHCO_3$ treatment on the L* color value of beef.

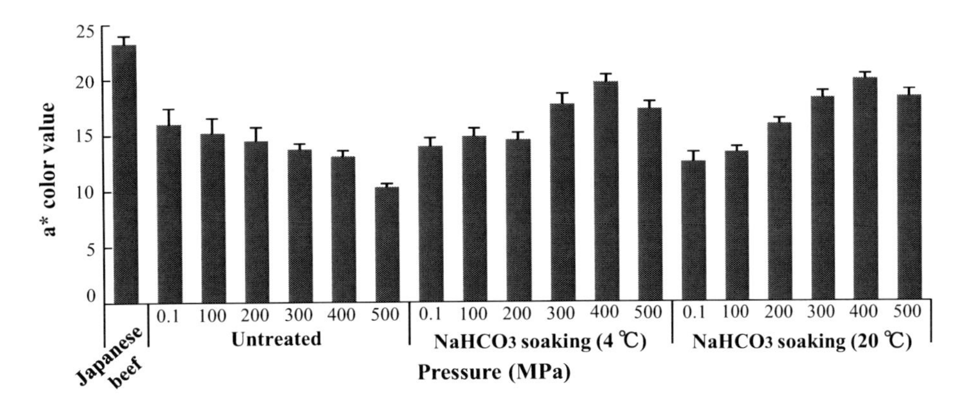

Fig. 2 Effect of high pressure and $NaHCO_3$ treatment on the a* color value of beef.

Fig. 3 に示されるように、黄色度を示す b*値は重曹浸漬により大きく低下した。また、浸漬未処理肉では高圧処理による影響をほとんど受けなかったが、4°C および 20°C 重曹処理肉では処理圧力の上昇に伴い b*値は上昇し、特に 400 MPa 以上で急激な上昇が認められた。しかし、本研究において最も b*値が高い値となった重曹処理肉・処理圧力 500 MPa でも国産牛肉の b*値とほぼ同等であった。また、b*値の結果において、4°C および 20°C という重曹処理の温度による差異は認められなかった。

3.9. 低温貯蔵中の色調変化

Fig. 4 に試料肉の低温貯蔵中の L*値の変化を示した。L*値は浸漬未処理肉では処理圧力 300 MPa 以上で上昇し、白色化の影響を顕著に示した。貯蔵期間中も L*値に大きな変動は見られず、高圧処理の影響によって上昇した値は未処理肉の L*値に戻ることはなかった (Fig. 4a)。4°C および 20°C 重曹処理肉では、浸漬未処理肉と比較して、処理圧力 400 および 500 MPa で白色化して L*値は高くなったが、処理圧力 300 MPa では L*値の上昇を抑えることができた。

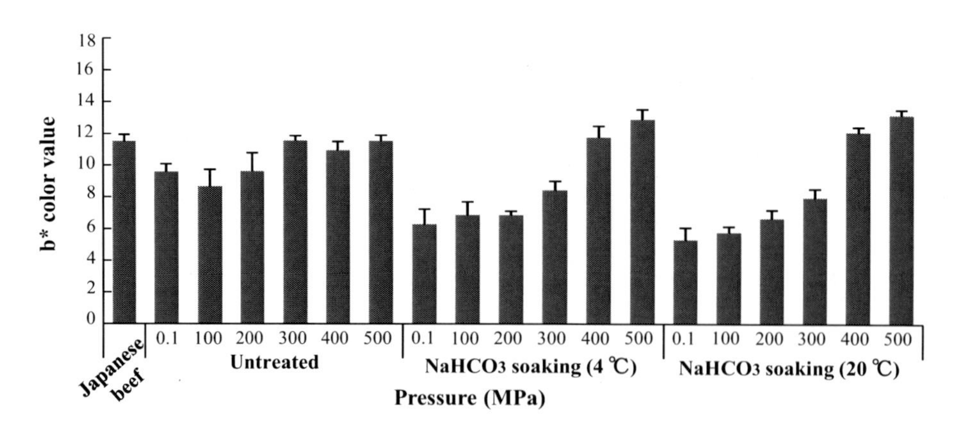

Fig. 3 Effect of high pressure and $NaHCO_3$ treatment on the b* color value of beef.

4°C および 20°C 重曹処理肉においても、浸漬未処理肉と同様に貯蔵期間中に L*値の大きな変動は確認されなかった (Fig. 4b, 4c)。つまり、重曹処理および高圧処理の条件にかかわらず、試料肉の L*値は貯蔵期間中に大きな変化は認められず安定して推移した。このことから、重曹処理および高圧処理により生じた L*値の変化は貯蔵中も未処理肉の色調に戻ることがなく、重曹処理による白色化の抑制効果は低温貯蔵中も持続することが示された。

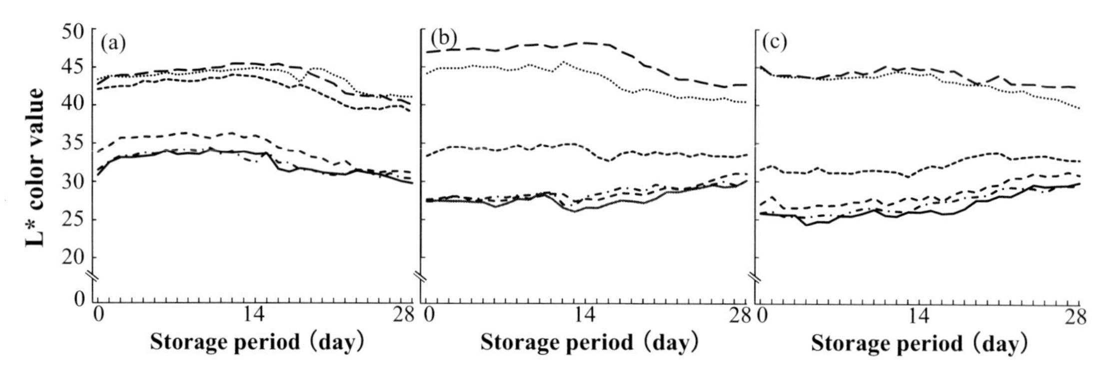

Fig. 4 Changes in the L* color value of beef untreated (a), treated with $NaHCO_3$ at 4°C (b), and treated with $NaHCO_3$ at 20°C (c) during chilled storage.
——, 0.1 MPa; ‒ · ‒, 100 MPa; ‒ ‒ ‒, 200 MPa; -----, 300 MPa; ......, 400MPa; — —, 500 MPa

Fig. 5 に試料肉の a*値の低温貯蔵中の変化を示した。浸漬未処理肉の a*値は処理圧力の上昇に伴って低下し、特に処理圧力 500 MPa において著しく低下した。浸漬未処理肉・処理圧力 0.1～400 MPa では貯蔵 1 週間程度はほぼ同じ値で推移し、その後は時間経過に伴い低下した (Fig. 5a)。浸漬未処理肉・処理圧力 500 MPa での a*値は、処理圧力 400 MPa 以下の浸漬未処理肉よりも低かったが、貯蔵日数の経過に伴って各処理圧力の牛肉間における a*値の差異は小さくなった。これは処理圧力 0.1～400 MPa の浸漬未処理肉では時間の経過とともに牛肉内の O_2Mb が自動酸化され、MMb の割合が増えていったのに対し、処理圧力 500 MPa では高圧処理により貯蔵前に既にメト化が進行していたためと考えられる。一方、4°C 重曹処理肉と 20°C 重曹処理肉では、処理圧力 300 MPa で a*値が急激に上昇し、処理圧力 400 MPa で最

大となった。4°C および 20°C 重曹処理肉の a*値は、浸漬未処理肉の a*値と同様に、引き続き貯蔵中の時間の経過に従って低下し、O_2Mb のメト化の進行が推測された (Fig. 5b, 5c)。また、L*値と同様に、a*値も貯蔵中に未処理肉の色調に戻ることはなく、重曹処理および高圧処理による色調への影響が低温貯蔵中も持続することが示された。0.4 M 重曹処理肉・処理圧力 300～500 MPa (特に処理圧力 400 MPa) は浸漬未処理肉・処理圧力 0.1 MPa よりも赤みが増し、低温貯蔵中もより長くその色を保つことができた。

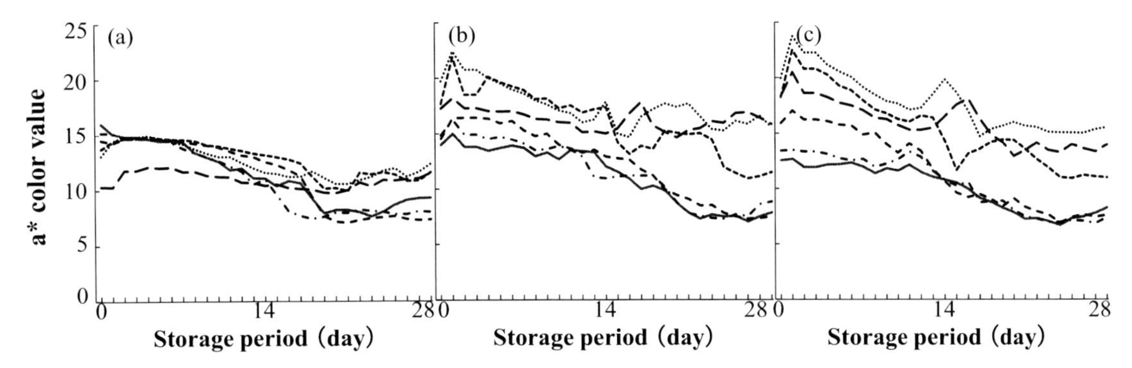

Fig. 5 Changes in the a* color value of beef untreated (a), treated with $NaHCO_3$ at 4°C (b), and treated with $NaHCO_3$ at 20°C (c) during chilled storage.
――, 0.1 MPa; ‒ · ‒, 100 MPa; ‒ ‒ ‒, 200 MPa; ‒‒‒‒‒, 300 MPa; ……, 400MPa; ▬ ▬, 500 MPa

b*値は、重曹処理および高圧処理の条件にかかわらず、貯蔵開始から 2 週間程度は大きな変化は見られず、ほぼ初日の値のまま安定して推移した (Fig. 6)。この結果から、L*値および a*値と同様に、b*値も貯蔵中に重曹・高圧併用処理肉の色調が未処理肉の色調に戻ることはなく、重曹処理および高圧処理による色調への影響が低温貯蔵中も持続することを示した。貯蔵 14 日目以降、b*値は処理圧力の低い試料肉から順に不安定になった。この傾向は特に浸漬未処理肉よりも 4°C および 20°C 重曹処理肉において顕著に認められた。

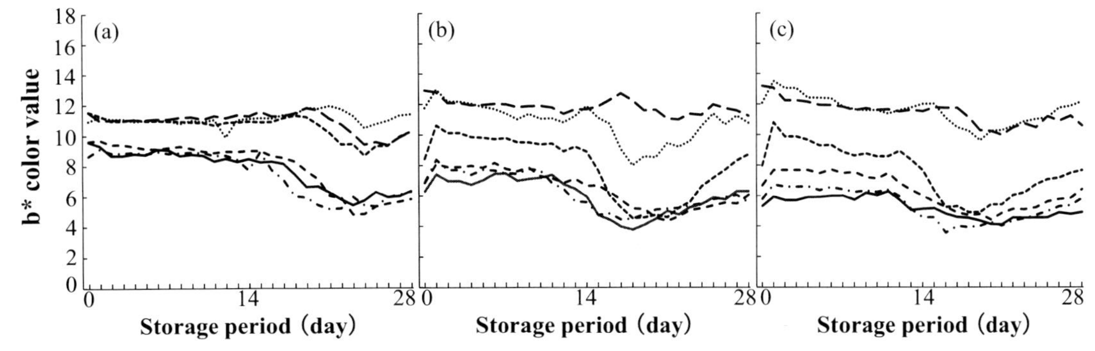

Fig. 6 Changes in the b* color value of beef untreated (a), treated with $NaHCO_3$ at 4°C (b), and treated with $NaHCO_3$ at 20°C (c) during chilled storage.
――, 0.1 MPa; ‒ · ‒, 100 MPa; ‒ ‒ ‒, 200 MPa; ‒‒‒‒‒, 300 MPa; ……, 400MPa; ▬ ▬, 500 MPa

本研究において、浸漬未処理肉では貯蔵 14 日目以降、4°C および 20°C 重曹処理肉では貯蔵 11 日目以降、低い処理圧力のものから順にネト (食肉・食肉製品等の表面に発生する粘液状の物質) の発生が認められた。この発生時期と L*値および b*値の数値が不安定になる時期はほぼ一致し、ネトの発生が牛肉の色調 (特に明るさと黄色さ) に影響を与えているものと考えられる(Fig. 4, Fig. 6)。このネトが高圧処理や重曹・高圧併用処理による牛肉の自己消化物なのか、もしくは微生物的なバイオフィルムなのかは本結果からは定かでないが、本研究においてネトの発生が処理圧力の低い試料肉から順に起きたこと、高圧処理が食肉の微生物制御に有用であり 400〜500 MPa 程度の圧力処理で一般微生物の制御に効果的であること[6]、高圧処理した食肉における細菌フローラは低温貯蔵 2 週間程度から増加すること[7]などから、微生物的なものであると推測される。未処理肉と比較して重曹処理肉のネトの発生が早かったのは、重曹処理により試料牛肉の pH が上昇し (pH 約 6.9), 微生物が繁殖しやすい中性付近の pH になったためと考えられる。微生物の増加は食肉の保存性を考えたときにも非常に重要であり、今後、重曹・高圧併用処理肉の一般生菌数の増減などについても検討が必要である。

4. まとめ

重曹・高圧併用処理では高圧処理による牛肉の白色化が抑制され、未処理肉よりも赤みが増し、低温保存中も長期間その赤い色を保つことができた。その中でも 0.4 M 重曹・300 MPa 高圧併用処理を行なった牛肉が最もその特長を発揮し、白色化の抑制と赤みの増加の両方を兼ね備え、国産牛肉の色調により近づいた。また、本研究においては 4°C 重曹処理肉と 20°C 重曹処理肉の間に大きな差異は認められず、重曹浸漬時の温度の肉色への影響は無視できると考えられる。しかし、食肉の加工時の温度は微生物の生育等に重要な要素であることから、今後保存性に関するさらなる検討が必要である。

参考文献

[1] Macfarlane, J. J. (1973) Pre-rigor pressurization of muscle: Effects on pH, shear value and tastepanel assessment. J. Food Sci., 38: 294-298.

[2] Bouton, P. E., Ford, A. L., Harris, P. V. and Macfarlane, J. J. (1977) Pressure-heat treatment of postrigor muscle: Effects on tenderness. J. Food Sci., 42: 132-135.

[3] Suzuki, A., Kim, K., Homma, N., Ikeuchi, Y. and Saito, M. (1992) Acceleration of meat conditioning by high pressure treatment. In: High Pressure and Biotechnology, Balny, C., Hayashi, R., Heremans, K. and Masson, P. (eds.), John Libbey Eurotext Ltd., pp 219-233.

[4] Carlez, A., Veciana-Nogues, T. and Cheftel, J. C. (1995) Changes in colour and myoglobin of minced beef meat due to high pressure processing. Lebensm. -Wiss. u. -Technol., 28: 528-538.

[5] Ohnuma, S., Kim, Y., Suzuki, A. and Nishiumi, T. (2013) Combined effects of high pressure and sodium hydrogen carbonate treatment on beef: improvement of texture and color. High Pressure Res., 33: 342-347.

[6] Garriga, M., Grebol, N., Aymerich, M. T., Monfort, J. M. and Hungas, M. (2004) Microbial inactivation after high-pressure processing at 600 MPa in commercial meat products over its shelf life. Innov. Food Sci. Emerg. Technol., 5: 451-457.

[7] Jung, S., Ghoul, M. and de Lamballerie-Anton, M. (2003) Influence of high pressure on the color and microbial quality of beef meat. Lebensm. -Wiss. u. -Technol., 36: 625-631.

Effects of High Pressure and Sodium Hydrogen Carbonate on Beef Color During Chilled Storage

Yui Watanabe, Shun Ohnuma, Yun-jung Kim, Atsushi Suzuki, Tadayuki Nishiumi*

Graduate School of Science and Technology, Niigata University, Ikarashi 2-8050, Niigata 950-2181, Japan
**E-mail: riesan@ agr.niigata-u.ac.jp*

Abstract

Color is one of the most important attributes of fresh meat for the consumers' purchasing. High pressure is well known to induce an increasing lightness (L*), which is called a 'whitening effect'. Ohnuma and others (2013) reported that the whitening could be prevented by combining high pressure and sodium hydrogen carbonate ($NaHCO_3$) treatments. In this study, the effect of combined high pressure and $NaHCO_3$ treatment on the beef color during chilled storage.
Silverside Australian beef used as the meat sample was cut along the grain into slices 1 cm thickness. The meat samples were soaked in 0.4 M $NaHCO_3$ solution for 40 min at 4 or 20°C and then were pressurized at 0.1, 100, 200, 300, 400, and 500 MPa for 10 min at 20°C. After pressurization, the surface color of each meat sample was assessed during 28 days of chilled storage under an atmospheric condition. The L* (lightness), a* (redness), and b* (yellowness) color value were determined using a chroma meter in the CIELAB system.
$NaHCO_3$ treatment reduced the L* and b* color values of the meat, which indicates a progressive darkening of beef by soaking of sodium hydrogen carbonate. Temperature on the $NaHCO_3$ treatment did not influence the meat color. In contrast, high pressure treatment induce a whitening involved in both increases in L* and b* color values. These meat discoloration was improved by using a combined 0.4 M $NaHCO_3$ and high pressure at 300 MPa. As a result, the color of the Australian beef treated with $NaHCO_3$ and high pressure in combination was similar to that of Japanese beef. The meat color of combined high pressure and $NaHCO_3$ was maintained for 2 weeks during chilled storage.

Keywords : Beef, Meat color, Whitening, $NaHCO_3$

システインの添加が高圧下フィシン処理鶏卵白アレルゲンの分解性の向上とアレルゲン性の低減に及ぼす影響

蛭田あゆみ [1]、原崇 [1]、赤坂一之 [2]、松野正知 [3]、西海理之 [*1]

[1] 新潟大学大学院自然科学研究科
新潟県新潟市西区五十嵐 2 の町 8050
[2] 近畿大学高圧力蛋白質研究センター
和歌山県紀の川市西三谷 930
[3] 新潟県立吉田病院小児科
新潟県燕市吉田大保町 32-14
*E-mail: riesan@agr.niigata-u.ac.jp

要旨

近年の食物アレルギー患者数増加は世界的にも深刻な問題であり、日本では特に鶏卵アレルギー患者がその数を大きく占める。鶏卵の主要アレルゲンは、卵白に含まれるタンパク質であるオボアルブミン（OVA）とオボムコイド（OVM）であることが知られている。本研究では、システインを添加して高圧下フィシン処理を行い、OVA、OVMおよび鶏卵白の分解性とIgE結合性について検討を行った。OVA、OVMおよび鶏卵白はシステイン添加により分解性が向上し、それに伴って各分解産物とIgE抗体との結合性も低下した。これらの効果は特にOVMにおいて顕著であり、システインの添加は高圧下フィシン処理を用いた鶏卵白の低アレルゲン化に対して効果的であることが示唆された。

キーワード：鶏卵アレルギー、システイン、フィシン

1. はじめに

食物アレルギーは、原因食物の摂取により免疫学的機序を介して生体に不利益な症状が惹起される現象であり、食物に含まれる特定のタンパク質が主な原因物質（アレルゲン）である。近年、その患者数は増加の一途をたどり、深刻な問題となっている。日本における食物アレルギー有病率は乳児で約 10%、3 歳児で約 5%、学童期以降が 1.3〜2.6%程度と考えられ、米国では小児が 6%、成人で 3〜4%、フランスでは全人口の 3〜5%と報告されている[1-4]。このことから食物アレルギーへの対処は、日本のみならず世界中の先進国が抱える大きな課題といえる。死に至る危険性のある即時型（Ⅰ型）アレルギー反応は食物アレルギーにおいてもみられ、マスト細胞表面上の IgE 抗体をアレルゲンが架橋することにより遊離されるヒスタミン等の化学伝達物質が引き金となる。多くの食品が食物アレルギーの原因となりうるが、鶏卵、牛乳・乳製品、小麦、落花生、甲殻類、そば、大豆などの特定の食品が原因で発症する患者は多く、特に鶏卵は我が国で最も食物アレルギーの発症頻度が高い原材料である。鶏卵のアレルゲンは主に卵白に含まれるタンパク質であり、特にオボアルブミン（OVA）とオボムコイド（OVM）は強いアレルゲン性を示す。食物アレルゲンは、概して加熱による変性や酵素による分解を受け難く、このような性質がアレルゲン性を示す大きな要因となっている。食物中のアレルゲンを十分に低減出来れば、低アレルゲン食品として予防的に用いることができ、臨床の現場で原因食品の除去食から通常食に至るまでの過渡期の食事、移行食

としても有用となる[5]。
食品を低アレルゲン化する試みは、酵素によるアレルゲンの分解・除去を中心に進められてきた[6]。近年、タンパク質の酵素分解が加圧によって促進される現象が見出され[7]、高圧下で酵素処理すると OVA のアレルゲン性を効果的に低減できる可能性が報告されている[8]。一方、OVM の分解は OVA より困難であると予想される。多数の分子内 S-S 結合を有するタンパク質は構造安定性が高い傾向にあり、最も分解が困難なアレルゲンの一つとされる OVM はまさにこのような分子構造である。そこで本研究では、S-S 結合の切断を意図して還元剤（システイン）を添加して高圧下酵素（フィシン）処理を行い、OVA、OVM および鶏卵白の分解性と IgE 結合性について検討を行った。

2. 材料と方法

2.1. 試料調製

供試材料として OVA（アルブミン, 卵由来, 和光純薬）、OVM（Trypsin inhibitor from egg white , TypeⅢ-0, SIGMA）、乾燥卵白（キユーピータマゴ株式会社）を使用した。酵素はフィシン（Ficin from fig tree latex, 1.1 units/mg solid, 1.4 units/mg protein, SIGMA）を使用した。40 mM のシステインを含む 0.1 M リン酸バッファー（pH 7.0）に溶解した 4 mg/ml OVA 溶液と、0.1 M リン酸バッファー（pH 7.0）に溶解した 4 mg/ml OVA 溶液の 2 種類を調製した。これと終濃度 0.01 U/ml となるようにフィシン溶液を混和し、OVA の終濃度を 2 mg/ml、システインの終濃度を 20 mM に調整した。これらシステイン添加有り・添加無しの各反応溶液をポリエチレンバックに入れ、空気が入らないようシールした。更に水を入れた厚めのポリエチレンバックに入れてシールし、高圧装置（Dr.CHEFF, 神戸製鋼）を用いて 50°C、100 MPa～700 MPa の高圧処理を 10 分間施した。反応終了後、ポリエチレンバッグから反応溶液を取り出し、直ちに以下の SDS-PAGE と inhibition ELISA に供試するための処理を行った。OVM と卵白についても上記と同様に試料を調製した。

2.2. ポリアクリルアミドゲル電気泳動（SDS-PAGE）

試料 50 µl を等量の Laemmli’s buffer と混合し、100°C で 5 分間加熱した。SDS-PAGE はアクリルアミド濃度 15%のゲルを用いて、Laemmli の手法で行った[9]。泳動後、Coomassie Brilliant Blue（CBB）染色を行い、酢酸で脱色したゲルを LAS-3000（富士フィルム）で撮影した。

2.3. Inhibition ELISA

試料 20 µl と、1% PVP（Polyvinyl pyrolidone）入りの PBST（PVP-PBST）で終濃度 1 mM に希釈した Phenylmethylsulfonyl fluoride（PMSF）溶液 80 µl を混合した。Table 1 に示した鶏卵アレルギー患者 A～H のプール血清（各血清を等量混合）を用い、血清 IgE との結合性を inhibition ELISA により評価した。Inhibition ELISA は Jimenez ら[10]の方法を一部改変して行った。96 ウェル ELISA プレートに OVA、OVM ならびに卵白それぞれ 0.5 µg を吸着させ 4°C で一晩静置した。タンパク質濃度を 2 µg/ml に調整した試料 40 µl と 10 倍希釈したプール血清 40 µl を混合したものを 37°C のインキュベーター内に 2 時間静置し、あらかじめ PBST で洗浄しておいた ELISA プレートに一次抗体として分注した。ELISA プレートを 37°C のインキュベーター内に 2 時間静置し、再び PBST で洗浄した後に、二次抗体として HRP 標識抗ヒト IgE 抗体を分注した。3,3',5,5'-テトラメチル-ベンジジン（TEMED）を加えて発色させ、H_2SO_4 で反応停止後、マイクロプレートリーダー（Model 680, BIO-RAD）にて波長 450 nm における吸光度を測定した。

Table 1 Sera from egg allergic patients

Patients	Egg white		OVM	
	RAST score (U_A/ml)	RAST class	RAST score (U_A/ml)	RAST class
A	41.90	4	43.70	4
B	41.30	4	34.70	4
C	21.30	4	9.40	3
D	4.57	3	3.08	2
E	3.74	3	2.62	2
F	3.71	3	2.53	2
G	3.36	2	4.82	3
H	3.00	2	3.37	2

3. 結果と考察

3.1. 高圧下フィシン処理OVAならびにOVMの分解性とアレルゲン性

高圧下フィシン処理したOVAならびにOVMの分解性を分析したSDS-PAGE像をFig. 1に示す。Fig. 1aに示されるように、OVA（45 kDa）のバンドの染色濃度は、圧力上昇に伴って低下した。特にシステインを添加した場合、600～700 MPaの処理でOVAのインタクトなバンドがほぼ消失した。システインはOVA分子内のS-S結合の切断に寄与し、その結果、OVAの高次構造安定性が低下することで高圧下フィシン処理したOVAの分解性が向上したと予想される。

特にOVM（28 kDa）においては、システイン存在下での加圧による酵素分解性が著しく向上した（Fig. 1b）。すなわち、システインを添加しなかった場合では、700 MPaの圧力処理でもOVMのインタクトなバンドは消失しなかったのに対し、システインの添加では300 MPaの圧力処理でインタクトなバンドが消失した。OVMは自身が持つトリプシンインヒビター活性により、トリプシンなどの消化酵素に対する抵抗性が極めて高いにもかかわらず、300 MPaという比較的低い圧力処理で高い分解性が示されたことは、鶏卵白の低アレルゲン化に向けてのシステイン添加の有用性を示している。

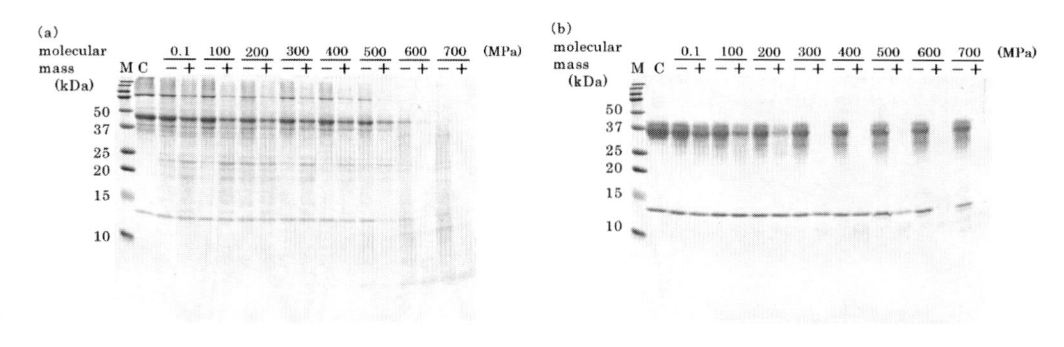

Fig. 1. SDS-PAGE profiles of OVA (a) and OVM (b) treated with ficin under high pressure. M, molecular weight standard; C, control; −, without cysteine; +, with cysteine.

高圧下フィシン処理をしたOVAならびにOVMと鶏卵アレルギー患者血清IgE抗体との結合性を検討した。未処理の試料に対する結合性を100%とし、相対結合率を算出した（Fig. 2）。

システイン添加の有無に関わらず、処理圧力の上昇に伴ってOVAの相対結合率は低下する傾向を示した（Fig. 2a）。これは前述のSDS-PAGEの結果と対応しており、分解性が増したOVAほどIgE相対結合率は低下していた。また、200～600 MPaの高圧処理区間においても、システインを添加したOVAはシステインを添加しなかったOVAと比較して相対結合率が有意に低下した（$p < 0.05$）。

システインを添加しなかった場合、高圧下フィシン処理したOVMとアレルギー患者血清IgE抗体との相対結合率は、処理圧力の上昇に伴って上昇し、300～700 MPaでは100～160%と未処理OVMより高いIgE結合率を示した（Fig. 2b）。小谷ら[11]も500 MPa以上の高圧処理でOVMと鶏卵アレルギー患者血清IgE抗体との結合性が上昇することを報告し、また、高圧処理で生じたOVMの不可逆的高次構造変化がIgE抗体エピトープの構造変化を誘導することを示唆した。したがって、本研究で認められた300～700 MPa高圧処理区におけるIgE結合率の上昇は、フィシンによって分解されなかったOVMが高圧処理により不可逆な構造変化を引き起こし、IgE抗体に対する新しいエピトープが露出した可能性が考えられる。また、OVMは3つのドメインを有し、ドメインを分離してもそのそれぞれが卵アレルギー患者血清中のIgE抗体と反応性を示すばかりか、単離した2種のドメインを混合すると反応性が増加することが報告されている[12]。よって本研究においても300～700 MPaの高圧下酵素処理によって、完全には分解されなかったOVMのドメインが出現したことが推定された。

一方、システイン添加した場合では、高圧下フィシン処理したOVMと鶏卵アレルギー患者血清IgE抗体との結合率は300 MPa以上の圧力処理で急激に低下した。特に400 MPa以上の圧力で約3%にまで大きく低下し、フィシン処理によるOVMのアレルゲン性低下に対するシステイン添加の絶大な効果を示した。

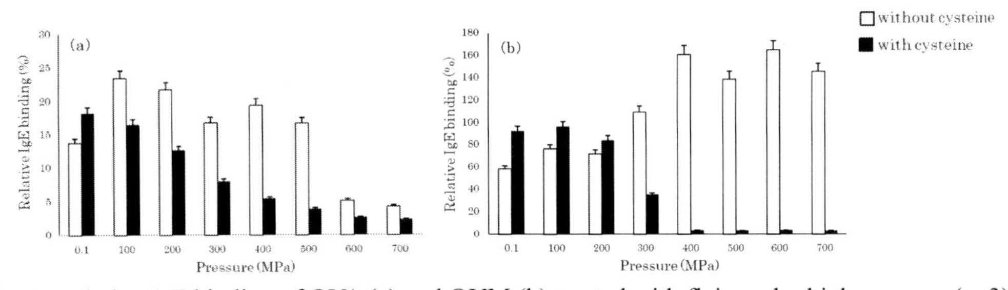

Fig. 2. Relative IgE binding of OVA (a) and OVM (b) treated with ficin under high pressure (n=3).

3.10. 高圧下フィシン処理卵白の分解性とアレルゲン性

OVA、OVMと同様の方法で、高圧下フィシン処理した卵白の分解性とアレルゲン性について検討を行った。卵白に対しても処理圧力の上昇に依存した各卵白タンパク質の分解性向上がSDS-PAGE像から認められ、その効果はシステインを添加した場合の方が大きかった（Fig. 3）。すなわち、OVAやOVMを含んだ卵白中のタンパク質は、システインの持つ還元力と高圧処理の効果により立体構造が変化し、卵白の分解性が向上したと予想される。

高圧下フィシン処理をした卵白と鶏卵アレルギー患者血清IgE抗体との結合性の検討では、Fig. 4に示されるように、相対結合率が処理圧力の上昇に依存して低下し、OVAでの結果（Fig. 2a）とよく似た傾向を示した。これは、卵白タンパク質中54%という高い割合を占めるOVAの相対結合率の低下が、卵白全体の相対結合率の低下に大きく影響したためと考えられる。

システインを添加した場合、ほぼ全ての圧力処理区間で相対結合率が有意に低下し、700 MPa の高圧処理では約 3%となった。この結果は、Fig. 3 の SDS-PAGE に示されるように、システインを添加して 700 MPa の圧力処理を施した場合、各卵白タンパク質の分解性は向上し、それらのバンドが消失している結果と対応していた。

本実験は pH 7、50°C の限定された条件下ではあるが、高圧下酵素処理を鶏卵白の低アレルゲン化に適用する場合には、システインの添加が有効であることがわかった。さらに詳細な条件の検討により、その効果はより高められると考えられる。一方、現状ではシステイン添加が認められている食品は限定されており、鶏卵への使用は認められていないため、その実用化に向けて新たな取組みが今後必要とされる。

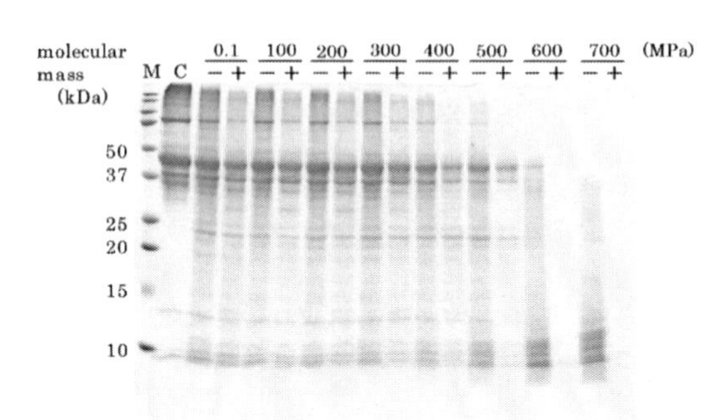

Fig. 3. SDS-PAGE profiles of egg white treated with ficin under high pressure. M, molecular weight standard; C, control; −, without cysteine; ＋, with cysteine.

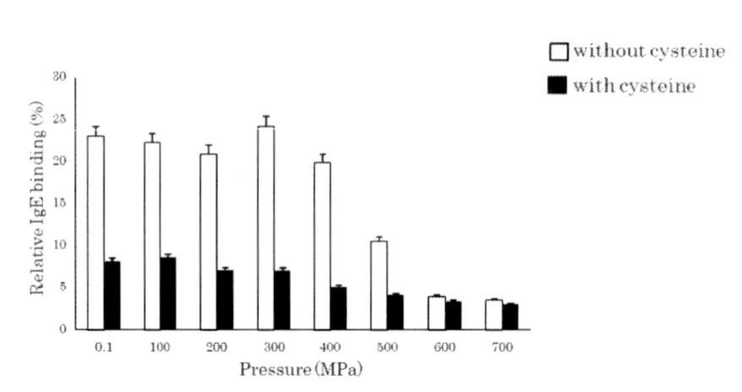

Fig. 4. Relative IgE binding of egg white treated with ficin under high pressure (n=3).

4. まとめ

SDS-PAGE による分解性の検討では、高圧下フィシン処理をした OVA ならびに OVM は、各処理圧力においてシステインの添加による分解性の向上が認められ、特に OVM において顕著な効果が認められた。Inhibition ELISA による鶏卵アレルギー患者血清 IgE 抗体との結合性の検討では、システインを添加した高圧下フィシン処理 OVA ならびに OVM は相対結合率が低下する傾向を示し、特に OVM において顕著な低下が認められた。OVA、OVM と同様の条件で、卵白に対して高圧下フィシン処理を施すと、システインを添加した場合、卵白タンパク質の分解性は向上し、鶏卵アレルギー患者血清 IgE 抗体に対する結合性も低下することが認められた。

食品加工においてコストなどの問題から高い圧力処理は実用的であると言えず、より低い圧力処理が望ましい。したがってこれらの結果から、システインを添加した場合、より低い圧力と酵素濃度を用いた処理による低アレルゲン化卵白素材作出の可能性が見出された。しかし現在、鶏卵へのシステインの添加は認められていないことから、その実用化に向けて他の還元剤を用いることなどを含めた検討が必要と考えられる。

参考文献

[1] Ebisawa, M. and Sugizaki, C. (2008) Prevalence of pediatric allergic diseases in the first 5 years of life. J. Allergy Clin. Immunol. 121: 237.

[2] 文部科学省アレルギー疾患に関する調査研究委員会 (2007) アレルギー疾患に関する調査研究報告書.

[3] Mine, Y. and Yang, M. (2007) Concepts of Hypoallergenicity. In: Bioactive Egg Compounds, Huopalahti, R., Lopez, F.R., Anton, M. and Schade, R. (eds.), Springer-Verlag, pp 145-158.

[4] Kanny, G., Moneret, V.D.A., Flabbee, J., Beaudoulin, E., Morisset, M. and Thevenin, F. (2001) J. Allergy Clin. Immunol. 108: 133-140.

[5] 原崇 (2013) アレルゲン低減化. In: 進化する食品高圧加工技術, 重松亨, 西海理之監修, NTS, pp 151-161.

[6] 野上直行, 松野正知, 原崇, 城斗志夫, 西海理之, 鈴木敦士 (2006) 高圧処理による食品タンパク質のアレルゲン性低減化. 高圧力の科学と技術 16: 11-16.

[7] Akasaka, K., Nagahata, H., Maeno, A. and Sasaki, K. (2008) Pressure acceleration of proteolysis. Biophysics 4: 29-32.

[8] Lopez, E.I., Chicon, R., Belloque, J., Recio, I., Alonso, E. and Lopez, F.R. (2008) Changes in the ovalbumin proteolysis profile by high pressure and its effect on IgG and IgE binding. J. Agric. Food Chem. 56: 11809-11816.

[9] Laemmli, U.K. (1970) Cleavage of structural proteins during the assembly of the head of bacteriophage T4. Nature 227: 680-685.

[10] Jimenez, S.R., Martos, G., Carrillo, W., Lopez, F.R. and Molina, E. (2011) Human immunoglobulin E (IgE) binding to heated and glycated ovalbumin and ovomucoid before and after *in vitro* digestion. J. Agric. Food Chem. 59: 10044-10051.

[11] 小谷スミ子 (2006) 高圧処理が鶏卵白オボムコイドの抗体結合性と高次構造に及ぼす影響. In: 高圧力下の生物科学, 金品昌志, 田村勝弘, 林力丸編, さんえい出版, pp 103-110.

[12] 渡辺乾二 (1989) 卵の栄養と健康. In: 卵の調理と健康の化学, 佐藤泰, 田名部尚子, 中村良, 渡辺乾二共著, 弘学出版, pp 214-267.

Enzymatic Degradation and Reduction in Allergenicity of Egg White Proteins under Pressure: Effect of Added Cysteine

Ayumi Hiruta[1], Takashi Hara[1], Kazuyuki Akasaka[2], Masatomo Matsuno[3], Tadayuki Nishiumi[*1]

[1]Graduate School of Science and Technology, Niigata University, Ikarashi 2-8050, Niigata 950-2181, Japan
[2]High Pressure Protein Research Center, Kinki University, Nishimitani 930, Kinokawa, Wakayama 649-6493, Japan
[3]Department of Pediatrics, Niigata Prefectural Yoshida Hospital, Yoshidadaibocho 32-14, Tsubame, Niigata 959-0242, Japan
**E-mail: riesan@agr.niigata-u.ac.jp*

Abstract

Food allergies have become increasingly widespread for over decades, and are now a serious social problem in the world. Among food allergens, egg white is known to be a major allergenic food in Japan. Ovalbumin (OVA) and ovomucoid (OVM) present in egg white are considered to be the predominant allergens. Food allergies include immediate hypersensitivity with potentially lethal consequence triggered when allergenic proteins cross-linked immunoglobulin E (IgE) bound to high affinity IgE receptor FcεRI on mast cells. Therefore, a thorough degradation of OVA and OVM in egg white appears to be effective in reducing allergenicity for egg allergic patients, but this has not been easy, because egg white allergenic proteins are quite stable often with a number of disulfide bridges, like OVM and OVA. In this study, we examined the effects of added cysteine on the ficin-mediated degradation and reduction of allergenicity of OVA, OVM and dried egg white. We found that the degradation and the allergenicity, expressed as IgE binding, were considerably improved by the addition of cysteine, the improvement being generally promoted with increasing pressure up to 700 MPa. The effect was particularly dramatic in OVM, which promises the added cysteine to reduce the allergenicity of egg white proteins.

Keywords : hen's egg allergy, cysteine, ficin

加糖液卵における大腸菌の高圧死滅挙動

上野茂昭[*1]、君塚道史[2]、林真由美[3]、長谷川敏美[3]、井口晃徳[3]、重松亨[3]

[1]国立大学法人埼玉大学教育学部家政教育講座
埼玉県さいたま市桜区下大久保 255
[2]公立大学法人宮城大学食産業学部フードビジネス学科
宮城県仙台市太白区旗立 2-2-1
[3]新潟薬科大学応用生命科学部応用生命科学科
新潟県新潟市秋葉区東島 265-1
*E-mail: shigeakiu@mail.saitama-u.ac.jp

要旨

大腸菌をスクロース添加液卵に懸濁し、スクロース濃度(0～50 wt%)および処理圧力(0.1～400 MPa)の視点から、高圧死滅挙動を検討した。LB 培地、スクロース無添加、スクロース添加のいずれの液卵試料においても、圧力処理時間とともに生菌数が減少することが分かった。スクロース添加の高圧死滅挙動への効果は、0～20%と 20～50%で異なることが示唆された。

キーワード：大腸菌、液卵、加糖、殺菌

1. はじめに

液卵食品は品質劣化を防ぐ目的により、通常 60°C、3.5 分、加糖凍結卵黄では 64°C、3.5 分など低温殺菌が行われてきた。卵白および卵黄のタンパク質は、400～600 MPa の高圧処理により立体構造変化を生じ、結果として卵白および卵黄が凝固変性することが知られている。

高圧処理は非加熱で食品を殺菌可能な技術として注目されている。液卵殺菌へ高圧処理を適用した研究は報告されているものの、糖類など共存物質存在下における液卵殺菌の報告は少ない。食品微生物の高圧殺菌では共存物質の影響を強く受けることが報告されているため[1、2]、液卵の高圧殺菌を実用展開する上では、共存物質存在下における殺菌挙動を把握することが不可欠である。

本研究の目的は、液卵食品を非加熱で殺菌すると共に、液卵加工において使用される糖類を添加した状態で、大腸菌の高圧死滅挙動について定量的な情報を得ることにある。

2. 材料と方法

2.1. 液卵試料の調製

市販の鶏卵を 70%エタノールに 15 分間浸漬することにより殻表面を洗浄した。殻表面を洗浄した鶏卵を割卵後、混合した全卵をステンレスメッシュを用いてろ過したものを液卵試料とした。液卵試料に菌液を加え終濃度 10～50 wt%となるようにスクロースを添加し、加糖液卵試料を調製した。LB 培地にて前培養した大腸菌(*Escherichia coli* K12 株)を加糖液卵試料に

接種し汚染液卵を調製した。汚染液卵はポリエチレンバックに封入し高圧処理に供した。

2.2. 高圧処理

本研究で用いた高圧処理装置（試験機、神戸製鋼製）は、圧力媒体として水が満たされた直径 60 mm、深さ 180 mm の円筒状の試料室に、ピストンが垂直方向に挿入され、試料室内の容積が減少することにより加圧される直接加圧方式である。高圧処理は室温で行われ、昇圧速度は 3.0~3.3 MPa/s であった。ポリエチレンバックに封入した汚染液卵試料は、試料室に静置され、室温下で種々の圧力（200～400 MPa）および時間（0～180 s）で高圧処理を施した。

2.3. 高圧死滅挙動の解析・熱分析

除圧後、マイクロプレートに汚染液卵を分注し、培養マイクロプレートリーダーを用いて得られた増殖曲線に基づいて生菌数の推算を行った。本研究で用いた高効率化微生物圧力死滅挙動解析システム（以下、HT-PIKAS 法）は、微生物の高圧死滅挙動をハイスループットに測定できる特徴を有している[3]。すなわち、段階希釈した未処理の菌懸濁液を用いて、マイクロプレートで培養しながら、吸光度の経時変化を得た。培養マイクロプレートリーダーによるリアルタイム測定と並行して、未処理の菌懸濁液は、菌数測定用の乾式簡易培地（コンパクトドライ、日水製薬）に塗布し、37°C で 20 時間培養後に生菌数を計測した。得られた乾式簡易培地を用いた生菌数および培養マイクロプレートリーダーの $t_{\Delta 0.5}$ 値（吸光度が初発値から 0.5 増加するまでの時間）を用いて検量線を作成し、対象試料の $t_{\Delta 0.5}$ 値から生菌数を推算した。

他方、2.1.で調製した全卵を用いたスクロース添加液卵 20～30 μl（大腸菌無添加）をアルミニウム製パンに封入し、示差走査型熱量計（DSC-50、島津製作所製）を用いて、室温から 100°C において 5 K/min の昇温条件でオンセット温度およびエンタルピーなどの熱物性を測定した。

3. 結果と考察

3.1. 加糖液卵における大腸菌の高圧死滅

スクロースを添加した液卵試料について、処理圧力 200 MPa における大腸菌の圧力死滅曲線を見ると、LB 培地単独（LB）、スクロース無添加の液卵単独（Sucrose 0%）、液卵にスクロース添加(Sucrose 10～50%)のいずれの液卵試料においても、圧力処理時間とともに生菌数が減少することが分かった(Fig.1)。

50%のスクロース添加試料を除いて、LB 培地単独（液卵・スクロース無し）における大腸菌の高圧死滅挙動と比べ、スクロース添加の液卵試料では大腸菌の高圧死滅が抑制され、大腸菌高圧死滅に対するスクロースの死滅抑制（保護）効果[2]が示された。検討した条件の中では、スクロース添加による大腸菌の死滅抑制効果は、スクロース 20%添加試料で最も大きくなった一方、スクロース 50%添加試料ではスクロース無添加 LB 培地と比べて死滅が促進された。

これらの圧力死滅曲線について一次式でフィッティングすることにより、その傾きから死滅速度定数 k を算出し、液卵へのスクロース添加による大腸菌の死滅挙動に及ぼす圧力レベルの影響について検討した。

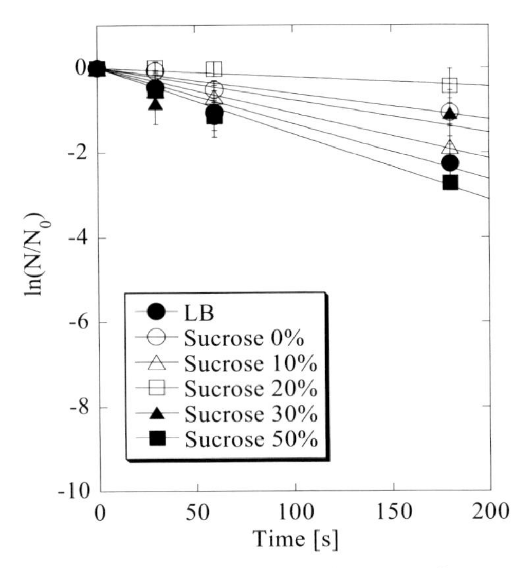

Fig.1 Inactivation of *E. coli* suspended in LWE with sucrose by HHP of 200 MPa. The viable cells were counted automatically by the method from reference 3.

処理圧力 200～400 MPa について死滅速度定数 *k* をプロットしたところ、検討したスクロース濃度条件の中では、いずれの処理圧力においてもスクロース 20%添加試料が最小値を示し、スクロース 50%添加試料が最大値を示した（Fig. 2）。

処理圧力 400 MPa における死滅速度定数 *k* の値は、添加スクロース濃度 20%、30%、0%、10%、50%の順に大きくなった（Fig. 2）。

スクロース添加液卵における高圧死滅挙動の溶質濃度依存性は、LB 培地試料に比べ、スクロース無添加（0%）における死滅速度定数は顕著に低下した。また、スクロース添加の高圧死滅挙動への効果は、0～20%と 20～50%で異なることが示唆された。さらにスクロース濃度 20%において、死滅速度定数の変曲点の存在が示唆され、大腸菌の高圧死滅挙動のメカニズムが異なっていると考えられた。

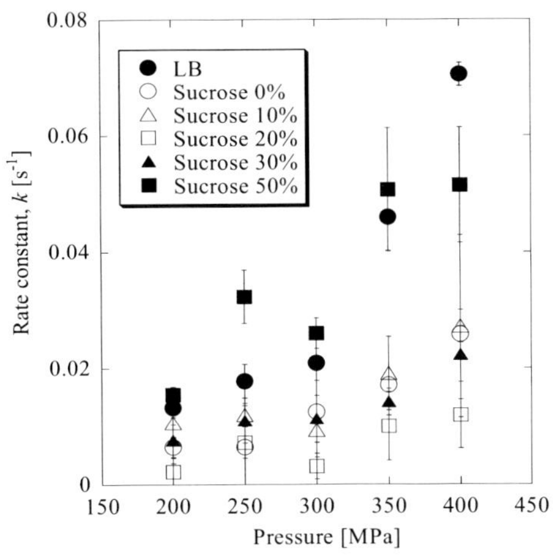

Fig.2 Rate constant of *E.coli* inactivation in LWE with sucrose by HHP. Rate constants of *E.coli* inactivation were estimated from the slope of inactivation curve fitted by one-order inactivation kinetic model. The inactivation rate constant was determined as mean ±standard deviation (n=3)

3.2　高圧処理を施した加糖液卵の熱分析

高圧処理を施した加糖液卵の熱分析を行った結果、添加スクロース濃度の増加に伴い、オンセット温度は上昇した(Fig. 3)。卵の熱分析に関する既報によると、卵黄は 81°C に中心を持つ単一吸熱スペクトルを持ち、卵白は 65°C および 79°C にそれぞれ中心を持つ吸熱ピークが報告されている[4]。本節における熱分析では、測定試料は液卵とスクロースのみであるため、オンセット温度は昇温過程におけるタンパク質の変性開始温度とみなすことが出来る。即ち、スクロース添加によって、タンパク質の変性開始温度が上昇することが示された。これはスクロースが液卵タンパク質の熱変性に対する保護効果を有することを示唆している。

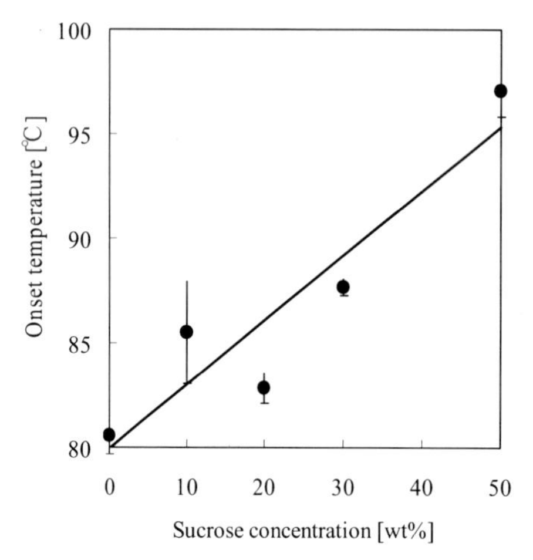

Fig.3 Onset temperature of LWE with sucrose treated by HHP of 400 MPa for 1 min. The LWE with sucrose was sealed in a pan, and then was scanned from room temperature to 373 K by 5 K/min. The onset temperature of LWE with sucrose was determined as mean ± standard deviation (n=3).

次に、スクロース添加液卵の熱変性エンタルピーに及ぼすスクロース濃度の影響を検討したところ、スクロース無添加（0%）からスクロース 20%添加試料においてはエンタルピーが増加した(Fig. 4)。スクロース濃度 0〜20%の領域では、スクロース添加によって高圧処理によるタンパク質変性が保護された結果、未変性のタンパク質が多く残存し、昇温過程における熱変性エンタルピーが大きくなったものと考えられた。他方、スクロース濃度 20〜50%ではスクロース濃度の増加に伴い熱変性エンタルピーは減少した。

前節では、スクロース添加の高圧死滅挙動への効果は、0〜20%と 20〜50%で異なることを示し、今回検討したスクロース濃度においては、スクロース 20%添加試料で大腸菌が最も生存していた。

以上より、加糖液卵における大腸菌の高圧死滅において、スクロース 20%添加によって液卵タンパク質の変性が最も抑制されると共に、その液卵タンパク質およびスクロースが、大腸菌を高圧から保護しているものと考えられた。他方、スクロース高濃度（30、 50%）添加液卵では、液卵タンパク質とスクロース間における水の移動が生じた結果、タンパク質の高圧変性が生じやすくなったと考えられた。即ち、スクロース高濃度添加液卵は、スクロース添加およびタンパク質共存による大腸菌保護効果の相乗効果が減衰し、結果として昇温走査時のタンパク質変性エンタルピーが小さくなったものと示唆された。

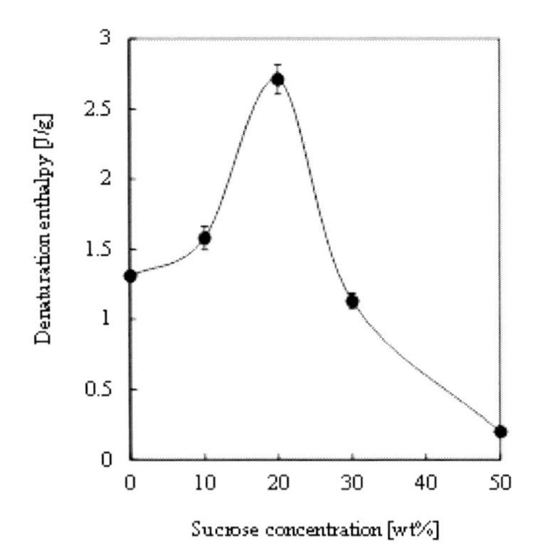

Fig.4 Enthalpy of protein denaturation in LWE with sucrose treated by HHP of 400 MPa for 1 min. The LWE with sucrose was sealed in a pan, and then was scanned from room temperature to 373 K by 5 K/min. The enthalpy of LWE with sucrose was determined as mean ± standard deviation (n=3).

参考文献

[1] Ueno, S., Shigematsu, T., Hasegawa, T., Higashi, J., Hayashi, M., Hayashi, M., Fujii, T. (2011) Kinetic analysis of *Escherichia coli* inactivation by high hydrostatic pressure with salts, J. Food Sci. 76: M47-M53.

[2] Opstal, I., Vanmuysen, S., Michiel, C. (2003) High sucrose concentration protects *E.coli* against high pressure inactivation but not against high pressure sensitization to the lactoperoxidase system, Int. J. Microbiol. 88: 1-9.

[3] Hasegawa, T., Hayashi, M., Nomura, K., Hayashi, M., Kido, M., Ohmori, T., Fukuda, M., Iguchi, A., Ueno, S., Shigematsu T, Hirayama, M., Fujii, T. (2012) High-throughput method for kinetic analysis on high pressure inactivation of microorganisms using microplate. J. Biosci. Bioeng. 113: 788-791.

[4] Ozawa, Y. (1985) Thermal analysis of raw egg, Nippon Shokuhin Kogyo Gakkaishi 33: 813-820.

Inactivation of *Escherichia coli* in Liquid Whole Egg with Sucrose by High Hydrostatic Pressure

Shigeaki Ueno[*1], Norihito Kimizuka[2], Mayumi Hayashi[3], Toshimi Hasegawa[3], Akinori Iguchi[3], Toru Shigematsu[3]

[1] *Faculty of Education, Saitama University, 255 Shimookubo, Sakura-ku, Saitama 338-8570, Japan*
[2] *School of Food, Agricultural and Environmental Sciences, Miyagi University, 2-2-1 Hatatate, Taihaku-ku, Sendai 982-0215, Japan*
[3] *Faculty of Applied Life Sciences, Niigata University of Pharmacy and Life Sciences, 265-1 Higashijima, Akiha-ku, Niigata 956-8603, Japan*
**E-mail: shigeakiu@mail.saitama-u.ac.jp*

Abstract

Inactivation of *Escherichia coli* in liquid whole egg (LWE) by applying high hydrostatic pressure (HHP) of 200–400 MPa in conjunction with sucrose was investigated by performing kinetic analysis. *E. coli* suspended in LWE with sucrose concentrations of 0%, 10%, 20%, 30%, and 50% were examined. Treatment with 200 MPa HHP for 1 min yielded inactivation ratios of 38%, 49%, 2.1%, 57%, and 66% at the corresponding sucrose concentrations. Thus, the effect of sucrose on HHP-mediated inactivation varied with the percentage of sucrose present and lower sucrose concentrations (0–20%) had a protective effect on *E. coli* treated with HHP, whereas higher sucrose concentrations (20–50%) had a deleterious effect on *E. coli* treated with HHP.

Keywords : *Escherichia coli*, liquid whole egg (LWE), sucrose

第 3 編　生物に与える高圧効果

生物の非常に強力な高圧耐性とそのメカニズム

小野文久 [1*]、西平直美 [2]、波田善夫 [3]、森義久 [1]、財部健一 [1]、松島 康 [4]、三枝誠行 [5]、N. L. Saini[6]

[1]岡山理科大学理学部基礎理学科
岡山市北区理大町 1-1
[2]岡山県立岡山一宮高等学校
岡山市北区楢津 221
[3]岡山理科大学生物地球学部生物地球学科
岡山市北区理大町 1-1
[4]岡山大学理学部物理学科
岡山市北区津島中 3-1-1
[5]岡山大学理学部生物学科
岡山市北区津島中 3-1-1
[6]Dipartimento di Fisica, Universita di Roma "La Sapienza"
Piazzale Aldo Moro 2, Rome, Italy
*E-mail: fumihisa@das.ous.ac.jp

要旨

タンパク質は加熱により熱変性を起こすが、圧力によっても変性し、その圧力は 0.3－0.5 GPa 程度であることが知られている。この圧力範囲までの高圧における細胞、細胞膜、タンパク質、DNA、脂質などの生物関連物質の研究は最近大きく進展しており、本特集でも多数紹介されている。また、高圧殺菌の技術は食品を長期保存するために広く利用されるようになってきた。しかし、この圧力範囲より１桁以上高い、5 GPa を超える超高圧領域における生物の研究は今のところごく少数である。我々は「樽」状態（乾燥休眠状態）の小動物クマムシに 7.5 GPa の超高圧を 12 時間加えて常圧に戻したところ、20 匹中 5 匹は生存していることを発見した。我々はこのような超高圧下で休眠状態の動物がその生命を維持できること自体、非常に不思議であると考え、他の種々の動植物について超高圧下でそれらの生命が維持できるかどうかを調べてきた。その結果、プランクトン・アルテミアの卵、コケ類植物の胞子、ホワイトクローバーの種子など、研究対象としたすべての動植物が 7.5 GPa の超高圧下で少なくとも１時間以上生存可能であることがわかった。我々はこのような生物が持つ非常に強力な超高圧耐性のメカニズムについて研究を進めている。

キーワード：high pressure tolerance, tardigrades, *Artemia*, *Ptychomitrium*, *Venturiella*

1. はじめに

この研究の発端は、金属合金の超高圧下の磁性、高温超電導体の転位点の圧力効果などの研究[1,2]に使用していたキュービックアンビルプレス用のテフロンカプセルをテーブルの上に置いていた時に、たまたま生物学の研究者が訪ねてきたことにある。雑談の中で、ふと、「このカプセルの中に入る小動物はいないか？」と尋ねてみたところ、クマムシなら 10 数匹は入るとのことであった。超高圧を生きている生物に暴露すれば、当然、つぶれて死滅してしまうと考えていた。それでも、超高圧発生装置が空いているときに、ためしに「樽」状態（乾燥休眠状態）のクマムシに超高圧力を印加してみることにした。テフロンカプセルの中に液体の圧力媒体とともにクマムシ20匹を入れ、超高圧発生装置キュービックアンビルプレスを用いて常用最高発生圧力である7.5 GPaを20分加えて取り出し、水に戻してみたところ、そのほとんどが生きていて動き出したのである[3]。

なぜこのように高い超高圧のもとでクマムシは生存可能なのか？その他の動物や植物ではどうなるか、などと考えてこの分野の研究を進めてきた。この研究を進める上で、後から幸運だと思ったことは、それまでに物理学上の研究で常用していた圧力媒体、フロリナートが生物に無害であること、このフロリナートは1 GPa以上で凍り始めるが[4]、キュービックアンビルプレスは6方から均等に加圧するので、ピストンシリンダー型圧力発生装置のように上下からのみ加圧する装置に比べ、超高圧領域においてははるかに圧力の均一性が良いということである。

この装置を用いて休眠乾燥状態あるいは卵の状態の小動物、コケ類の胞子、高等植物の種子、ドライイーストなどについて超高圧を印加し、その後の生存状態を調べてきた。

2.1. 超高圧発生装置と生物試料の加圧

この研究に用いたキュービックアンビルプレスは、先端の一辺 4.0 mm の超硬合金(WC)製アンビル6個を上下、前後、左右に配置し、これを250トンプレスで駆動するタイプである。水平に置く4個のアンビルはそれぞれの背面に45°のテーパーが付けてあり、上下からプレスすることにより、中心に置いた圧力セルを均等に圧縮することができる。超高圧セルは一辺6.0 mmのパイロフィライト（ロウ石の一種）製キューブであり、この中心に外径2.0 mm、高さ 3.0 mm の円筒形テフロンカプセルを埋め込む。このテフロンカプセルの内径は 1.6 mm、内側高さは1.8 mmである。この中に生物試料を入れ、液体の圧力媒体（フロリナート）で満たす。常用最高圧力を7.5 GPaとし、常圧から最高使用圧力までの加圧、除圧速度はともに20分とした。加圧、減圧時の高圧セルの温度変化は、大きい熱源（WCアンビル）に接触しているのでダイオードモニターではほとんど検出できない程度である。加圧時の圧力は自動コントロールされ、7.5 GPaの圧力を長時間保持することができる。生物の加圧実験では7.5 GPaの圧力を 30 分～144 時間の間で一定に保持した。図1に生物試料、テフロンカプセル、パイロフィライトキューブなどの高圧セルの概略を示す。

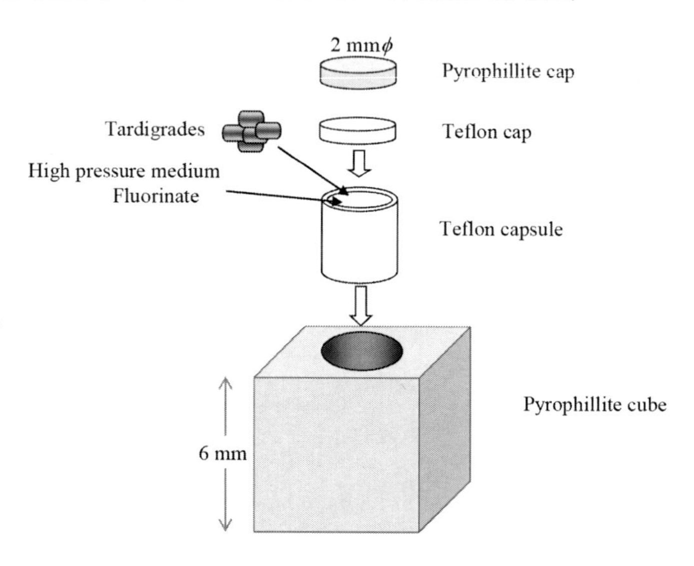

Fig. 1 An illustration of the high pressure cell; pyrophillite cube, Teflon capsule with living samples of tardigrades at tun state and liquid pressure medium, fluorinate [3].

超高圧印加後、常圧に戻した生物試料を顕微鏡下で観察する。さらに胞子や種子の場合は種蒔・培養しその後の生育状態を、プランクトンの卵の場合には水（海水）に戻して孵化と生育状態を調べた。

3.1. 超高圧印加後の生物試料

これまでに筆者らの研究グループが 7.5 GPa の超高圧印加実験を行った動物試料は、“樽”状態（”tun”;乾燥休眠状態）のクマムシ(tardigrade)とアルテミア(*Artemia*; 塩湖に住むプランクトン)の乾燥卵である。クマムシの樽は強い放射線環境や高温、真空環境においても強い耐性を持つことが知られている。また、アルテミアは塩湖に住み、塩分濃度が海水より高くても生存できることが知られている。これらの動物は 7.5 GPa の超高圧力下でそれぞれ 12 時間以上[3]、72 時間以上[5, 6]生存できることが示された。

Fig. 2 Plants and animals investigated so far by the present author’s group; (a) tardigrades exposed to 7.5 GPa for 3 h and then put into pure water [3], (b) *Artemia* exposed to 7.5 GPa for 48 h [5, 6], (c) *Ptichomitrium* exposed to 7.5 GPa for 144 h [7], (d) *Venturiella* exposed to 7.5 GPa for 144 h [8], (e) white clobber exposed to 7.5 GPa for 1 h [9] and (f) yeast *Saccharomyces cerevisiae* exposed to 7.5 GPa for 6 h [10].

つぎに、植物試料としてコケ類、チヂレゴケ(*Ptychomitrium*)およびヒナノハイゴケ(*Venturiella*)の胞子に超高圧力を印加した。これらのコケ類胞子はいずれも岡山市内で採集したものである。これらは非常に極限環境耐性が強く、7.5 GPa の超高圧下で 144 時間生存可能であることが示された[7, 8]。さらに高等植物としてホワイトクローバー(*Triforium repens L*)の種子について加圧実験を行った。その結果、7.5 GPa の超高圧下で 1 時間以上生存可能であることが示された[9]。

菌類としては、イースト菌（ドライイーストの粒形として）について加圧実験を行った。その結果、7.5 GPa の超高圧力に 6 時間以上耐えられることがわかった[10]。

このように、これまでに我々が研究対象としたすべての動物、植物、菌類について、7.5 GPa の超高圧下で少なくとも 1 時間以上は生存していて、常圧に戻した後も超高圧を印加していない試料(control)とほぼ同様に活動したり、孵化したり、植物の場合は発芽して生育した。また、イースト菌の場合は培養により増殖しコロニーを作り、アルコール発酵し、通常と変わらない状態に戻った。しかし超高圧力を長時間加えた場合には、孵化、発芽や生育が遅かったり、生存していても体の機能が一部失われていたりしていた[3, 5-11]。

図 2 に、これまでに 7.5 GPa の超高圧を少なくとも 1 時間以上印加し、常圧に戻してから飼育、孵化、種蒔、培養した動物や植物の、その後の生育状態を示した。図 2 (a)は樽状態のクマムシに 7.5 GPa の超高圧力を 3 時間印加し常圧に戻し、その後水に入れて動き出した 20 匹中の 1 匹[3]、(b)は卵に 7.5 GPa の圧力を 48 時間印加し、海水に 24 時間浸けて孵化しはじめたアルテミア[5]、(c) はチヂレゴケの胞子に 7.5 GPa の圧力を 144 時間印加し寒天培地で 3 週間培養したもの[7]、(d) はヒナノハイゴケの胞子に 7.5 GPa の圧力を 144 時間印加し、同様に 5 か月間培養したもの[8]、(e) は種子に 7.5 GPa の圧力を 1 時間印加し鉢植えしてから 1 年後から毎年春に花をつけたホワイトクローバー（写真は 5 年後）[9]、(f) はドライイーストに 7.5 GPa の圧力を 6 時間加え培養し、増殖したイースト菌である[10]。これらの生物はすべて 7.5 GPa の超高圧下で少なくとも 1 時間以上生存可能である[11]。これらのデータのいくつかは文献[12]にもまとめられている。さらに、ブロッコリー、ミズナ、コマツナなど冬野菜の種子も 5.5 GPa の超高圧力に耐えられることが示されている[13]。

4. 生物の非常に強力な超高圧耐性のメカニズム

生物の超高圧耐性に影響する要因は様々であるが、これらを 3 つに分類して、生物学的、化学的および物理学的な要因に分けて考察してみる。まず、生物学的な要因として、生物個体の呼吸や代謝が超高圧下で止められることが考えられる。しかし、活動状態の生物は 0.3 GPa の圧力でほぼ死滅することから、この圧力までの範囲においてはこれらの要因が重要であるが、乾燥・休眠状態の生物についてはそれほど重要な要素とは考えにくい。ただ、7.5 GPa の超高圧力下における生存率は超高圧印加時間に依存することから、休眠状態といえどもわずかな呼吸、代謝に起因する要素が考えられる。

つぎに、化学的な要因として一次代謝物質の獲得が考えられる。極限環境耐性生物(extremorphiles) については、高圧力、高温、放射線、真空、乾燥耐性など、広範囲な極限物理条件下における研究が行われてきている。乾燥休眠状態の動物、植物、菌類については、その状態に移行する直前に一次代謝物質、特にトレハロースなどの糖類を体内に蓄えて耐性を獲得する説が有力と考えられている[14]。しかし、そのメカニズムについてはまだ十分には解明されていない。

乾燥の度合い、すなわち残存水分含有量も重要な要素であると考えられている。しかし、残存水分含有量に関しては、我々の実験結果からすでに重要な要素ではないことが示されている。ホワイトクローバーなどの高等植物の種子はその内部に水分を取り込んでいる。この水分を保つために比較的丈夫な外皮でおおわれているが、このような場合でも 7.5 GPa の超高圧に少なくとも 1 時間以上耐えられることが示されている[9]。

また、これまで調べてきた乾燥休眠状態の生物の超高圧耐性は、7.5 GPa の圧力下で何時間生存できるかという時間の関数として扱ってきた。このことは超高圧下で生物の体内において何らかの非可逆的な化学反応が進んでいるとも考えられる。

さらに物理学的な要因として、タンパク質やゲノムが持つ強い弾力性が考えられる。この性質により超高圧でタンパク質を圧縮しても、生物試料が受けるひずみは弾性変形ががなりの部分を占め、圧力を取り除けばほぼ元の形に戻ると考えられる。タンパク質の圧縮率はよく調べられているが[15]、それらのデータのほとんどは 0.5 GPa 以下までである。ここでは粗い近似であるが、0.1 MPa から 0.5 GPa までの圧力範囲では種々のタンパク質（キャビテイ、水和水などを含む）の圧縮率[15]の平均値を使い、さらに 0.5 GPa 以上 1.0 GPa までは水（氷）の圧縮率[16]を、それ以上の圧力下では固体の圧縮率[17]を用いて 7.5 GPa の圧力まで生物体がどこまで圧縮されるかを推測してみた[18]。その結果は図 3 に示すように、7.5 GPa の圧力下で体積が 50%近くまで収縮する。これほど圧縮されても生物が生還できるということは驚くべきことであろう。

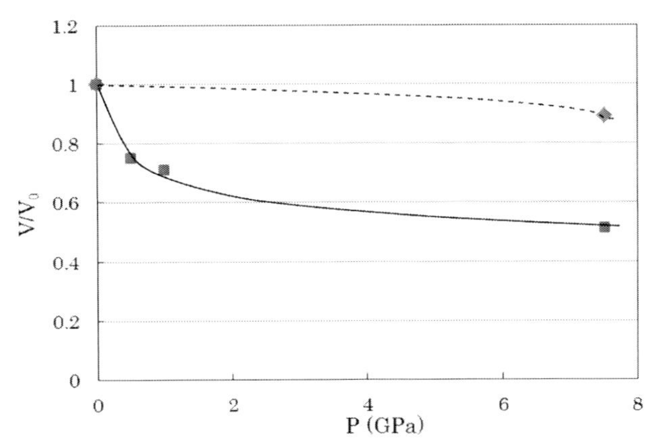

Fig. 3 Estimated average volume compression of biological samples under very high pressure. The broken curve shows observed volume after the pressure was released [18].

もう一つ物理学的な要因として、圧力媒体の固化による圧力の非均一性があげられる。これに関しては”2.1. 超高圧発生装置と生物試料の加圧” で述べたように、液体の圧力媒体であるフロリナートが 1.0 GPa あたりから固化することから[4]、それ以上の超高圧領域においては、ピストンシリンダー型加圧装置を使用した場合には一軸性の大きいひずみが発生する。一方、キュービックアンビルプレスを使用した場合、ひずみはより等方的になり、このプレスを用いる方がはるかに有利である。しかし、キュービックアンビルプレスを用いても、フロリナートが固化を始める圧力あたりから生物試料の大きさにより、圧力の非均一性の影響が現われてくるはずである。これまでの我々の研究結果によると、サイズが小さい生物の方が 7.5 GPa における生命持続時間が長いということが示されている。したがって、この要因も重要であると考えられる。

５．結論

我々は、乾燥休眠状態の小動物クマムシやプランクトン、アルテミアの卵、コケ類の胞子や高等植物、ホワイトクローバーの種子など、これまでに研究対象としたすべての動物や植物が 7.5 GPa の超高圧力に少なくとも１時間以上耐えられることを示してきた。このように乾燥休眠状態の生物が持つ非常に強い超高圧耐性に関係するメカニズムとして、生物学的な要因、化学的な要因と物理学的な要因が、それぞれ複雑に関連して存在すると考えられる。生物学的な要因としては、休眠状態といえどもわずかな呼吸、代謝に起因する要素が考えられる。

化学的な要因としては、生物が乾燥休眠状態になる直前に獲得する一次代謝物質、例えば糖類、トレハロースなどの獲得が考えられる。さらに超高圧耐性は圧力印加時間に直接関係していることから、超高圧力下の生物の体内で起こる何らかの化学反応が考えられる。

物理学的な要因としては、タンパク質やゲノムが持つ強い弾力性が考えられる。この性質により超高圧でタンパク質を圧縮しても、生物試料が受けるひずみは弾性変形ががなりの部分を占め、圧力を取り除けばほぼ元の形に戻る。生物体が持つこの強い弾力性も非常に強い超高圧耐性の一つの重要な要因である。さらに、圧力媒体の固化による圧力の非均一性があげられる。液体の圧力媒体であるフロリナートが固化するあたりの圧力以上の超高圧領域においては、ピストンシリンダー型加圧装置を使用した場合には一軸性の大きいひずみが発生するが、キュービックアンビルプレスを使用した場合、ひずみはより等方的になり、はるかに有利となる。このように圧力発生装置に起因する要因も考えられる。

参考文献

[1] F. Ono, N. Q. Sun, Y. Matsushima and N. L. Saini, (2006) *Signature of pressure-induced phase separation in $Ce_{1-x}La_xRu_2$ system*, J. Phys. Chem. Solids 67: 2144.

[2] N. Q. Sun, Y. Matsushima, D. Nishida, T. Kobayashi, M. Matsushita, S. Endo and F. Ono, (2006) *Effect of mechanical alloying on the pressure dependence of the Curie temperature of Ni-20at.%Mn alloy*, J. Magn. Magn. Mater. 301: 37.

[3] F. Ono, M. Saigusa, T. Uozumi, Y. Matsushima, H. Ikeda, N. L. Saini, M. Yamashita, (2008) *Effect of high hydrostatic pressure on to life of the tiny animal tardigrade* J. Phys. Chem. Sol. 69: 2297.

[4] Y. Uwatoko, K. Matsubayashi, T. Matsumoto, M. Aso, N. Nishi, T. Fujiwara, M. Hedo, S. Tabata, K. Takagi, M. Tado, H. Kagi, (2008) *Development of palm cubic anvil apparatus for low temperature physics* Rev. High Pressure Science and Technology 18 pp. 230. (in Japanese)

[5] F. Ono, K. Minami, M. Saigusa, Y. Matsushima, Y. Mori, K. Takarabe, N. L. Saini, M. Yamashita, (2010) *Life of Artemia under very high pressure* J. Phys. Chem. Solids 71:1127.

[6] K. Minami, F. Ono, Y. Mori, K. Takarabe, M. Saigusa, Y. Matsushima, N. L. Saini, M. Yamashita, (2010) *Strong environmental tolerance of Artemia under very high pressure* J. Phys. Conf. Series 215: 012164.

[7] N. Nishihira, A. Shindou, M. Saigusa, F. Ono, Y. Matsushima, Y. Mori, K. Takarabe, N. L. Saini, M. Yamashita, (2010) *Preserving life of moss Ptychomitrium under very high pressure* J. Phys. Chem. Solids 71: 1123.

[8] F. Ono, Y. Mori, K. Takarabe, N. Nishihira, A. Shindo, M. Saigusa, Y. Matsushima, N. L. Saini, M. Yamashita, (2010) *Strong environmental tolerance of moss Venturiella under very high pressure* J. Phys. Conf. Series 215: 12165.

[9] N. Nishihira, T. Iwasaki, R. Shinpou, A. Hara, F. Ono, Y. Hada, Y. Mori, K. Takarabe, M. Saigusa, Y. Matsushima, N. L. Saini, M. Yamashita, (2012) *Maintaining viability of white clover under very high pressure*, J. Appl. Phys. 111: 112619.

[10] M. Shibata, M. Torigoe, Y. Matsumoto, M. Yamamoto, N. Takizawa, Y. Hada, Y. Mori, K. Takarabe, F. Ono, (2014) *Tolerance of budding yeast Saccharomyces cerevisiae to ultra high pressure*, J. Phys. Conf. Ser., to be published. (AIRAPT2013, Seattle, presented)

[11] F. Ono, Y. Mori, M. Sougawa, K. Takarabe, Y. Hada, N. Nishihira, H. Motose, M. Saigusa, Y. Matsushima, D. Yamazaki, E. Ito, N. L. Saini, (2012) *Effect of very high pressure on life of plants and animals*, J. Phys. Conf. Series 377: 12053.

[12] F. Meersman, I. Daniel, H. B. Bartlett, R. Winter, R. Hazael, P. F. NcMillan, (2013) *High pressure biochemistry and biophysics*, Rev. Mineralogy & Geochemistry 75: 607.

[13] Y. Mori, S. Yokota, F. Ono, (2012) *Germination of vegetable seeds exposed to very high pressure*, J.

Phys. Conf. Ser. 377: 12055.
[14] T. Higashiyama, (2002) *Novel functions and applications of trehalose*, Pure and Appl. Chem. 74: 1263.
[15] K. Gekko, Y. Hasegawa, (1986) *Compressibility-structure relationship of globular proteins*, Biochemistry 25: 6563.
[16] R. A. Fine, F. J. Millero, (1973) *Compressibility of water as a function of temperature and pressure*, J. Chem. Phys. 59: 5529
[17] K. Kusaba, Y. Syono, T. Kikegawa, O. Shimomura, (1998) *Structure and phase equilibria of FeS under high pressure and temperature*, (Properties of Earth and Planetary Materials at High Pressure and Temperature, ed. M. H. Manghnani and T. Yagi, American Geophysical Union) p. 297.
[18] F. Ono, N. Nishihira, M. Sougawa, Y. Hada, Y. Mori, K. Takarabe, M. Saigusa, Y. Matsushima, D. Yamazaki, E. Ito, N. L. Saini, (2013) *Distortion of spores of moss Venturiella under ultra high pressure*, High Pressure Research 33: 362.

Strong Tolerance of Animals and Plants to Very High Pressure

Fumihisa Ono[1], Naomi Nishihira[2], Yoshio Hada[3], Yoshihisa Mori[1], Kenichi Takarabe[1], Yasushi Matsushima[4], Masayuki Saigusa[5], N. L. Saini[6]

[1] *Department of Applied Science, Okayama University of Science, 1-1 Ridaicho, Kitaku, Okayama, 700-0005, Japan*
[2] *Okayama Ichinomiya Senior High School, 221 Narazu, Kitaku, Okayama 701-1202, Japany*
[3] *Department of Biosphere-Geosphere System Science, Okayama University of Science, 1-1 Ridaicho, Kitaku, Okayama, 700-0005, Japan*
[4] *Department of Physics, Okayama University, 3-1-1 Tsushima-Naka, Kitaku, Okayama 700-8530, Japan*
[5] *Department of Biology, Okayama University, 3-1-1 Tsushima-Naka, Kitaku, Okayama 700-8530, Japan*
[6] *Dipartimento di Fisica, Universita di Roma "La Sapienza", Aldo Moro 2, 00185 Rome, Italy*
**E-mail: fumihisa@das.ous.ac.jp*

Abstract

It is well known that proteins cause denaturation by heating, and also by pressure of about 0.3-0.5 GPa. Research studies for biological materials such as cells, cell membranes, proteins, DNAs and lipids under high pressure have been progressing largely, and some of them are introduced in this special issue. The high pressure sterilization techniques have been used to preserve foods for longer times. In the very high pressure range, higher than 5 GPa, however, rather few studies have been made up to date. We found five out of twenty tardigrades can tolerate the high pressure of 7.5 GPa for 12 h. It is not understandable that actually living creatures at dehydrated state can withstand such a very high pressure. Therefore, we extended our study to various other plants and animals. It was shown that all the animals and plants, including tardigrades at cryptobiotic state, eggs of plankton *Artemia*, spores of mosses *Ptychomitrium* and *Venturiella* and seeds of white clover, can survive after exposure to 7.5 GPa for at least 1 h. We are now trying to find the mechanism of the very strong viability of living plants and animals under very high pressure.

Keywords : high pressure tolerance, tardigrades, *Artemia, Ptychomitrium, Venturiella*

ヒト赤血球の加圧溶血に関する 2 価金属イオンの効果

清武健斗、山口武夫*

福岡大学理学部化学科　機能生物化学研究室
福岡県福岡市城南区七隈 8-19-1
*E-mail: takeo@fukuoka-u.ac.jp

要旨

赤血球の加圧で生じる溶血の値は膜構造における変化を敏感に反映する。Ca^{2+} や Zn^{2+} のような 2 価金属イオンが赤血球膜のタンパク質や脂質に結合することはよく知られているが、これら 2 価金属イオンの加圧溶血に及ぼす影響はまだ明らかでない。今回、第 12 族元素の金属イオンに注目し加圧溶血に及ぼす影響について調べた。加圧溶血は Hg^{2+} で著しく増大し、Cd^{2+} ではあまり影響されなかったが、加圧後ヘモグロビンの酸化が観測された。興味深いことに、赤血球は Zn^{2+} により凝集し、加圧溶血は著しく抑制されたが、洗いにより凝集を解くと元に戻った。こうして Zn^{2+} の膜表面への結合は可逆的であることがわかる。しかし、Zn^{2+} により加圧溶血が抑制された赤血球の SEM による形態観察やピレンのエキシマー蛍光から、膜の骨格構造は圧力による傷害を受けていることが考えられた。

キーワード：加圧溶血、第 12 族元素、2 価金属イオン、エキシマー蛍光、スペクトリン

1. はじめに

赤血球膜は生体膜のモデルとしてよく利用されている。赤血球膜は主に脂質、タンパク質、糖で構成されている。それぞれの成分の性質は明らかになっているが、これら成分間の相互作用については明らかでない。そこで当研究室では圧力による赤血球の溶血特性から赤血球膜成分間の相互作用の解析を行っている。

赤血球を加圧すると膜内の骨格タンパク質が傷害を受け、溶血、小胞化、断片化が生じる [1, 2]。赤血球の小胞化や断片化が促進すると、加圧溶血の値は減少することが明らかになっている。つまり、赤血球の加圧で生じる溶血の値は膜構造における変化を敏感に反映する。例えば、スペクトリンが変性すると加圧による小胞化が促進し、溶血の値は減少する[3]。また、水銀試薬がアクアポリン 1 の Cys-189 に結合し水の輸送を阻害すると、加圧による溶血は増大することが知られている[2]。

生体中には様々な 2 価金属イオンが存在し、生理機能において重要な役割を担っている。例えば、Mg^{2+} は 300 種以上の酵素の補酵素、Ca^{2+} はカドヘリンを介した細胞同士の接着、Zn^{2+} は炭酸脱水酵素の活性中心で重要な役割を果たしている。そのため 2 価金属イオンは生命活動において必要不可欠である。一方で、2 価金属イオンの細胞膜に及ぼす影響はあまり知られていない。そこで赤血球膜に及ぼす 2 価金属イオンの効果を調べようと試みた。ヒト赤血球を等張緩衝液に浮遊させ加圧した際、赤血球は 40~50%程度溶血するが、この等張緩衝液に Mg^{2+} を添加すると溶血は約 20%まで抑えられるとわかった%。そのため、他の 2 価金属イオンも赤血球の加圧溶血に影響を及ぼすことが期待される。加圧溶血の特性を利用して、今回第 12 族元素の 2 価金属イオンの加圧溶血に及ぼす影響について調べたので報告する。

2. 材料と方法

2.1. 赤血球の加圧溶血の測定

ヒト赤血球を 4 mM $ZnCl_2$, 4 mM $CdCl_2$, 10 μM $HgCl_2$ をそれぞれ含む Tris buffered saline（TBS:17 mM Tris-HCl, 122 mM NaCl, pH 7.4）に浮遊させ、37°C で 10 min インキュベートした[3, 4]。そのまま、あるいは TBS で 3 回洗浄した後に 200 MPa で 37°C, 30 min 加圧処理した。常圧に戻し、赤血球膜から放出されたヘモグロビンの吸光度より溶血度を求めた。

2.2. 光学顕微鏡及び走査型電子顕微鏡 (SEM) による加圧後の赤血球の形態観察

ヒト赤血球に 1 mM $ZnCl_2$ を 37°C で 10 min 作用させ、200 MPa で 37°C, 30 min 加圧した。その後、常圧に戻し、EDTA（終濃度 1mM）を 37°C で 10 min 作用させ、光学顕微鏡 (model IX71, Olympus)による形態観察を行った。一方、SEM による観察に対して、加圧処理した赤血球を TBS に浮遊させ、グルタルアルデヒドを加え (終濃度 1%)、室温で 2 h インキュベートし赤血球を固定した。赤血球を TBS で洗浄後、50, 80, 90, 100%のエタノールで脱水し、50% t-ブタノール (エタノールと t-ブタノールの混合液)に 30 分浸漬し、さらに 100% t-ブタノールに 30 分浸漬した。サンプルを減圧下で一晩放置し凍結乾燥した。凍結乾燥したサンプルを Pt コーティングし、各サンプルの形態を SEM (model JSM-LV, JEOL) により観察した。

2.3. 加圧処理した赤血球の常圧, 0°C での溶血

ヒト赤血球に 1 mM $ZnCl_2$ を 37°C で 10 min 作用させ、そのまま 200 MPa で 37°C, 30 min 加圧処理した。常圧に戻し、サンプルを遠心して上清を取り除いた。Zn^{2+}を作用させた赤血球には EDTA (終濃度 1mM)を 37°C で 10 min 作用させ、赤血球の凝集を解いた。赤血球を TBS で 3 回洗浄し、TBS に浮遊させ、0 あるいは 37°C で 30 min インキュベートした。赤血球から放出されたヘモグロビンの吸光度より溶血度を求めた。

2.4. スペクトリンのエキシマー蛍光

ヒト赤血球に 1 mM $ZnCl_2$ を 37°C で 10 min 作用させ、そのまま 200 MPa で 37°C, 10 min 加圧処理した。加圧後、Zn^{2+}を含むサンプルに EDTA(終濃度 1 mM)を加え、赤血球の凝集を解いた。加圧処理した赤血球から open ghosts を調製し、等張条件で ghosts 膜を閉じた。この resealed ghosts に N-(1-pyrenyl)iodoacetamide (NPIA: 10 μg/ml) を加え 0°C で 20 h インキュベートした。 Resealed ghosts を洗浄し、TritonX-100 (終濃度 1%)を加え 0°C で 1 h インキュベートした。その後、20,000 × g で 4°C, 20 min 遠心して Triton 殻を調製し、蛍光測定 (model FP-6200, JASCO)を行った。

3. 結果

3.1. ヒト赤血球の加圧溶血に関する 2 価金属イオンの効果

第 12 族元素の金属イオン(Zn^{2+}, Cd^{2+}, Hg^{2+})の共存下で、赤血球の加圧溶血は著しく変化した。赤血球の強い凝集を引き起こした Zn^{2+}は加圧溶血を著しく抑制した。Cd^{2+}ではコントロールの値に近い値が得られたが、加圧後にヘモグロビンの酸化が観察された。また、Hg^{2+}では加圧溶血が著しく増大した（Fig. 1A)。次に、Zn^{2+}の場合、加圧前にバッファーで洗浄すると、赤血球の凝集はほとんど解け、加圧溶血もコントロールの値に戻った。一方、Cd^{2+}、Hg^{2+}の

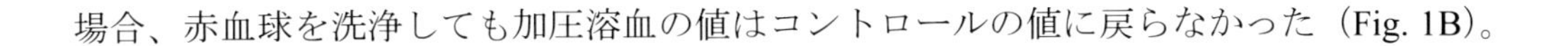
場合、赤血球を洗浄しても加圧溶血の値はコントロールの値に戻らなかった（Fig. 1B)。

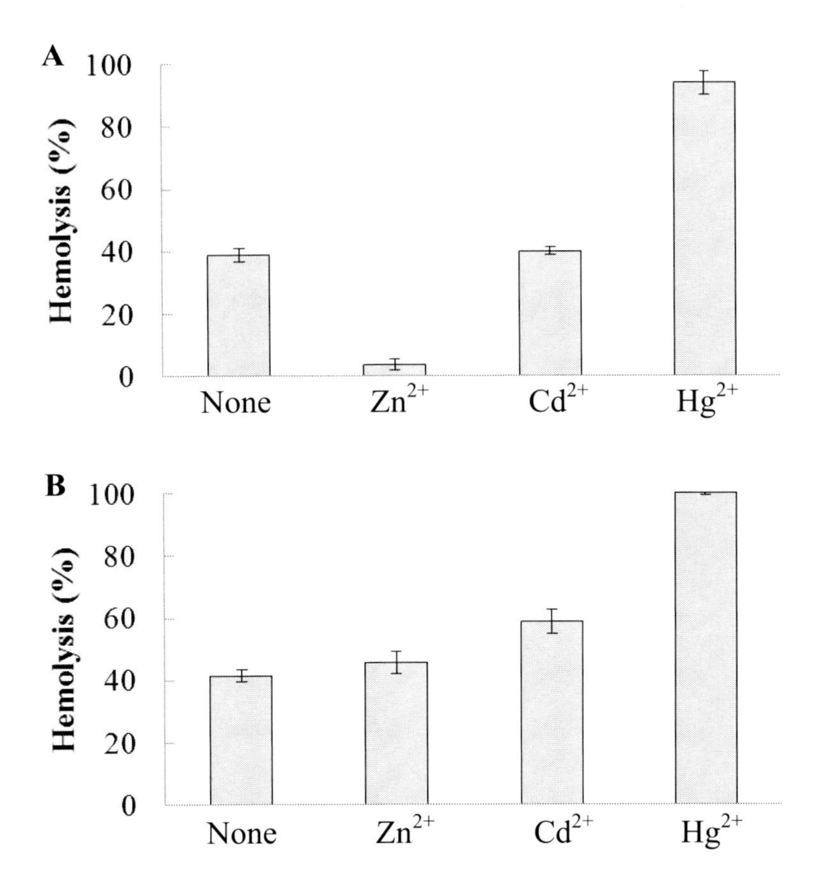

Fig. 1. Effects of divalent metal ions on pressure-induced hemolysis. Human erythrocytes were incubated for 10 min at 37°C in TBS containing 4 mM Zn^{2+}, Cd^{2+} or 10 μM Hg^{2+}, respectively. For the compression in the absence of metal ions, the erythrocytes were washed with TBS. The erythrocyte suspensions with (A) or without (B) metal ions were subjected to a pressure of 200 MPa for 30 min at 37°C. After decompression, the erythrocyte suspensions were centrifuged for the measurements of hemolysis. Values are means ± SD for three independent experiments.

3.11. Zn^{2+}により凝集した赤血球の形態観察

赤血球に 1 mM Zn^{2+}を作用させたところ、赤血球は強く凝集した(Fig. 2 B)。凝集した赤血球を加圧後、常圧に戻し直ちに形態を観察したところ、赤血球は凝集したままだった(Fig. 2C)。加圧後、凝集していた赤血球に EDTA を作用させると凝集は完全に解けた(Fig. 2D)。SEM によりさらに詳細に赤血球を観察すると、無傷赤血球の場合、加圧により膜表面に小胞が生じていた(Fig. 2E)。一方、Zn^{2+}により凝集した赤血球においても加圧後、膜表面に多数の小胞が観察された(Fig. 2F)。

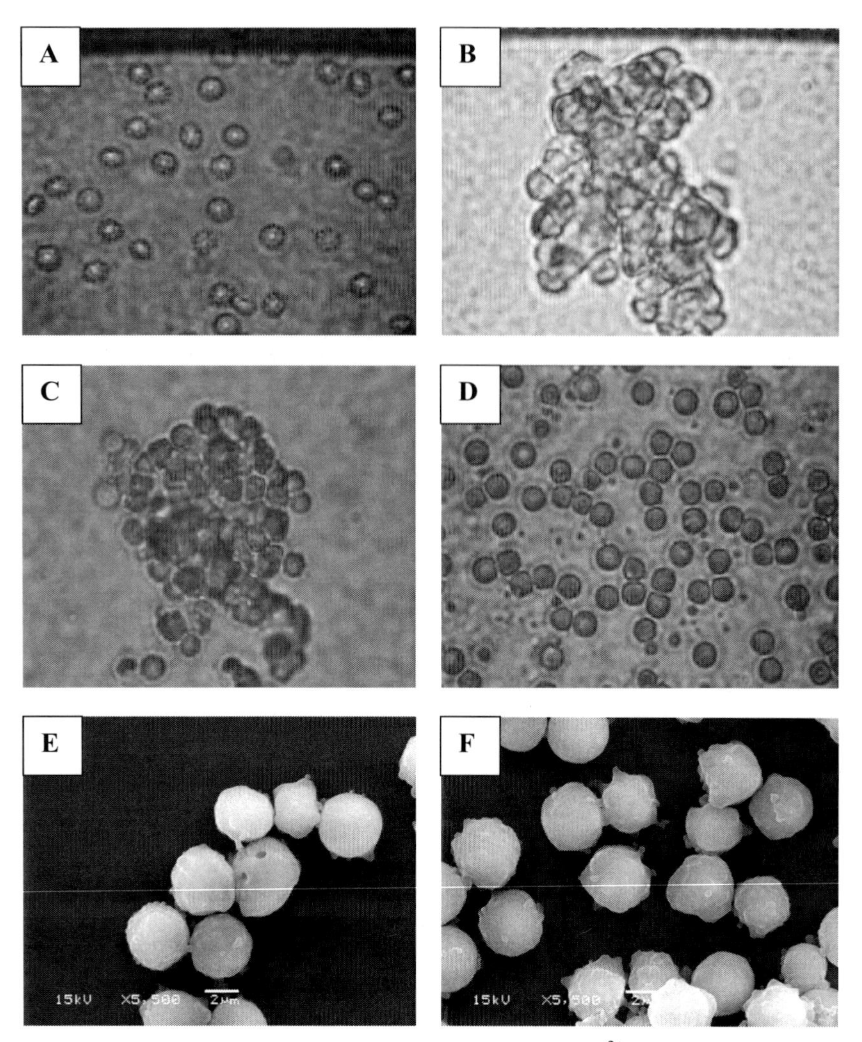

Fig. 2. Light microscopy and SEM of erythrocytes agglutinated by Zn^{2+}. Erythrocytes in TBS containing 1 mM Zn^{2+} (B) were exposed to a pressure of 200 MPa for 30 min at 37°C. After decompression, agglutinated erythrocytes (C) were treated with 1 mM EDTA (D). A, intact erythrocytes (control). Erythrocytes in panel D were observed in detail by SEM (F). E, SEM of 200 MPa-treated intact erythrocytes.

3.12.加圧処理した赤血球の常圧、0°Cでの溶血

加圧処理した赤血球を常圧に戻し、0°C に冷やすと溶血が増大する[5]。Zn^{2+}により凝集した赤血球の加圧処理により、同様の効果が見られるかを調べた。加圧後、凝集した赤血球を EDTA とインキュベートし凝集を解いた。その後、赤血球をバッファーに浮遊し、0 あるいは 37°C で 30 min インキュベートした。Zn^{2+}処理した赤血球の場合でも、0°C に冷やすと溶血が増大した(Fig. 3)。

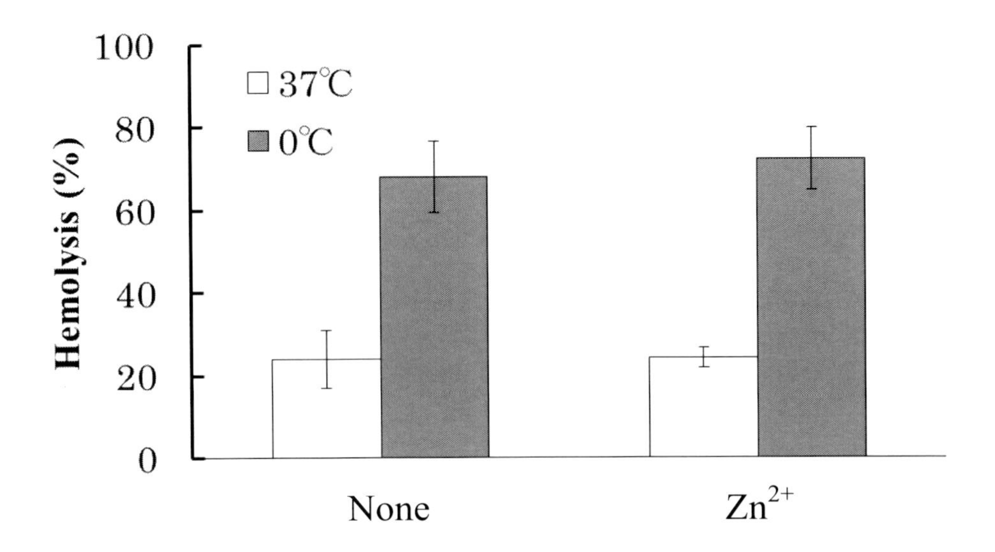

Fig. 3. Erythrocytes compressed in the presence of Zn^{2+} are also hemolyzed at 0°C under atmosphere pressure. The erythrocytes agglutinated by 1 mM Zn^{2+} were exposed to a pressure of 200 MPa for 30 min at 37°C. After decompression, agglutinated erythrocytes were treated with 1 mM EDTA. Dissociated erythrocytes were suspended in TBS, and incubated for 30 min at 0 or 37°C. Values are means ± SD for three independent experiments.

3.4 スペクトリンのエキシマー蛍光

加圧によるスペクトリンの変性を調べるためにピレンによる蛍光測定を行った。Zn^{2+}による赤血球の凝集を EDTA で解いた後、ghosts を調製した。Ghosts は NPIA でラベルされた後、Triton 殻の調製に用いられた。この Triton 殻には主にスペクトリンが含まれている。Fig.4 から、常圧で調製した Triton 殻において、エキシマー蛍光は出現しなかった。一方、200 MPa の加圧処理した赤血球から常圧と同様に調製された Triton 殻においてはエキシマー蛍光が観測された。

4. 考察

4.1. ヒト赤血球の加圧溶血に関する第 12 族元素金属イオンの効果

加圧溶血は 12 族元素の 2 価イオン (Zn^{2+}, Cd^{2+}, Hg^{2+}) により大きく変化した。Zn^{2+}は赤血球の強い凝集を引き起こし、加圧溶血を著しく抑制した。赤血球の凝集は抗バンド 3 抗体やコンカナバリン A によっても生じ、これらの場合においても加圧による溶血は抑制される[6, 7]。凝集による加圧溶血の抑制は凝集に伴う赤血球表面積の減少と関係しているものと考えられる。Cd^{2+}の加圧溶血への影響は今回の実験条件では小さかった。しかし、Cd^{2+}とのプリインキュベーション後、洗っても加圧溶血が増大することや、加圧後、膜内のヘモグロビンが酸化されていることは、Cd^{2+}が膜を透過していることを示唆している。Hg^{2+}はウォーターチャンネルであるアクアポリン 1 の Cys-189 に結合することが知られている[2]。Hg^{2+}はアクアポリン 1 を介した水の輸送を阻害することで、加圧による赤血球の断片化を抑制し、加圧溶血を増大させたと考えられる[2]。

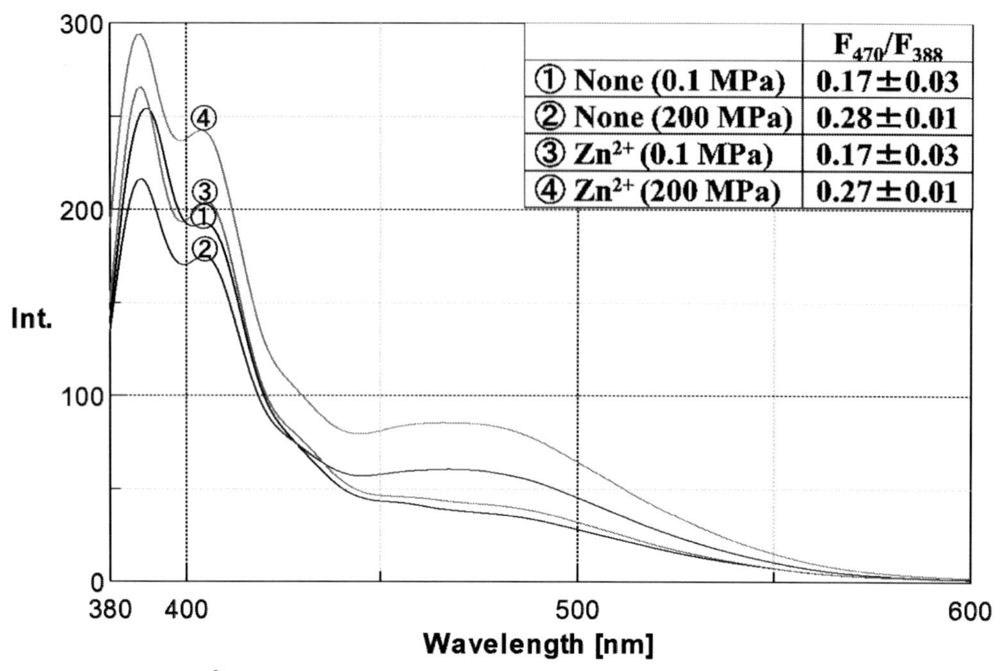

Fig. 4. The effects of Zn^{2+} on pressure-induced excimer fluorescence. Erythrocytes were incubated with 1 mM Zn^{2+}, and exposed to a pressure of 200 MPa. Resealed ghosts prepared from pressure-treated erythrocytes were labeled with NPIA. Triton shells were prepared using Triton X-100 from NPIA-labeled ghosts. F_{388} and F_{470} are fluorescence intensities at 388 and 470 nm, respectively. Values are means ± SD for three independent experiments.

4.2. Zn^{2+}により凝集した赤血球の加圧による膜傷害

Zn^{2+}により凝集した赤血球の加圧による溶血は著しく抑制された。しかし、この抑制が加圧に対する膜、特に裏打ちタンパク質の安定性を意味しているのか明らかでない。これまでの研究から、圧力により膜構造に傷害がある赤血球は常圧、0°C でインキュベートすると溶血することが知られている[4]。そこで、凝集した赤血球を加圧後、EDTA で解離させ、0°C でインキュベートしたところ溶血した。また、ピレンのエキシマー蛍光はスペクトリンの変性により出現する[3, 8]。今回、加圧処理した赤血球から調製した Triton 殻においても、Zn^{2+}による赤血球の凝集の有無に関係なくピレンのエキシマー蛍光が出現した。更に、SEM による膜表面での小胞の観察も凝集した赤血球の加圧によるスペクトリンの変性を示している[5, 6]。これらの結果は凝集した赤血球を加圧すると、溶血は抑制されるが、裏打ちタンパク質であるスペクトリンは変性していることを示唆している。

参考文献

[1] Yamaguchi,T., Terada S. (2003) Analysis of high-pressure-induced disruption of human erythrocytes by flow cytometry. Cell. Mol. Biol. Lett. 8: 1013-1016.

[2] Yamaguchi, T., Iwata, Y., Miura, S., Maehara, Y., Nozawa, K. (2012) Enhancement of pressure-induced hemolysis by aquaporin-1 inhibitors in human erythrocytes. Bull. Chem. Soc. Jpn. 85: 497-503.

[3] Yamaguchi, T., Miyamoto, J., Terada, S. (2001) Suppression of high-pressure-induced hemolysis of

human erythrocytes by preincubation at 49°C. J. Biochem. 130: 597-603.
[4] Tachev, K.D., Danov, K.D., Kralchevsky, P.A. (2004) On the mechanism of stomatocyte–echinocyte transformations of red blood cells: experiment and theoretical model. Colloids Surf. B: Biointerfaces 34: 123–140.
[5] Yamaguchi, T., Kawamura, H., Kimoto, E., Tanaka, M. (1989) Effects of temperature and pH on hemoglobin release from hydrostatic pressure-treated erythrocytes. J. Biochem. 106: 1080-1085.
[6] Yamaguchi, T., Satoh, I., Ariyoshi, N., Terada, S. (2005) High-pressure-induced hemolysis in papain-digested human erythrocytes is suppressed by cross-linking of band 3 via anti–band 3 antibodies. J. Biochem. 137: 535-541.
[7] Yamaguchi, T., Tajiri, K., Murata, K., Nagadome, S. (2014) Membrane damages under high pressure of human erythrocytes agglutinated by concanavalin A. Colloids Surf. B: Biointerfaces 116: 695-699.
[8] G.K. Bains, S.H. Kim, E.J. Sorin, V. Narayanaswami (2012) The extent of pyrene excimer fluorescence emission is a reflector of distance and flexibility: analysis of the segment linking the LDL receptor-binding and tetramerization domains of apolipoprotein E3. Biochemistry 51: 6207-6219.

Effects of Divalent Metal Ions on Pressure-Induced Hemolysis of Human Erythrocytes

Kento Kiyotake, Takeo Yamaguchi*

Department of Chemistry, Faculty of Science, Fukuoka University, Nanakuma 8-19-1, Jonan-ku, Fukuoka 814-0180, Japan
**E-mail: takeo@fukuoka-u.ac.jp*

Abstract

Pressure-induced hemolysis of erythrocytes sensitively reflects changes in the membrane structure. It is known that the divalent metal ions such as Zn^{2+} and Ca^{2+} interact with lipid and proteins in erythrocyte membranes. However, effects of divalent metal ions on pressure-induced hemolysis are not yet clear. Here, we examined the effect of the metal ions such as Zn^{2+}, Cd^{2+} and Hg^{2+} on hemolysis at 200 MPa. Pressure-induced hemolysis was greatly increased by Hg^{2+}. The effect of Cd^{2+} on hemolysis at 200 MPa were small, but the oxidation of hemoglobin after decompression was observed. Interestingly, Zn^{2+} induced the agglutination of erythrocytes and remarkably suppressed the hemolysis at 200 MPa. However, such an effect of Zn^{2+} on hemolysis was removed upon dissociation of agglutinated cells by washing. Moreover, the excimer fluorescence of pyrene and membrane vesicles were observed in 200 MPa-treated erythrocytes that large agglutination was formed by Zn^{2+}. This indicates that upon compression at 200 MPa of agglutinated erythrocytes, hemolysis is suppressed but the membrane structure is perturbed. Taken together, these results suggest that pressure-induced hemolysis in human erythrocytes is greatly affected by metal ions of the group 12 elements.

Keywords : pressure-induced hemolysis, group 12 elements, divalent metal ion, excimer fluorescence, spectrin

レクチンにより凝集したヒト赤血球の加圧による溶血特性

山口武夫*、田尻佳大

福岡大学理学部化学科
福岡市城南区七隈 8-19-1
*E-mail: takeo@fukuoka-u.ac.jp

要旨

これまで、赤血球の圧力への応答は凝集してない細胞を用いて行われてきた。しかし、組織などに圧力を応用する場合を考えると、凝集した赤血球の圧力への応答を調べることもまた重要である。ここでは、コンカナバリン A（Con A）や小麦胚芽凝集素（WGA）などのレクチンにより凝集した赤血球の高圧下での膜挙動を調べた。レクチンによる赤血球の凝集は膜表面の電荷の減少でより強くなった。また、赤血球の加圧による溶血は凝集が強くなるにつれて抑制された。凝集した赤血球の 49°C での加熱により、小さな小胞が放出されたが、これらはレクチンにより大きな凝集体として存在していた。このように、加圧による溶血や加熱による小胞化は赤血球の凝集により大いに影響される。

キーワード：レクチン、赤血球、加圧溶血、小胞、凝集、糖

1. はじめに

ヒト赤血球は直径が 7.5 ~ 8.7 µm の円盤状の中窪の形態を持ち、膜の特徴は安定性と変形能にある。寿命は約 120 日で、その間に体内を巡回する距離は約 250 km と言われている [1]。

ヒト赤血球膜は容易に、かつ大量に調製することができるため、生体膜のモデルとして大いに利用されてきた。リン脂質の非対称配置 [2]、骨格タンパク質と膜貫通タンパク質との相互作用 [3]、膜の動的な性質 [4] など赤血球膜から得られた情報は今日の生体膜の基本構造の構築に大いに貢献してきた。赤血球膜は他の生体膜に比べると膜を構成している個々の成分についてその性質がかなり詳しく調べられている。しかし、着目する成分の膜全体の中での構造的および機能的な理解となるとまだ不十分である。溶血は赤血球膜成分間の相互作用における変化を敏感に反映する。特に、加圧による溶血は膜たんぱく質における変化に敏感である。例えば、無傷赤血球を加圧すると、溶血、小胞化、および断片化が生じる。しかし、赤血球を 49°C で加熱し、骨格タンパク質であるスペクトリンを変性させると、膜表面に小胞が生じる。この赤血球を加圧すると、小胞化が促進し、加圧溶血は抑制される(Fig. 1) [5]。また、架橋剤を用いて、膜貫通タンパク質と骨格タンパク質を架橋すると加圧溶血は完全に抑制される[6]。これまで、凝集していない赤血球の加圧に対する応答を調べてきた。しかしながら、凝集した赤血球の加圧に対する応答を調べることは、組織などの圧力応答を考えるうえで有益な情報を与えることが期待される。ここでは、レクチンによる赤血球の凝集が加圧による溶血や加熱による赤血球の小胞化に及ぼす影響について述べる。

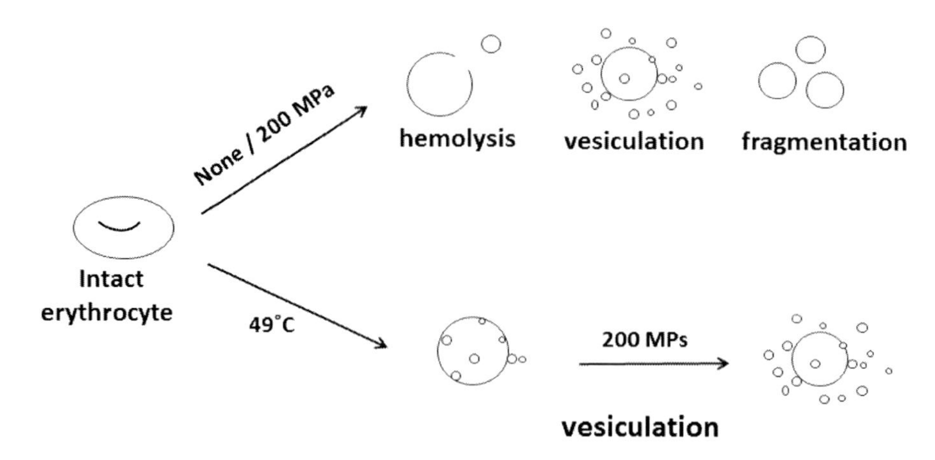

Fig. 1. Response of erythrocytes to a pressure of 200 MPa

2. 材料と方法

2.1. 材料

トリプシン、コンカナバリンA(Con A)、小麦胚芽凝集素(WGA)、Wisteria floribunda agglutinin (WFA)、methyl α-D-mannopyranosideはSigmaから、N-acetyl-D-glucosamineは和光から得た。

2.2. レクチンによる赤血球の凝集と加圧溶血

以前に述べたように、ヒト赤血球はPBS (phosphate buffered saline, 10 mM sodium phosphate, 150 mM NaCl, pH 7.4)で3回洗浄した後、実験に用いた[5, 6]。赤血球の酵素処理はトリプシン（0.1 mg/mL）を含むPBSにヘマトクリット20%になるように赤血球を入れ、浮遊した後、37 °Cで1時間インキュベートして行った。その後、赤血球をPBSで3回洗浄した。無傷赤血球あるいはトリプシン処理した赤血球をCon A (20~250 μg/mL), WGA (2 ~ 20 μg/mL) あるいはWFA (20 μg/mL)を含むPBSに浮遊し、37°Cで10分間インキュベートした。その後、レクチンを含まないPBSあるいは含むPBSに浮遊して200 MPaで37°C、30分間加圧した。その後、常圧に戻し、1,000 × gで1分間遠心した。上清の吸光度を542 nmで測定し、溶血度を求めた。溶血度の値はすべて3回の独立な実験の平均値±SDで示した。また、レクチンによる赤血球の凝集の様子を光学顕微鏡（オリンパス、モデルIX 71）にて観察した。

2.3. 凝集した赤血球の加熱による小胞生成

無傷赤血球あるいはトリプシン処理した赤血球にCon A (0.1 mg/mL)、 WGA (0.1 mg/mL) をヘマトクリット20%になるように加え、37°C, 10分間作用させた。その後、遠心し (700g, 5 min)、上清を取り除き、PBSをヘマトクリット20%になるように加えた。49°Cで3時間インキュベート後、700 × g、5分間遠心し、上清を3 μmのフィルターに通した。ろ液を20,000 × gで20分間遠心し、小胞から成るペレットを得た。小胞をPBS、0.1 M methyl α-D-mannopyranoside、あるいは 0.1 M N-acetyl-D-glucosamine に浮遊し、光散乱装置（Zetasizer Nano S Malvern Instruments, UK）により小胞の大きさを求めた。小胞の膜タンパク質組成はSDS-PAGEにより調べた。

3. 結果

3.1. ConA による赤血球の凝集

無傷の赤血球に Con A を作用させたときの光学顕微鏡写真を Fig. 2a に示す。赤血球が Con A により緩く凝集している。一方、トリプシン処理した赤血球に Con A を作用すると、赤血球が強く凝集していることがわかる（Fig. 2b）。

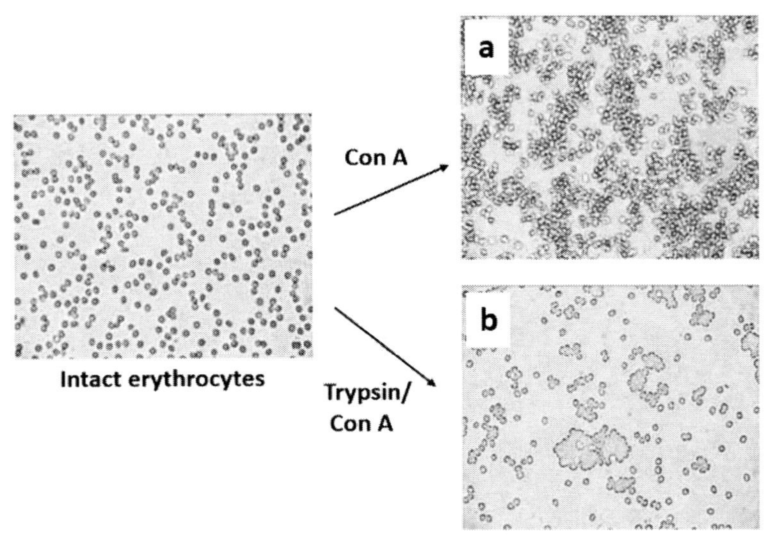

Fig. 2. Light microscopy of human erythrocytes agglutinated by Con A. Intact erythrocytes (a) or trypsin-treated ones (b) at a 20% hematocrit in PBS were incubated with Con A (0.2 mg/mL) for 30 min at 37˚C.

3.13. レクチン処理した赤血球のレクチンを含まないバッファー中での加圧溶血特性

無傷の赤血球に Con A を作用させた後、一回 PBS で洗い、レクチンを含まないバッファー中で加圧した。このときの加圧溶血の値は Con A を作用していない無傷赤血球の加圧溶血の値と殆ど同じであった（Fig. 3A）。一方、赤血球のトリプシン処理により、グライコフォリンのペプチド鎖を切断してシアル酸を取り除くと、表面電荷が減少し、加圧溶血は増大した [7]。トリプシン処理した赤血球に Con A を作用すると、赤血球が強く凝集し、加圧溶血は抑制された。Con A で得られた加圧溶血に関する特性はレクチンとして WGA を用いたときにも同様な結果が得られた (Fig. 3B)。

3.14. レクチン処理した赤血球のレクチンを含むバッファー中での加圧溶血特性

トリプシン処理した赤血球にレクチンを作用させ、そのままレクチンを含むバッファー中で加圧し溶血を調べた。レクチン存在下で加圧すると、加圧溶血は著しく抑制された。これはレクチン存在下の場合、赤血球の凝集が促進したものと考えられる。レクチンの中でも、WGA や WFA が Con A よりも強い赤血球の凝集を引き起こし、加圧溶血を著しく抑制した（Fig. 4）。

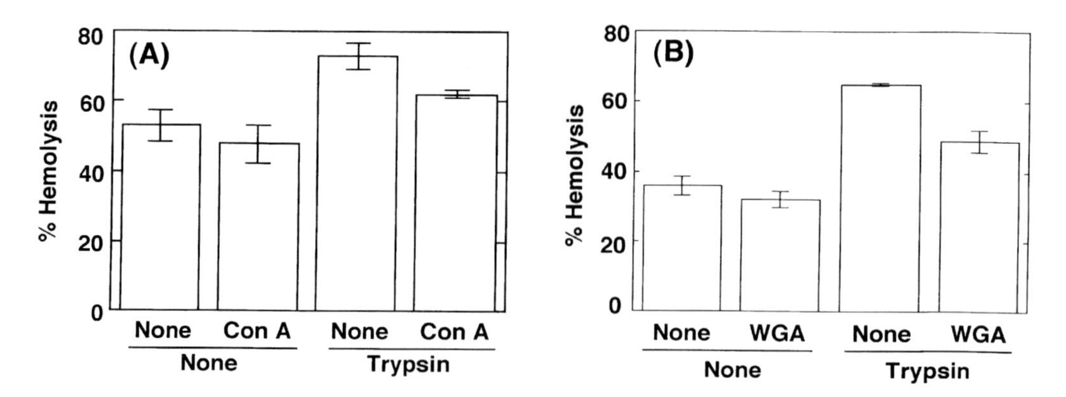

Fig. 3. Pressure-induced hemolysis of erythrocytes agglutinated by Con A or WGA. Intact erythrocytes or trypsin-treated ones were incubated with Con A (0.1 mg /mL, A) or WGA (0.1 mg/mL, B) at a 20% hematocrit for 10 min at 37°C. These lectin-treated erythrocytes were exposed to a pressure of 200 MPa in buffer without lectin.

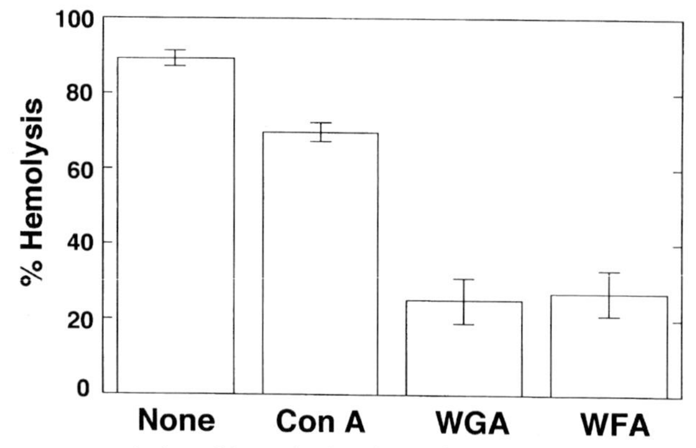

Fig. 4. Effects of lectin on pressure-induced hemolysis of trypsin-treated erythrocytes. Trypsin-treated erythrocytes were incubated with lectin (20 μg/mL) at a 20% hematocrit for 10 min at 37°C and exposed to a pressure of 200 MPa in lectin-containing PBS.

3.15.加圧溶血に関するConAおよびWGAの濃度依存性

トリプシン処理した赤血球に種々の濃度のレクチンを作用させ、そのままレクチンを含むバッファー中で加圧した（Fig. 5）。レクチンとして Con A を用いた場合、加圧溶血の値は Con A の濃度の増大で減少し、250 μg/mL で約 50%であった（Fig. 5A）。一方、WGA の場合、加圧溶血の値は WGA の濃度の増大と共に減少し、20 μg/mL で約 24%であった（Fig. 5B）。

3.16.レクチン処理した赤血球から加熱により生成する小胞の大きさ

無傷赤血球を 49°C で加熱すると、膜表面に生成した多数の小胞の一部がバッファー中に放出される [8]。この放出された小胞を集め、SDS-PAGE を行った結果を Fig. 6 に示す。コントロールとして用いたゴーストと比べると、小胞において膜の裏打ちたんぱく質であるスペクトリンやアクチンが減少していた（Fig. 6A）。次に、放出された小胞の大きさを光散乱法により調べた。無傷赤血球から 49°C の加熱により生じた小胞の大きさ（直径）は 477 nm であった（Fig. 6B-a）。トリプシン処理した赤血球からは加熱により 512 nm の小胞が放出された（Fig. 6B-b）。トリプシン処理後に Con A を作用した赤血球からは 526 nm の小胞が放出された（Fig. 6B-c）。この小胞に methyl α-D-mannopyranoside を作用すると直径が 373 nm に減少した（Fig. 6B-d）。このことは Con A により凝集した赤血球からは小さな小胞が放出され、凝集した状態で存在していることを意味している。Con A の代わりに WGA を用いた場合にも同様な結果が得られた。放出された小胞は強く凝集していたが、N-acetylglucosamine により凝集を解くと、小胞の大きさは 398 nm であった（Fig. 6B-e）。

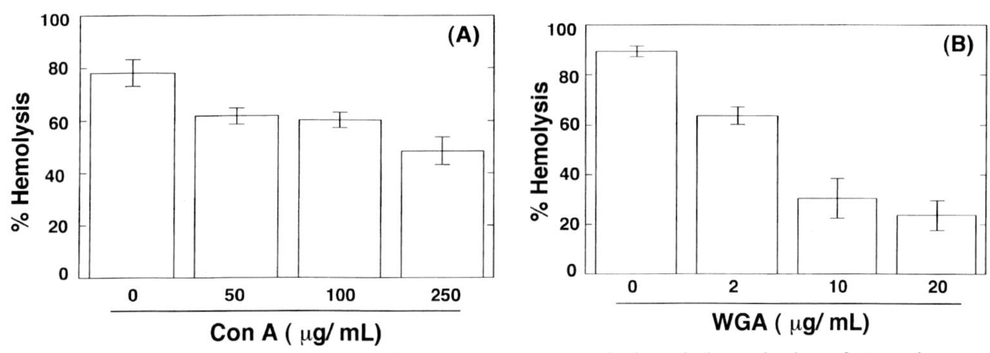

Fig. 5. Concentration dependence of lectin on pressure-induced hemolysis of trypsin-treated erythrocytes. Trypsin-treated erythrocytes were incubated with Con A (50 ~ 250 μg/mL, A) or WGA (2 ~20 μg/mL, B) at a 20% hematocrit for 10 min at 37°C and exposed to a pressure of 200 MPa in Con A- or WGA-containing PBS.

4. 考察

4.1. レクチンによる赤血球の凝集と加圧溶血

レクチンの一種である Con A はα-D-mannose やα-D-glucose 残基に、また WGA は N-acetylglucosamine やシアル酸残基にそれぞれ親和性を有す[9, 10]。無傷赤血球の表面はシアル酸により負に荷電しているが、トリプシン等により、シアル酸の結合しているペプチド鎖を切断することにより膜表面の電荷を減少することができる。このように、膜表面の負の電荷が減少した赤血球は静電的な反発が小さくなり、レクチンや抗体などにより容易に凝集される。

我々はこれまでヒト赤血球の膜構造をバッファー中に浮遊した赤血球の高圧力への応答から調べてきた。一般に、赤血球を 37°C で 30 分間加圧すると、溶血は 130 MPa 付近で起こり始め、200 MPa での溶血の値は 40～50% である [11]。この 200 MPa で処理した赤血球を電子顕微鏡や光学顕微鏡で観察すると、赤血球膜の表面に小胞が形成され、また種々の大きさの粒子が生成していることがわかる [11, 12]。ここで、一番大きな粒子をマザーセル、直径が 600 nm よりも小さい粒子を小胞、大きさがマザーセルと小胞の間の粒子を断片化した粒子とする [13]。加圧による溶血の値は小胞化や断片化と大いに関係しており、小胞化や断片化が促進されると溶血は抑制される。これまでの研究から、赤血球をトリプシンやパパインなどのプロテアーゼ、あるいはノイラミニダーゼで処理し、膜の表面電荷を減少させた赤血球の加圧による溶血は増大することが判明している[7]。この溶血の増大は小胞化の抑制によるものと考えられる。

今回、レクチンにより凝集した赤血球の加圧による溶血について調べた。赤血球の凝集により加圧溶血は減少する。無傷赤血球に Con A あるいは WGA を作用した後、これらのレクチンを含まないバッファーに浮遊し加圧した場合、レクチンによる溶血を抑制する効果は小さい。これはレクチンによる赤血球の凝集が弱いためと考えられる。一方、トリプシン処理した赤血球にレクチンを作用させ、レクチンを含むバッファーに浮遊した場合、強い凝集が見られ、加圧による溶血は大いに抑制される。加圧溶血の抑制から判断して、WGA や WFA が Con A よりも、より強く赤血球を凝集していることが考えられる。

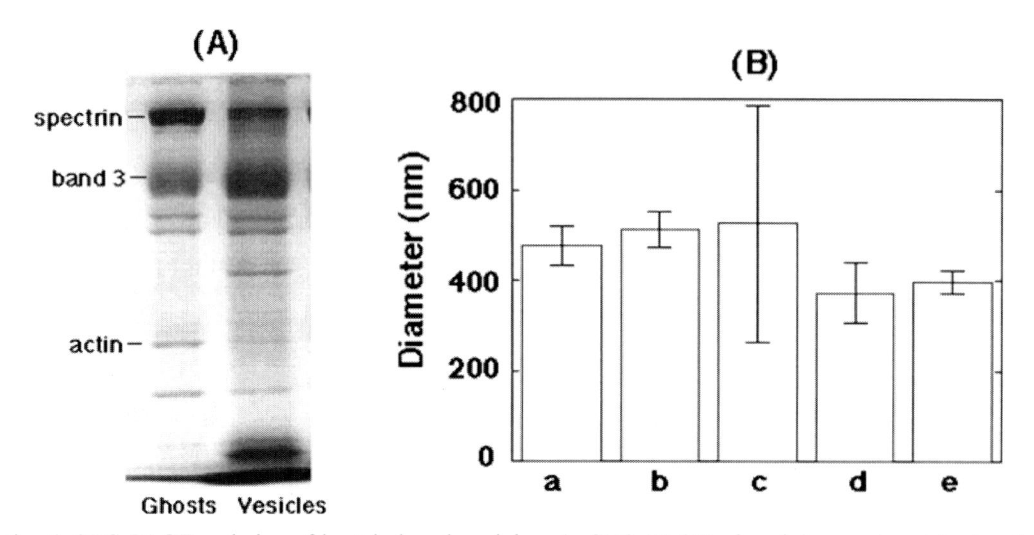

Fig. 6. SDS-PAGE and size of heat-induced vesicles. A, SDS-PAGE of vesicles produced by heating intact erythrocytes for 3 h at 49°C. B, diameter of vesicles produced by heating intact erythrocytes (a), trypsin-treated ones (b), trypsin-and then Con A (0.1 mg/mL)-treated ones (c) for 3 h at 49°C. Heat vesicles from trypsin-and then Con A-treated erythrocytes were incubated with methyl α-D-mannopyranoside before light scattering measurement (d). Similarly, heat vesicles from trypsin-and then WGA (0.1 mg/mL)-treated erythrocytes were incubated with N-acetylglucosamine (e). Values are the mean ± SD for three independent experiments.

4.2. 凝集した赤血球からの加熱による小胞の放出

赤血球を 49°C で加熱するとスペクトリンが変性し、膜表面に小胞が形成される。この形成された小胞は一部バッファー中に放出される。この放出される小胞の大きさは赤血球膜の表面電荷の減少で大きくなる。また、強く凝集した赤血球からは加熱により小さな小胞が放出されるが、これらの小胞はレクチンにより凝集していることが判明した。特に、WGA の場合、大きな凝集体が形成され、小胞の大きさを見積もることができなかった。

4.3. 結論

我々はヒト赤血球の加圧による溶血や加熱による小胞化がレクチンによる赤血球の凝集により著しく影響されることを示した。強く凝集した赤血球では膜の表面積が見かけ上小さくなり、また圧力による膜表面からの小胞の放出も抑えられたために、加圧溶血が抑制されるものと考えられる。今回の実験結果から、細胞同士の接着が強くなると膜表面は圧力の影響をうけにくくなることが予想される。

参考文献

[1] Bull, B. S., Breton-Gorius, J. (1995) Morphology of the erythron in *Hematology* (Beutler, E., Lichtman, M.A., Coller, B.S., Kipps T.J. eds.) pp.349-363, McGraw-Hill.

[2] Schroit, A.J., Zwaal, R.F.A. (1991) Transbilayer movement of phospholipids in red cell and platelet membranes. Biochim. Biophys. Acta 1071: 313-329.

[3] Manno, S., Takakuwa, Y., Mohandas, N. (2002) Identification of a functional role for lipid asymymmetry in biological membranes: phosphatidylserine-skeletal protein interactions modulate membrane stability. Proc. Natl. Acad. Sci. USA 99: 1943-1948.

[4] Wyatt, K., Cherry, R.J. (1992) Both ankyrin and band 4.1 are required to restrict the rotational mobility of band 3 in human erythrocytes membrane. Biochim. Biophys. Acta 1103: 327-330.

[5] Yamaguchi, T., Miyamoto, J., Kimoto, E. (2001) Suppression of high-pressure- induced hemolysis of human erythrocytes by preincubation at 49°C. J. Biochem. 130: 597-603.

[6] Kitajima, H., Yamaguchi, T., Kimoto, E. (1990) Hemolysis of human erythrocytes under hydrostatic pressure is suppressed by cross-linking of membrane proteins. J. Biochem. 108: 1057-1062.

[7] Yamaguchi, T., Matsumoto, M., Kimoto, E. (1993) Hemolytic properties under hydrostatic pressure of neuraminidase- or protease-treated human erythrocytes. J. Biochem. 114: 576-581.

[8] Wagner, G.M., Chiu, D.T.-Y., Yee, M.C., Lubin, B.H. (1986) Red cell vesiculation- a common membrane physiologic event. J. Lab. Clin. Med. 108: 315-324.

[9] Chasis, J.A., Mohandas, N., Shohet, S.B. (1985) Erythrocyte membrane rigidityinduced by glycophorin A-ligand interaction: evidence for a ligand-induced association between glycophorin A and skeletal proteins. J. Clin. Invest. 75: 1919-1926.

[10] Chasis, J.A., Schrier,S.L. (1989) Membrane deformability and the capacity for shape change in the erythrocyte. Blood 7: 2562-2568.

[11] Yamaguchi, T., Kajikawa, T., Kimoto, E. (1991) Vesiculation induced by hydrostatic pressure in human erythrocytes. J. Biochem. 110: 355-359.

[12] Yamaguchi, T., Terada, S. (2003) Analysis of high-pressure-induced disruption of human erythrocytes by flow cytometry. Cell. Mol. Biol. Lett. 8: 1013-1016.

[13] Yamaguchi, T., Iwata, Y., Miura, S., Maehara, Y., Nozawa, K. (2012) Enhancement of pressure-induced hemolysis by aquaporin-1 inhibitors in human erythrocytes. Bull. Chem. Soc. Jpn., 85: 497-503.

Hemolytic Properties under High Pressure of Human Erythrocytes Agglutinated by Lectin

Takeo Yamaguchi*, Keita Tajiri

Department of Chemistry, Faculty of Science, Fukuoka University, Jonan-ku, Fukuoka 814-0180, Japan
**E-mail: takeo@fukuoka-u.ac.jp*

Abstract

The response of human erythrocytes to high pressure has been investigated using cells suspended in buffers. However, it is of interest to examine the response to high pressure of agglutinated erythrocytes, from the point of view of the application of high pressure to tissues. Here, we describe the membrane properties under pressure of erythrocytes agglutinated by lectin such as concanvalin (Con A) and wheat germ agglutinin (WGA). The severe agglutination of trypsin-treated erythrocytes was observed by the application of Con A or WGA. Pressure-induced hemolysis was suppressed in erythrocytes agglutinated by lectin. Moreover, when agglutinated erythrocytes were heated at 49°C, small vesicles, which were agglutinated by lectin, were released from the membrane surface. These results suggest that pressure-induced hemolysis and heat vesiculation are greatly affected by agglutination of erythrocytes by lectin.

Keywords : lectin, erythrocyte, pressure-induced hemolysis, vesiculation, agglutination, sugar

高圧力顕微鏡法による細菌運動観察

西山雅祥*

京都大学 白眉センター / 物質–細胞統合システム拠点, 京都市左京区吉田本町
*E-mail: mnishiyama@icems.kyoto-u.ac.jp

要旨

大腸菌は、細胞外に伸張させたべん毛繊維を束ねて回転させることで、水溶液中を自由に泳ぎ、より生育条件のよい場所へと移動することができる。従来から、細菌の運動機能は圧力の影響を受けやすいことが知られていたが、その詳細なメカニズムは判明していなかった。我々は、高圧力環境下にある物体を高解像度で実時間観察できる高圧力顕微鏡を開発し、大腸菌の遊泳運動が高圧力によりどのように阻害するのか精査した。圧力の増加と共に、大腸菌の遊泳速度は低下していき、80 MPa で全ての菌体の並進運動は停止した。しかしながら、テザードセルの実験系を利用してモーターの回転計測を行ったところ、モーターは回転運動を持続していることが明らかになった。従って、高圧力下で大腸菌の遊泳運動が阻害されるのは、個々のモーターの回転停止ではなく、べん毛繊維の束化阻害が直接的な原因と考えられる。

キーワード：細菌運動、べん毛モーター、高圧力顕微鏡

1. はじめに

大腸菌は、生命科学分野で幅広く利用されている代表的なモデル生物である。高圧力研究においても、常圧力環境で生育する生命体が高圧力環境下でどのような影響を受けるのかを調べる際、大腸菌はモデル生物としてよく利用されてきた。大腸菌に細胞外から負荷した圧力は細胞内に伝わるため、様々な生命活動が影響を受ける。例えば、細胞増殖や分裂反応に関する圧力研究などは好例として挙げられよう[1, 2]。最近では、蛍光タンパク質 YFP の変異株を作成することで、細胞内の圧力を計測できる手法も開発されてきている [3]。これまでから、大腸菌をはじめとする微生物に圧力をかけると運動機能がどのように変化するのか調べられており（1880 年代後半には、高圧下にある海洋小生物の挙動の報告がある[4]）、運動機能は圧力の影響を受けやすい現象の一つとして知られている[5, 6]。筆者らは、高圧力下で大腸菌の游泳運動がどのように変化するのか精査した[7–9]。

大腸菌の表面には、べん毛と呼ばれるらせん状の繊維がおおよそ 5 本程度生えている[10, 11]。それぞれの繊維の根元にはべん毛モーターと呼ばれる回転器官があり、細胞外から流入するイオン流を利用してべん毛全体を数百ヘルツもの速度で回転させている[12–15]。べん毛繊維が寄り集まり、あたかも 1 本の繊維のように回転すると、推進力のベクトルがそろうため、大腸菌は水のなかを自由に泳げるようになる。自然界では、大腸菌は周囲の環境を感知しながら、よりよい環境へと移動する。そのため、大腸菌は好ましくない環境を感知すると、モーターを反転させて遊泳運動を停止させてしまう。筆者らは、大腸菌の運動特性の圧力依存性を調べるため、モーターの回転方向を切り替える応答制御因子をもたない菌体を用いて実験を行った。

2. 材料と方法

2.1. 大腸菌培養条件と運動観察

正常な運動能があるものの、走化性応答を行わない大腸菌 RP4979 株を用いた[7]。寒天培地上に RP4979 株のシングルコロニーを作成した後、LB 培地（0.5% Bacto Yeast Extract, 1.0% Bacto tryptone, 0.5% NaCl）を用いて、30°C で振とう培養を行った。分注した培地を液体窒素で急速凍結し、-80°C で保存した。運動アッセイ時には、フローズンストックを解凍し、TB 培地（1.0% Bacto tryptone, 0.5% NaCl）を用いて、濁度が OD_{600} ~0.7 程度になるまで 30°C で振とう培養を行った。その後、菌体の溶液をアッセイバッファ（10 mM Tris (pH=7), 0.1 mM EDTA）に置換して、高圧力チャンバーに封入し遊泳運動を観察した。

2.2. べん毛モーターの回転観察

大腸菌 YS1326 株は、べん毛繊維を構成するフラジェリンの遺伝子をゲノムから欠損させた変異株である[7]。この YS1326 株を形質転換させ、疎水性のアミノ酸が外側に露出したべん毛繊維（*fliC-sticky*）を発現させた。培養後、細い管の中を往復させることで、培養した大腸菌から伸張したべん毛繊維を短くした。次に、菌体をチャンバー内に封入し、観察窓に非特異的に吸着させた[5]。なお、べん毛繊維の抗体を利用すれば、野生型のべん毛繊維を観察窓などに固定することも可能となる[16]。

2.3. 高圧力顕微鏡

筆者らが開発した高圧力顕微鏡は、倒立型顕微鏡に搭載する高圧力チャンバーとセパレーター（図 1A）、および、圧力を加えるハンドポンプから構成されている[7, 8, 17]（図 1 B）。

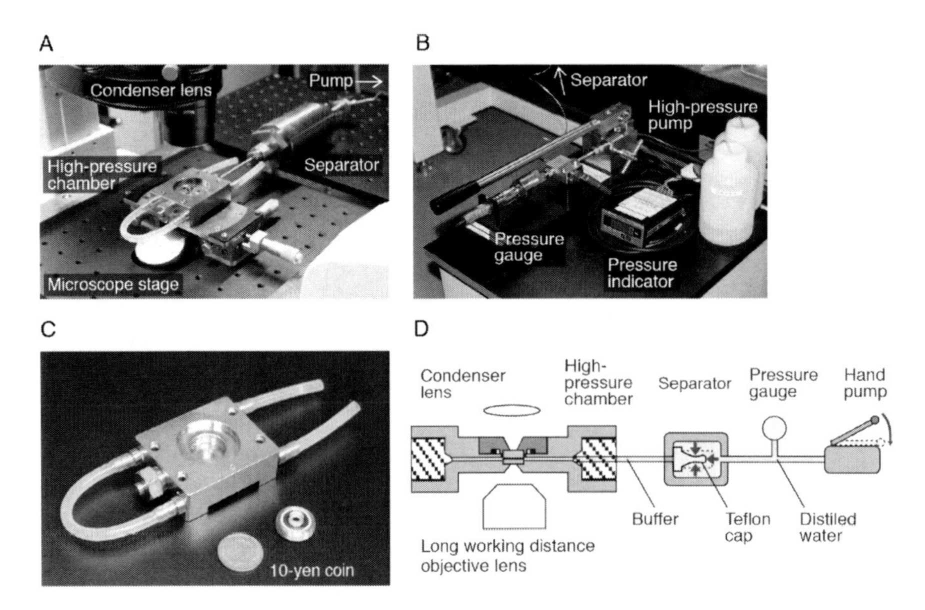

Fig.1. High–pressure microscope. (A) High–pressure chamber and separator. (B) High-pressure pump. (C) Dismounted parts of the high–pressure chamber. (D) Schematic drawing of the experimental setup (not to scale).

実験サンプルを封入する高圧力チャンバーは、加圧時に生じる歪みに対して可塑的に変形できるようにニッケル合金（ハステロイ C276）を用いて製作した（図1C）。チャンバーには2つの開口部を設け、ガラス製（BK7）の光学基板をエポキシ樹脂で固定した。開口数は、対物レンズ側が NA=0.60、コンデンサー側は NA=0.55 である。この装置を用いれば、高圧力下であっても、細胞観察に適した位相差像の観察を実施できる。

図 1D に装置の概念図を示す。ハンドポンプにより、圧力媒体である蒸留水がポンプから押しだされ、セパレーター内へと流入する。水圧により厚さ 0.2 mm のテフロン製の膜を変形させることで、高圧力チャンバー内を満たす緩衝溶液の圧力へと適切に変換される仕様となっている。ハンドポンプを文字どおり「手動」で 10 秒ほど動かせば、チャンバー内の圧力は、地球上で最も深い場所である太平洋のマリアナ海溝チャレンジャー海淵最深部（10,924 m, 海上保安庁観測船による測定値）の静水圧～110 MPa まで到達できる（最大 150 MPa まで加圧可能）。また、高圧力をかけても結像能や倍率にほとんど影響はなく、常圧力とは変わらぬ解像度で多様な顕微観察像（明視野、暗視野、位相差、蛍光像）を取得できた[7]。

2.4. 精製したタンパク質を用いた予備実験

この装置を用いて、高圧力下で生じるタンパク質の構造変化や機能変化を測定できるのか予備実験を行った。微小管は、チューブリン分子が数珠つながりに結合してできている代表的な細胞骨格である。Paclitaxel 存在下では、チューブリンの脱重合反応が抑制され、フィラ

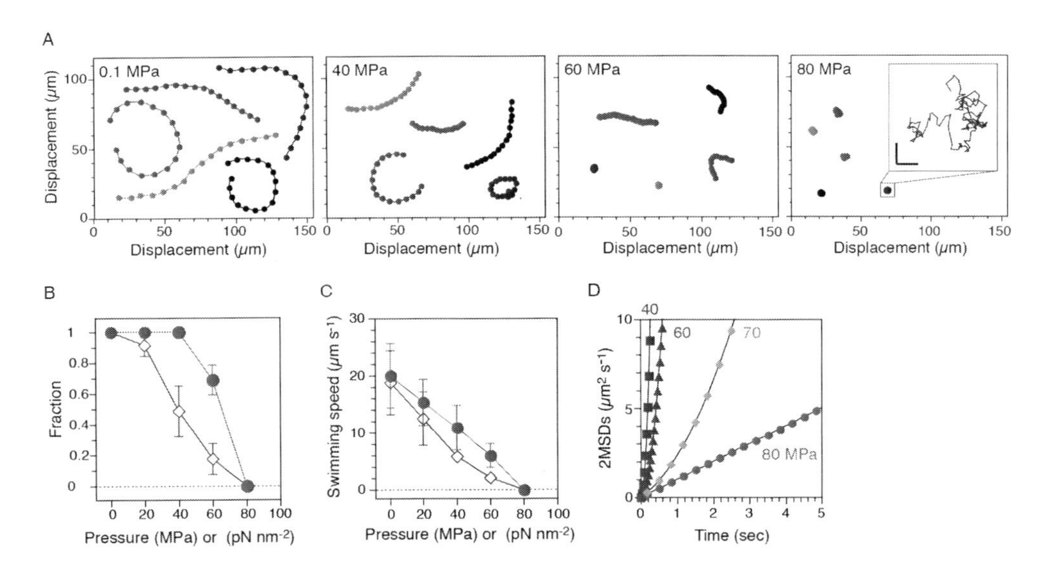

Fig.2. Motility of smooth-swimming cells. (A) Trajectories of RP4979 cells. The positions of the cell were plotted every 10th frame for 5 s. (Inset) Trajectory of a cell at 80 MPa for 5 s on an expanded scale. Scale bar, 2 μm. (B and C) Swimming fraction and speed during the pressurization (solid circles) and depressurization processes (open diamonds). Swimming fractions were based on the number of cells that swam with a speed of >2 μm s^{-1} at each pressure. The speed was the average value of the swimming cells in C. Error bars represent the SD. (D) 2MSDs plotted at every frame for 5 s (40 and 60 MPa) or every 10 frames (70 and 80 MPa) (n = 46–59, total = 202). Data were fitted by $(vt)^2$ and/or $4D_{x-y}t$, where v is the translational speed, D_{x-y} is the diffusion constant, and t is time (40 MPa, v = 11 μm s^{-1}; 60 MPa, v =5.2 μm s^{-1}; 70 MPa, v =1.0 μm s^{-1} and D_{x-y} = 0.35 $μm^2$ s^{-1}; 80 MPa, D_{x-y} = 0.25 $μm^2$ s^{-1}).

メント構造が長期間にわたって維持される。Paclitaxel で安定化させた微小管を高圧力顕微鏡で観察したところ､微小管の両端からチューブリンが脱重合を行う様子が観察できた[18, 19]。おそらく、高圧力下では、チューブリン分子間の結合部分に水分子が侵入しやすくなり、解離反応が進行すると考えられる。

次に、代表的な生物分子モーターである ATP 合成酵素 F_1-ATPase を利用して、高圧力下でその回転運動がどのように変化するのか調べた。実験結果から圧力増加と共に回転速度の低下が示され、ATP 結合反応と、それに続く一部の反応過程が圧力の影響により阻害されることが明らかになった[20, 21]。

3. 結果

3.1. 大腸菌遊泳運動の圧力依存性

大腸菌を高圧力チャンバーに封入し、菌体の位相差像を観察した [7, 8]。図 2A に大腸菌の遊泳運動の軌跡を示す。常圧力条件（0.1 MPa）では、菌体は約 20 $\mu m\ s^{-1}$ の速度で滑らかに泳いでいたが、圧力の増加とともに、泳ぐ菌体の割合や、その速度がだんだん低下していった（図 2B, C）. 圧力が 80 MPa に到達するとすべての菌体は遊泳運動を停止し、ブラウン運動により水溶液中を不規則に動きはじめた。一方向性の運動能が失われたことを確認するため、菌体重心位置の二次元平均二乗変位（2MSDs）の時間変化を調べたところ、時間の二乗に比例する成分は 70 MPa まで含まれていたものの、80 MPa で完全になくなった（図 2D）。この結果から、80 MPa で全ての菌体は遊泳運動を停止したと判断した。その後、圧力値を下げていくと、菌体は運動能を回復していった。加圧過程と減圧過程では、実験結果にヒステリシスが見られたものの、概して、運動能は可逆的に変化したと言えそうである。

4.4. べん毛モーターの回転運動観察

大腸菌べん毛モーターの回転運動を測定するために、テザードセルの実験を行った [7, 8]。この実験系では、べん毛繊維をカバーガラスなどの光学基板（今回の実験では高圧力チャンバーの観測窓）に吸着させることで、細胞内にあるモーターが発生する回転運動を細胞本体の回転として手軽に観察できる（図 3A）。このテザードセルの実験系では、菌体がガラス基板上に固定されており移動しないため、実験条件を変えながら、同一のモーターの回転運動を追跡できるメリットがある。我々は、圧力を変えながらテザードセルの回転運動がどのように変化するのかを調べた。常温常圧力（20°C, 0.1 MPa）下では、菌体は反時計方向に滑らかに回転した（図 3B）。圧力値の増加とともに、回転速度が低下していった。80 MPa では大腸菌が遊泳運動を完全に停止したものの、細胞は依然として反時計方向に回りつづけており、その速度は、加圧前の約 60%であった[7, 16]。

ここで、さらに高い圧力をかけた際の結果について付記しておく[22, 23]。120 MPa まで圧力を上げると、一部の細胞は、これまでとは逆方向、つまり、時計方向に回りはじめた（図 3B, C)。それ以外にも、回転方向を頻繁に変更しながら回転運動を持続する細胞や、回転運動を停止した細胞なども見られた。回転方向の圧力依存性を解析した所、逆向きに回る確率は、圧力の増加と共に増加することが明らかになった 。

4. 考察

本研究では、高圧力顕微鏡を用いて、大腸菌の遊泳運動能の圧力依存性について調べた。大腸菌は、圧力の増加と共に運動能は低下し、80 MPa に達すると完全に遊泳運動を停止させた。この遊泳運動停止が見られた圧力は、これまでの報告例よりも高い値であった[5, 6]。

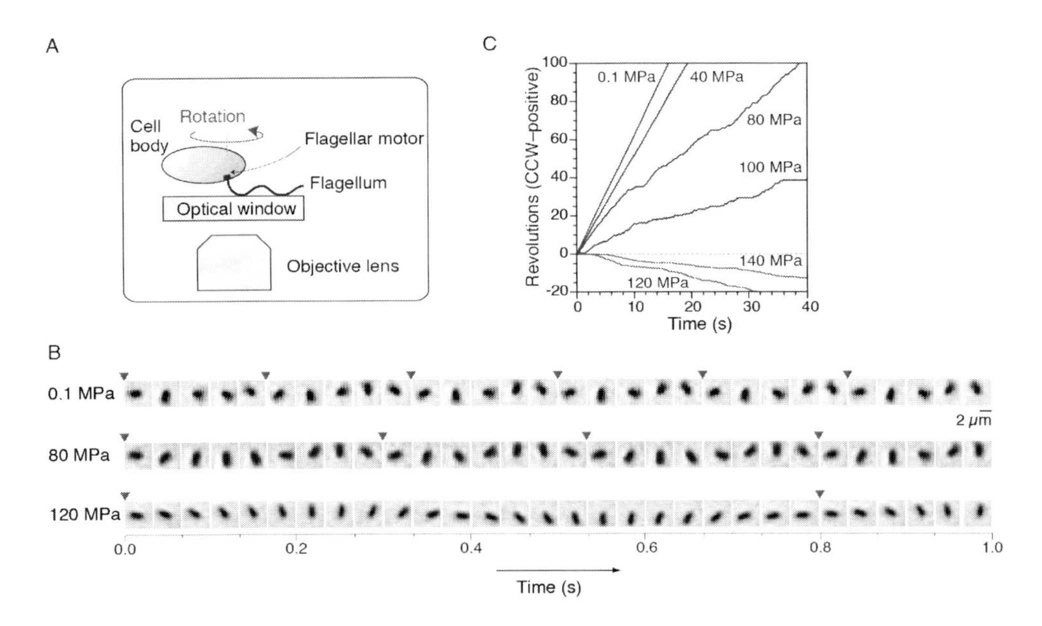

Fig.3. Torque generation of single flagellar motors. (A) Experimental system (not to scale). (B) Sequential phase-contrast images of the same rotating tethered cell were taken at every frame. Arrowheads indicate completion of a turn. (C) Time courses of rotations of the same cell at each pressure condition (CCW positive).

今回の実験では、大腸菌の運動能をよりよくするための培養条件を採用し、かつ、粘性の低い希薄溶液中での運動観察を行ったことから、従来よりも高い圧力環境であっても運動機能を示したと考えられる。

図 2 に示したような遊泳速度の圧力依存性と比べて、モーターが発生するトルクには顕著な圧力依存性は見られず、モーターは 80 MPa であっても常圧力時の約 60%の速度で回転していた。また、それ以外の実験からもモーターは遊泳運動能を持続するのに十分なトルクを発生させていたことが明らかになった[7]。つまり、大腸菌が遊泳運動を停止したのは、モーターの停止が原因ではないことになる。それでは一体何がおきているのだろうか？

大腸菌は遊泳運動を行う際に、体外に伸張させたべん毛繊維を束としてまとめ、回転させることで、一方向性の運動を生み出している。おそらく、高圧力下では、この束化の過程が阻害されてしまうため、個々のべん毛繊維が発生する力のベクトルがうまく揃わなくなり、一方向性の推進力が生まれなくなるのだと考えられる。今後、遊泳運動中の大腸菌のべん毛繊維を可視化することで[24, 25]、詳細な阻害機構を解明できるだろう。

謝辞

本稿を執筆するにあたり、常日頃からご支援を頂いている京都大学の原田慶恵教授に深く謝意を表します。ここで紹介させていただいた研究は、法政大学の曽和義幸准教授、同志社大学の木村佳文教授、理化学研究所の奥野大地博士研究員、東京大学の野地博行教授、名古屋大学の本間道夫教授、小嶋誠司准教授、東北大学の石島秋彦教授、京都大学の寺嶋正秀教授との共同研究であり、皆様にお礼申し上げます。また、本研究は、科学技術振興機構さきがけ「生命現象と計測分析」および、科学研究費補助金、島津科学技術振興財団の支援により達成されたものです。

参考文献

[1] Zobell, C. E. and Cobet, A. B. (1962) Growth, reproduction, and death rates of *Escherichia coli* at increased hydrostatic pressures. J Bacteriol. 84: 1228-1236.
[2] 加藤千明 (2013) 深海微生物の圧力耐性機構, 進化する食品高圧加工技術, NTS 出版.
[3] Watanabe, T. M., Imada, K., Yoshizawa, K., Nishiyama, M., Kato, C., Abe, F., Morikawa, T., Kinoshita, M., Fujita, H. and Yanagida T. (2013) Glycine insertion makes yellow fluorescent protein sensitive to hydrostatic pressure. PLOS ONE 8: e73212.
[4] 谷口・弘 (2003) 6.1 タンパク質と高圧力, 新しい高圧力の科学, 講談社.
[5] Meganathan, R. and Marquis, R. E. (1973) Loss of bacterial motility under pressure. Nature. 246: 525–527.
[6] Eloe, E. A., Lauro, F. M. and Bartlett, D. H. (2008) The deep-sea bacterium Photobacterium profundum SS9 utilizes separate flagellar systems for swimming and swarming under high-pressure conditions. Appl. Environ. Microbiol. 74: 6298-6305.
[7] Nishiyama, M. and Sowa, Y. (2012) Microscopic analysis of bacterial motility at high pressure. Biophys. J. 102: 1872-1880.
[8] 西山雅祥, 曽和義幸 (2013) 細胞内の水で生命活動を操る！ −高圧力下で観るタンパク質水和変調イメージング, 化学 68: 31-36.
[9] Nishiyama, M. High–pressure microscopy for studying molecular motors. In: High Pressure Bioscience - Basic Concept, Applications and Frontiers, Akasaka, K. and Matsuki, H. (eds.), Springer, New York, *in press*.
[10] 相沢慎一 (1998) バクテリアのべん毛モーター , 共立出版.
[11] Berg, H. C. (2003) *E. coli* in Motion, Springer.
[12] 寺内尭史, 小嶋誠司, 本間道夫 (2011) 細菌べん毛モーターエネルギー変換タンパク質の構造と機能, 生化学 83: 822-833.
[13] 今田勝巳, 南野徹 (2012) べん毛モーターの逆回転のしくみに挑む -熱い論争と 3 つのモデル, 化学 67: 37-41.
[14] 小嶋誠司, 今田勝巳 (2012) ペリプラズム側構造から見たべん毛モーター構築とモーターの活性化機構, 生物物理 52: 18-21.
[15] 曽和義幸 (2014) バクテリアべん毛モーター, 1 分子生物学, 化学同人
[16] Nishiyama, M. and Kojima, S. (2012) Bacterial Motility Measured by a Miniature Chamber for High–Pressure Microscopy. Int. J. Mol. Sci. 13: 9225-9239.
[17] 西山雅祥, 木村佳文 (2013) 高圧力顕微鏡, LTM センター誌 22: 18-27.
[18] Nishiyama, M., Kimura, Y., Nishiyama, Y. and Terazima M. (2009) Pressure-induced changes in the structure and function of the kinesin-microtubule complex. Biophys. J. 96: 1142-1150.
[19] 西山雅祥 (2014) 力学刺激でタンパク質間相互作用を操作する, 化学と生物 52: 782-784.
[20] Okuno, D., Nishiyama, M. and Noji, H. (2013) Single molecule analysis of the rotation of F_1-ATPase under high hydrostatic pressure. Biophys. J. 105: 1635-1642.
[21] 西山雅祥 (2015) 高圧力顕微鏡の開発と生物ナノマシンの運動観察, 高圧力の科学と技術, 25: 127-136.
[22] Nishiyama, M., Sowa, Y., Kimura, Y., Homma, M., Ishijima, A. and Terazima, M. (2013) High hydrostatic pressure induces CCW to CW reversals of the *Escherichia coli* flagellar motor. J. Bacteriol. 195: 1809-1814.
[23] 西山雅祥 (2013) バクテリア・べん毛モーターが高圧力下で逆向きに回り出す！？, 生物物理 53: 264-265.
[24] Turner, L, Ryu, WS, Berg, HC (2000) Real-time imaging of fluorescent flagellar filaments. J. Bacteriol. 182: 2793-2801.
[25] 難波啓一 (2003) 細菌べん毛繊維の超らせん構造スイッチ機構, 生物物理 43: 118-123.

Bacterial Motility Measured by High–Pressure Microscopy.

Masayoshi Nishiyama*

The HAKUBI Center for Advanced Research / WPI-iCeMS,, Kyoto University, Sakyo-ku, Kyoto 606-8501, Japan
**E-mail: mnishiyama@icems.kyoto-u.ac.jp*

Abstract

Hydrostatic pressure is one of the physical stimuli that characterize the environment of living matter. Many microorganisms thrive under high pressure and may even physically or geochemically require this extreme environmental condition. In contrast, application of pressure is detrimental to most life on Earth; especially to living organisms under ambient pressure conditions. To study the mechanism of how living things adapt to high-pressure conditions, it is necessary to monitor directly the organism of interest under various pressure conditions. Recently, we constructed a high–pressure microscope that enables us to acquire high–resolution microscopic images, regardless of applied pressures. The developed system allowed us to monitor the motility of swimming *Escherichia coli* cells. The fraction and speed of swimming cells decreased with increased pressure. At 80 MPa, all cells stopped swimming and simply diffused in solution. Direct observation of the motility of single flagellar motors revealed that the motors function even at 80 MPa. The discrepancy in the behavior of free swimming cells and individual motors could be due to the applied pressure inhibiting the formation of rotating filament bundles that can propel the cell body in an aqueous environment.

Keywords：Bacterial motility, Flagellar motor, High-Pressure Microscope

Saccharomyces cerevisiae 圧力耐性・感受性変異株の取得と圧力不活性化挙動の解析

重松亨*[1]、南波優[1]、野村一樹[1,3]、齋木朋恵[1]、林真名歩[1]、中島加奈子[2]、木戸みゆ紀[1]、林真由美[1]、井口晃徳[1]

[1]新潟薬科大学応用生命科学部
[2]新潟薬科大学産官学連携推進センター
新潟市秋葉区東島 265-1
[3]岐阜大学大学院連合農学研究科
岐阜市柳戸 1-1
*E-mail: shige@nupals.ac.jp

要旨

高圧処理による発酵制御技術を確立するためには、発酵微生物の圧力耐性・感受性を遺伝的に制御して使用する圧力条件にあった微生物株を作出する技術が必要である。本研究では、出芽酵母 *Saccharomyces cerevisiae* KA31a 株に対し紫外線処理を施すことで、親株よりも圧力感受性を示す変異株 a924E1、圧力耐性を示す変異株 a2568D8、そして、処理圧力および圧力保持時間によって圧力耐性・感受性が変化する圧力耐性変化株 a1012H12 を取得した。各株の圧力不活性化挙動の解析の結果、親株および a924E1、a2568D8 株において、圧力保持時間に依存して誘導期が延長することが示された。この高圧処理に依存した誘導期の延長は細胞損傷からの回復による増殖遅延によるものと考えられ、この回復機能が圧力耐性・感受性に関連することが示された。また、a924E1 株、a1012H12 株において、ミトコンドリアが染色されなかった結果から、ミトコンドリアの機能不全による好気呼吸能の欠損が圧力感受性を引き起こす原因の一つである可能性が示された。

キーワード：発酵制御、*Saccharomyces cerevisiae*、圧力耐性・感受性、誘導期、ミトコンドリア

1. はじめに

我々の食生活は、微生物によって製造される様々な発酵食品によって彩られている。発酵は、特定の有用微生物のはたらきによって原料中の成分がより栄養価の高い物質に変換される現象を利用した技術である。同時に、その発酵微生物の優占化によってそれ以外の微生物の生育を阻害する効果が生じ、保存期間の延長をも可能としている。しかし、同時に、発酵微生物の生育および増殖を制御する発酵制御を行わないと、過発酵が生じ食品の劣化につながる。通常、発酵制御には塩の添加や加熱処理が用いられている。もし、これらの従来型の発酵制御法に代わり高圧処理による発酵制御が可能になれば、様々な発酵食品はより多くの機能性成分や栄養成分を保つことができる。

一般に、大腸菌 *Escherichia coli* や出芽酵母 *Saccharomyces cerevisiae* などの微生物細胞は、100 MPa を超える高静水圧条件下で生存率の減少が見られる[1]。そのため、この致死的な圧力領域である 100 MPa 以上（通常 200～700 MPa）の高圧処理により食品素材中の微生物の滅

菌や微生物制御が可能となる。しかし、食品製造プロセスへの応用を考慮すると、できるだけ低い圧力条件で、できるだけ短い高圧処理時間の工程とすることが実用上好ましい。また、概ね 100～400 MPa の圧力を施すことにより、いくつかの農産物において有用成分の富化が生じる報告も示されている[2-7]。したがって、こうした低い（あるいは中程度）の高圧処理による発酵制御技術が確立できたならば、機能性成分や栄養成分を保つだけでなく、有用成分が富化された高品質の発酵食品の製造も可能となる。そのためには、発酵微生物の圧力耐性・感受性を遺伝的に制御して使用する圧力条件にあった微生物株を作出する技術が必要である。

微生物の圧力耐性・感受性は微生物の種類により異なる。*S. cerevisiae* のいくつかの栄養要求性変異株 (Ade⁻、Trp⁻、Tyr⁻、Phe⁻、Met⁻、Thr⁻) が圧力感受性を示すことが報告されている[8, 9]。また、分子シャペロン Hsp104、Hsc70 をコードする遺伝子が圧力耐性に重要であることがそれらの欠損変異株の解析で示されている[10, 11]。これらの研究成果により、微生物の圧力耐性・感受性が遺伝的に改変できる可能性が示されてきた。我々は、酒類やパンなどの発酵食品の製造に広く用いられる出芽酵母 *S. cerevisiae* の圧力耐性・感受性変異株を作出することを検討してきた。将来的に発酵食品の製造に応用するため、そして、必須遺伝子への変異導入の可能性を排除しないことを考慮し、遺伝子破壊法など組換え技術ではなく、紫外線照射法によるランダム変異によって変異株の取得を行った[12-14]。本稿では、これまでに得られた圧力耐性・感受性変異株について、それらの表現形質を調べた結果を報告する。

2. 材料と方法

2.1. 使用菌株と培養方法

本研究で使用した菌株は Table 1 に示した。各株の培養は 2% YPD 培地（1% yeast extract, 2% polypeptone, 2% glucose; 寒天培地の調製には 2%の濃度となるように寒天末を添加した）にて 30°C の温度条件で行った。

Table 1. *S. cerevisiae* strains used in this study.

Strain	Description	Genotype	Reference
KA31a	Wild-type (parent strain)	*MATa*, *his3*, *leu2*, *trp1*, *ura3*	[12]
a924E1	Pressure sensitive mutant	*MATa*, *his3*, *leu2*, *trp1*, *ura3*	[12]
a2568D8	Pressure tolerant mutant	*MATa*, *his3*, *leu2*, *trp1*, *ura3*	[14]
a1210H12	Variably pressure tolerant mutant	*MATa*, *his3*, *leu2*, *trp1*, *ura3*	[14]

2.2. 紫外線照射および高圧処理

紫外線照射および高圧処理の方法は、既報[12]の記載に従った。

2.3. 生菌数の測定方法および誘導期の算出方法

本研究では、高圧処理を行った細胞懸濁液の生菌数は、簡易式乾式培地（コンパクトドライ YM, 日水製薬）あるいは 2% YPD 寒天平板培地を用いたコロニーカウント法により測定した。

この方法の他に、液体培養における増殖遅延に基づいた生菌数測定も実施した。微生物の回分培養において初発生菌数はある一定の培養時間後の生菌数と比例関係にある。誘導期の長さが一定と仮定すると、吸光度が一定数増加するまでに要する培養時間は初発生菌数の対数値と負の直線関係を示す。我々は、この関係に基づいて、高圧処理を行った細胞懸濁液の生菌数を求める方法として高効率微生物死滅挙動解析システム(High-throughput pressure microbial inactivation kinetics analysis system; HT-PIKAS)を構築した[15]。

もし高圧処理の影響により誘導期(lag time)が長くなる場合、HT-PIKAS 法により求めた生菌数は、コロニーカウント法で求めた生菌数よりも低い値をとることになる。このことを逆に利用し、この 2 つの生菌数測定法の違いから、誘導期の長さを算出した。また、コロニーカウントに基づく生菌数から HT-PIKAS 法により求めた生菌数を差し引きすることで増殖遅延細胞の割合を求めた。

2.4. コロニーサイズの解析

各株に 225 MPa の圧力を室温にて 0 s、180 s、あるいは 360 s 施した細胞懸濁液を 2% YPD 寒天平板培地にて 30℃にて培養した。KA31a 株、a924E1 株、a1210H12 株は 72 h、a2568D8 株は 55 h 培養後、寒天平板培地上のコロニーの写真をデジタルカメラ(EX-H15, Casio)で撮影し、コロニーサイズをイメージ解析ソフト Image J (http://rsb.info.nih.gov/ij/)により計測した。コロニーサイズの分布は、表計算ソフト Excel (Microsoft)を用いて解析した。

2.5. ミトコンドリア染色

各株のミトコンドリアを MitoTracker® Red CM-H2XRos キット(Life Technologies)を用いて染色した。KA31a 株、a924E1 株 a2568D8 株は 6～7 時間、a1210H12 株は 8～10 時間振盪培養して対数増殖期の細胞を得た。この細胞を 0.1% YPD 液体培地(1% yeast extract, 2% polypeptone, 0.1% glucose)に再懸濁後、Mito Tracker 染色液を最終濃度 200 nM となるように添加し、30℃の温度条件で 200 rpm で振盪しながら 90 分間染色を行った。染色した細胞は、共焦点レーザー走査型顕微鏡(FV1000-D IX81, Olympus)により観察を行った。

3. 結果

3.1. 得られた変異株の圧力不活性化挙動

出芽酵母 *S. cerevisiae* の一倍体株である KA31a に対して紫外線を照射することでランダムな変異を誘発させ、得られた変異処理株の中から、親株に比べて圧力耐性（感受性）が変化した変異株を 3 株取得した。各株に室温(20℃)において高圧処理を施し、コロニーカウント法に基づいて解析した各株の不活性化挙動を Fig. 1 に示した。親株、a924E1 株および a2568D8 株の不活性化挙動は、式(1)に示す一次反応で近似できたので、これらの株の不活性化は標的理論の 1 ヒット死モデルに従うことが示唆された。

$$N = N_0 \cdot \mathrm{e}^{-kt} \qquad (1)$$

ここで、N は圧力処理時間 t [s]における生菌数[CFU ml^{-1}]、N_0 は初期生菌数、k [s^{-1}]は不活性化速度定数である。各株について各処理圧力における不活性化速度定数(k [s^{-1}])を算出し、Table 2 に示した。検討した全ての処理圧力条件で、a924E1 株の不活性化速度定数は親株 KA31a よりも高い値を示した。一方、a2568D8 株の不活性化速度定数は、親株よりも小さな値を示した。以上の結果から、紫外線処理による変異により、a924E1 株は圧力感受性を獲得し、a2568D8 株は圧力耐性を獲得したことが示された。

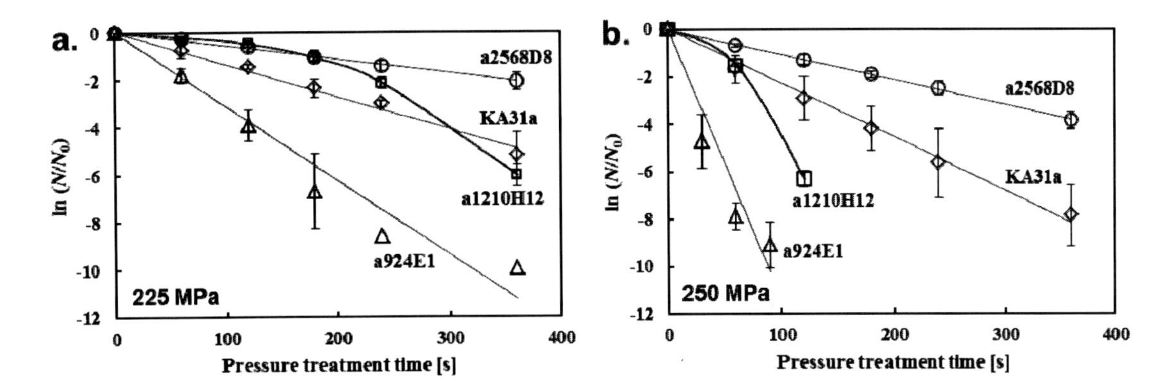

Fig. 1. Pressure inactivation curves of strains KA31a (diamonds), a924E1 (triangles), a2568D8 (circles) and a1210H12 (squares) at 225 MPa (panel a) or 250 MPa (panel b). Inactivation ratios (N / N_0) were determined by comparing viable cell concentrations based on colony counting (CFU mL^{-1}) at 0 s (N_0) with those after pressure treatment for various durations (N).

興味深いことに、a1210H12 株の圧力不活性化挙動は一次反応で近似できなかった(Fig. 1)。この株の不活性化挙動は標的理論における多重ヒット死モデルに基づく式(2) [16]で近似できることが示された。

$$N = N_0 \cdot [1-(1-e^{-kt})^m] \quad (2)$$

ここで、m は細胞当たりの標的（細胞の生死を決定する重要構造体）の数である。処理圧力 225 MPa、240 s 以下の処理時間では a1210H12 株の生存率(N / N_0)は親株よりも高いが、300 s の処理時間になると低くなった。この株の圧力耐性―感受性が処理条件によって変化する表現形質は、250 MPa の圧力処理においても現れたので、a1210H12 株を圧力耐性変化株とみなした。

Table 2. Inactivation rate constants of the parent and mutant strains based on colony counting

Strain	Inactivation rate constant (k) [s^{-1}]				
	150 MPa	175 MPa	200 MPa	225 MPa	250 MPa
KA31a	ND	0.0019 ± 0.0002	0.0035 ± 0.0004	0.0089 ± 0.0004	0.0269 ± 0.0009
a924E1	0.0019	0.0058 ± 0.0006	0.0065 ± 0.0006	0.0286 ± 0.0005	0.0847 ± 0.0055
a2568D8	ND	ND	ND	0.0057 ± 0.0005	0.0107 ± 0.0009
a1210H12	ND	ND	0.0058 ± 0.0008	0.0294 ± 0.0013	0.0828 ± 0.0046

The k values were calculated based on the formulation 1 for strains KA31a, a924E1 and a2568D8; the formulation 2 for strain a1210H12. Means ± standard deviations are shown from at least 3 experiments with exceptions: 1 experiment for 150 MPa of strain a924E1. ND, not determined.

4.5. 圧力耐性・感受性株における圧力処理後の誘導期

親株 KA31a、圧力感受性変異株 a924E1、圧力耐性変異株 a2568D8、そして圧力耐性変化株 a1210H12 に 225 MPa の高圧処理を室温にて施し、生菌数を 2%YPD 寒天平板培地によるコロニーカウント法および 2%YPD 液体培養における増殖遅延に基づく HT-PIKAS 法によりそれぞれ算出し、不活性化曲線を作成した(Fig. 2)。

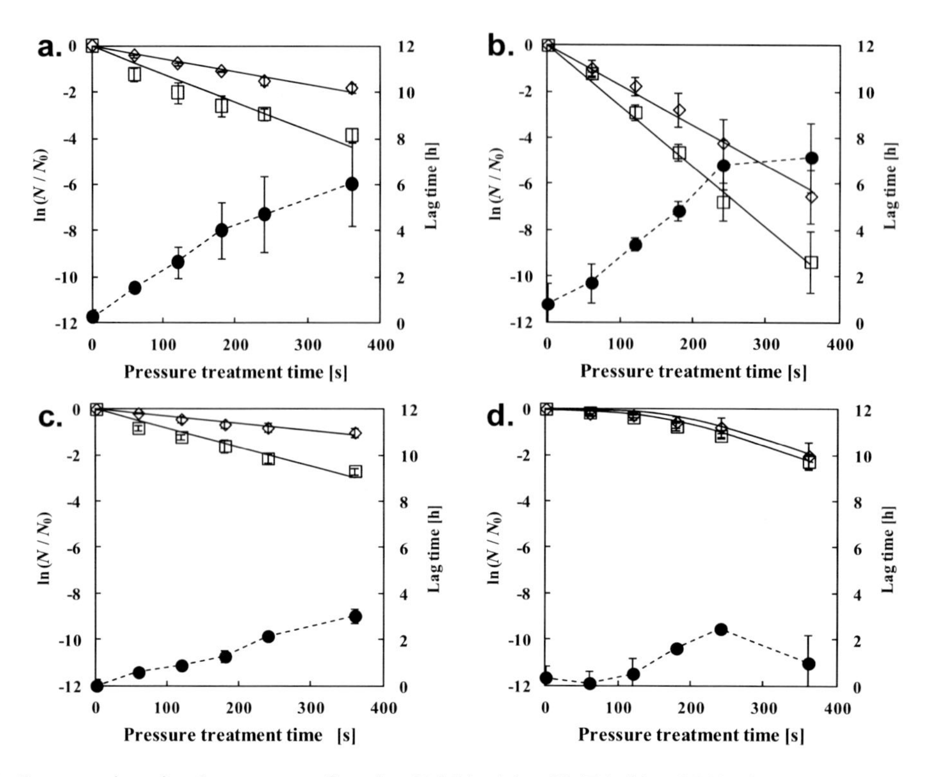

Fig. 2. Pressure inactivation curves of strains KA31a (a), a924E1 (b), a2568D8 (c) and a1210H12 (d) under at 225MPa. Inactivation ratios determined by colony counting on 2%YPD agar medium (diamonds) or by HT-PIKAS (squares) and the lag time caused by growth-delayed cells (closed circles).

また、2 つの生菌数測定法による生菌数の違いから圧力処理後の各株の増殖における誘導期(lag time)の長さを算出した(Fig. 2)。KA31a、a924E1、a2568D8 株の誘導期は圧力保持時間に依存して長くなることが示された。この結果から、圧力保持時間の長さに依存して誘導期が延長されて増殖が遅れた細胞の割合が増加する可能性が示唆された。この増殖遅延細胞の存在を確認するために、225 MPa の高圧処理を施した細胞懸濁液を寒天平板培地にて培養し、形成されたコロニーサイズを計測し Fig. 3 に示した。KA31a、a924E1 そして a2568D8 株のコロニーサイズの分布は圧力保持時間に依存して小さくなった。高圧処理によるサイズの小さいコロニーの増加は増殖遅延細胞の生成を示すものと考えられる。一方、a1210H12 株のコロニーサイズは高圧処理により変化しなかった。この圧力条件では本株は増殖遅延細胞が生成されないことが示された。以上の結果は Fig. 2 で導き出した圧力処理後の誘導期の結果を支持するものであった。

コロニーカウントに基づく生菌数から、HT-PIKAS 法により求めた生菌数を差し引きすることで増殖遅延細胞の割合を求めた。そして、高圧未処理の細胞懸濁液の生菌数を 100 とした相対値を算出し Fig 4 に示した。その結果、225 MPa、120 s の高圧処理を施した KA31a 株の増殖遅延細胞は 20%、a2568D8 株は 34%であり、a924E1 株は 12%であった。a1210H12 株では増殖遅延細胞が検出できなかった。

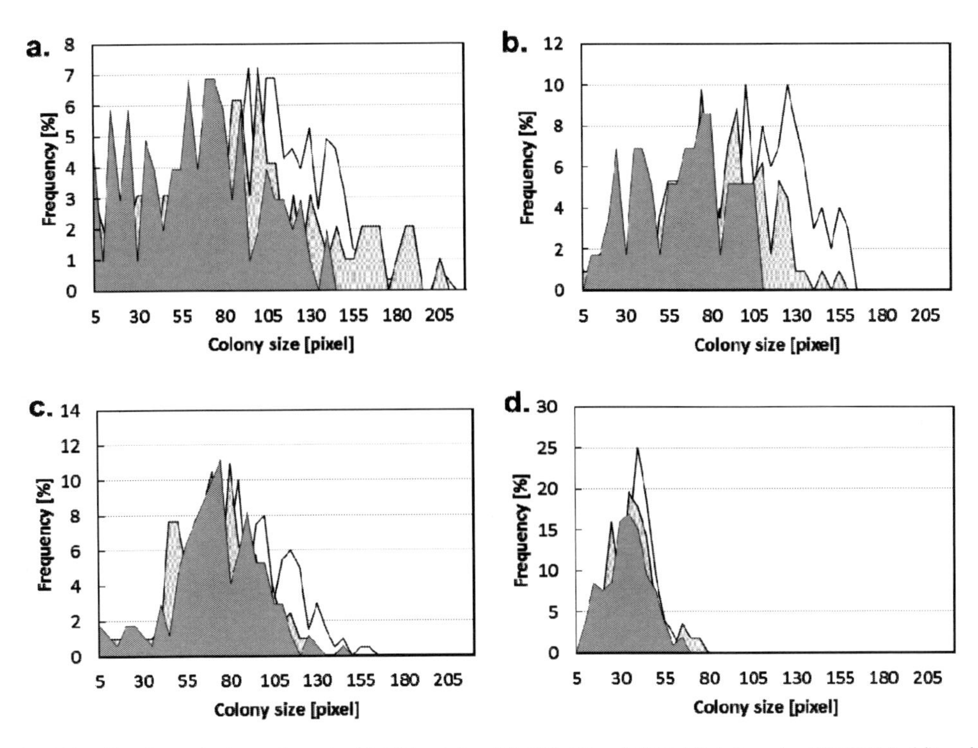

Fig. 3. Distribution of size of strain KA31a (a), a924E1 (b), a2568D8 (c) and a1210H12 (d) colonies cultivated after high pressure treatment at 225MPa for 0 s (white), 180 s (gray) and 360 s (dark gray). Strains KA31a, a924E1 and a1210H12 were cultivated for 72 h and strain a2568D8 was cultivated for 55 h.

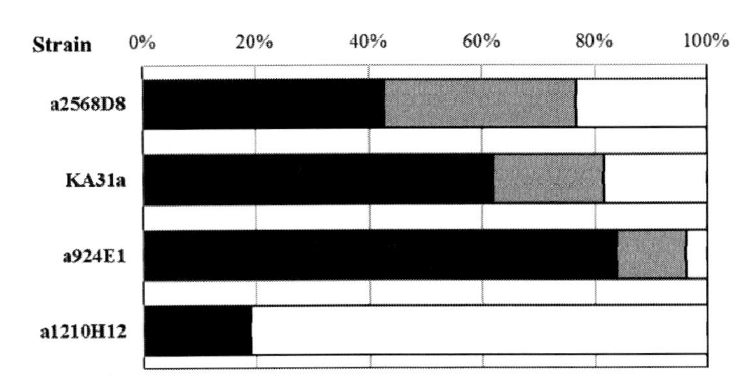

Fig. 4. Proportions of cells with unaffected growth (white), cells with growth delay (gray) and cells with loss of growth (black) after high pressure treatment at 225 MPa for 120 s. Viable cell count without high pressure treatment was taken as 100%.

4.6. 各変異株のミトコンドリア染色

各変異株におけるエネルギー代謝に関する機能が重要な鍵になっていると考え、ミトコンドリアの染色剤である MitoTracker® Red CM-H2XRos を用いて、各株の活性を有するミトコンドリアを解析した。その結果、Fig. 5 に示したように、圧力耐性株 a2568D8 は親株 KA31a と同等、ほとんどの細胞が染色されたが、圧力感受性株 a924E1 および圧力耐性変化株 a1012H12 はほとんどの細胞が染色されなかった。

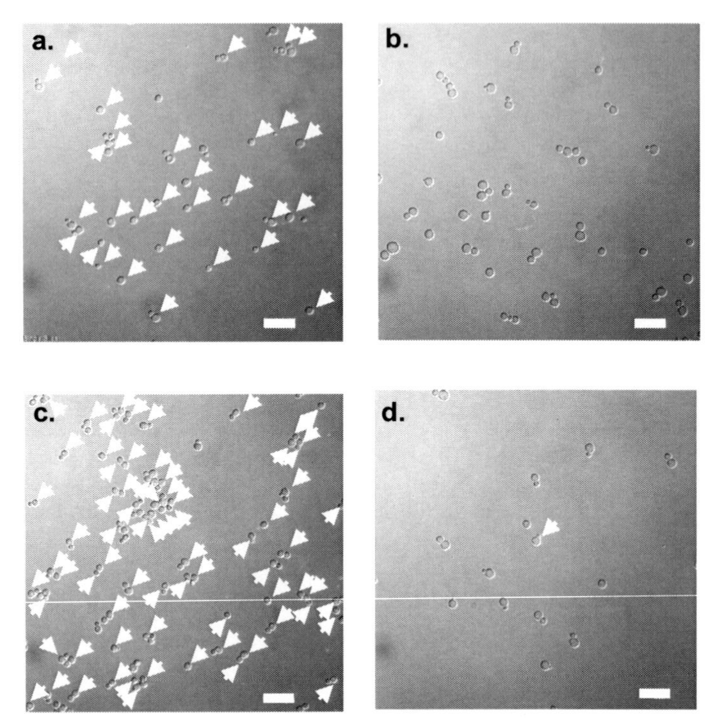

Fig. 5. Mitochondrial staining using MitoTracker® Red CM-H2XRos on strains KA31a (a), a924E1 (b), a2568D8 (c) and a1210H12 (d). The stained cells were indicated by arrowheads. Bars represent 20 μm.

4. 考察

親株 KA31a に対し紫外線処理を施すことで、親株よりも圧力感受性を示す変異株 a924E1、圧力耐性を示す変異株 a2568D8、そして、処理圧力および圧力保持時間によって圧力耐性・感受性が変化する株 a1012H12 を取得した。a924E1 および a2568D8 株の圧力不活性化挙動は親株同様一次反応で近似できたが、a1012H12 株の不活性化挙動は一次反応では近似できず、多重ヒット死モデルに従った。これらの結果から、紫外線処理によるランダム変異の導入は、親株 KA31a の有する 1 ヒット死モデルに従う圧力不活性化機構に影響せずその耐性・感受性を変化させる場合と、1 ヒット死モデルから多重ヒット死モデルへと圧力不活性化機構そのものを変化させる場合がありうることが示された。

各変異株の圧力処理後の増殖時の誘導期を解析した結果、誘導期は a924E1 株で最も長く、KA31a、a2568D8 株の順で短かった。この結果から、高圧処理に依存した細胞損傷からの回復が誘導期の延長に関与しており、この機能の優劣が圧力耐性・感受性と相関する可能性が示された。一方、a1210H12株では圧力保持時間の長さと誘導期の長さの間に顕著な相関性は認められなかったので、この株は高圧処理による損傷により増殖遅延は引き起こさなかった、あるいは増殖遅延を引き起こすレベルの損傷が生じるとその細胞が回復できないことが示唆された。また、各変異株の増殖遅延細胞の割合を解析した結果、この増殖遅延細胞の割合は、圧力耐性・感受性の重要な指標であることが分かった。a924E1株の圧力感受性は、KA31a株に導入された変異により圧力損傷からの回復機能が低下したことにより獲得されたものと考えることができる。一方、a2568D8株は、変異導入によりKA31aよりも回復機能が向上し、圧力耐性を獲得したと考えることができる。a1210H12株は変異導入により回復機能を喪失したものと考えられる。

各株のミトコンドリア染色を行った結果、親株および圧力耐性株ではミトコンドリアが染色されるが、圧力感受性株および圧力耐性変化株では染色されないことが判明した。これらの結果から、高圧処理による細胞損傷からの回復にミトコンドリアの機能が関与することが示された。圧力耐性・感受性の分子メカニズムは未だ不明であり、さらなる研究が必要であるが、おそらく好気呼吸能に基づくエネルギー代謝が影響している可能性が考えられた。

5. まとめ

本研究では、出芽酵母 *S. cerevisiae* KA31a株に紫外線処理によるランダム変異を導入することで、親株に比べて圧力耐性を示す変異株a2568D8、圧力感受性を示す変異株a924E1、そして処理圧力および圧力保持時間によって圧力耐性・感受性が変化する圧力耐性変化株a1012H12を獲得することができた。a2568D8株およびa924E1株の圧力不活性化挙動は親株同様1ヒット死モデルに基づく一次反応で近似できたが、a1012H12株は多重ヒット死モデルに基づく圧力不活性化挙動を示した。高圧処理後の各変異株の増殖挙動を解析した結果、a2568D8株、a924E1株において高圧処理に依存した誘導期の延長が確認され、細胞損傷からの回復による増殖遅延によるものと考えられ、この回復機能が圧力耐性・感受性に関連することが示された。一方、a1012H12株では圧力保持時間の長さと誘導期の長さの間に顕著な相関性は認められなかったので、この株は高圧処理により増殖遅延を引き起こすレベルの損傷が生じるとその細胞が回復できないことが示唆された。親株およびa2568D8株はほとんどの細胞においてミトコンドリアが機能すること、一方、a924E1株、a1012H12株では、ほとんどの細胞においてミトコンドリアが機能しないことが示された。ミトコンドリアの機能不全による好気呼吸能の欠損が圧力感受性を引き起こす原因の一つである可能性が示された。今後、各変異株における変異が導入された遺伝子の同定ならびに解析を進めることで、酵母の圧力耐性・感受性を遺伝的に制御する技術の確立につながるものと期待できる。

参考文献

[1] Fernandes, P. M. B. (2008) *Saccharomyces cerevisiae* response to high hydrostatic pressure. In: High-pressure microbiology, Michiels, C., Barlett, D. H., Aertsen, A. (eds.), ASM Press, Washington, DC, U. S. A., p 145-166.
[2] 上野茂昭, 重松亨, 陸賢太郎, 斉藤恵, 林真由美, 藤井智幸 (2009) 高圧処理によるタマネギの改質に関する研究、日本食品工学会誌 10, 37-43.
[3] Shigematsu, T., Hayashi, M., Nakajima, K., Uno, Y., Sakano, A., Murakami, M., Narahara, Y., Ueno, S., and Fujii, T. (2010) Effects of high hydrostatic pressure on distribution dynamics of free amino acids in water soaked brown rice grain. J. Physics: Conf. Ser. 215: 0121271.
[4] Shigematsu, T., Murakami, M., Nakajima, K., Uno, Y., Sakano, A., Narahara, Y., Hayashi, M., Ueno, S., and Fujii, T. (2010) Bioconversion of glutamic acid to γ-aminobutyric acid (GABA) in brown rice grains induced by high pressure treatment. Jpn. J. Food Eng. 11: 189-199.
[5] Ueno, S., Shigematsu, T., Watanabe, T., Nakajima, K., Murakami, M., Hayashi, M., and Fujii, T.

(2010) Generation of free amino acids and γ-aminobutyric acid in water-soaked soybean by high-hydrostatic pressure processing. J. Agric. Food Chem. 58: 1208-1213.
[6] Ueno, S., Katayama, T., Watanabe, T., Nakajima, K., Hayashi, M., Shigematsu, T., Fujii, T. (2013) Enzymatic production of γ-aminobutyric acid in soybeans using high hydrostatic pressure and precursor feeding. Biosci. Biotechnol. Biochem. 77: 706-713.
[7] 重松亨 (2013) 高圧処理による食品の成分変換、冷凍 88: 280-284.
[8] Iwahashi, H., Fujii, S., Obuchi, K., Kaul, S. C., Sato, A., and Komatsu, Y. (1993) Hydrostatic pressure is like high temperature and oxidative stress in the damage it causes to yeast. FEMS Microbiol. Lett. 108: 53-57.
[9] Abe, F., and Minegishi, H. (2008) Global screening of genes essential for growth in high-pressure and cold environments: searching for basic adaptive strategies using a yeast deletion library. Genetics 178: 851-872.
[10] Iwahashi, H., Obuchi, K., Fujii, S., and Komatsu, Y. (1997) Barotolerance is dependent on both trehalose and heat shock protein 104 but is essentially different from thermotolerance in *Saccharomyces cerevisiae*. Lett. Appl. Microbiol. 25: 43-47.
[11] Iwahashi H, Nwaka S, and Obuchi K. (2001) Contribution of Hsc70 to barotolerance in the yeast *Saccharomyces cerevisiae*. Extremophiles 5: 417-421.
[12] Shigematsu, T., Nasuhara,Y., Nagai, G., Nomura, K., Ikarashi, K., Hirayama, M., Hayashi, M., Ueno, S., Fujii, T. (2010) Isolation and characterization of barosensitive mutants of *Saccharomyces cerevisiae* obtained by UV mutagenesis. J. Food Sci. 75: 509-514.
[13] Shigematsu, T., Nomura, K., Nasuhara, Y., Ikarashi, K., Nagai, G., Hirayama, M., Hayashi, M., Ueno, S., and Fujii, T. (2010) Thermosensitivity of a barosensitive *Saccharomyces cerevisiae* mutant obtained by UV mutagenesis. High Pressure Res. 30: 524-529.
[14] Nanba, M., Nomura, K., Nasuhara, Y., Hayashi, M., Kido, M., Hayashi, M., Iguchi, A., Shigematsu, T., Hirayama, M., Ueno, S., and Fujii, T. (2013) Importance of cell-damage causing growth delay for high-pressure inactivation of *Saccharomyces cerevisiae*. High Pressure Res. 33: 299-307.
[15] Hasegawa, T., Hayashi, M., Nomura, K., Hayashi, M., Kido, M., Ohmori, T., Fukuda, M., Iguchi, A., Ueno, S., Shigematsu, T., Hirayama, M., Fujii, T. (2012) High-throughput method for a kinetics analysis of the high-pressure inactivation of microorganisms using microplates. J Biosci Bioeng. 113: 788-791.
[16] Uden, N. V., Abranches, P., and Silva, C. C. (1968) Temperature functions of thermal death in yeasts and their relation to the maximum temperature for growth. Arch Microbiol. 61: 381-393.

Pressure Inactivation Analyses on Pressure-Tolerant and Sensitive Mutants of *Saccharomyces cerevisiae*

Toru Shigematsu*[1], Masaru Nanba[1], Kazuki Nomura[1,3], Tomoe Saiki[1], Manabu Hayashi[1], Kanako Nakajima[2], Miyuki Kido[1], Mayumi Hayashi[1], and Akinori Iguchi[1]

[1]Faculty of Applied Life Sciences, Niigata University of Pharmacy and Applied Life Sciences, 265-1 Higashijima, Akiha-ku, Niigata, Japan.
[2]Liaison Center for R&D Promotion, Niigata University of Pharmacy and Applied Life Sciences, 265-1 Higashijima, Akiha-ku, Niigata, Japan.
[3]The United Graduate School of Agricultural Science, Gifu University, 1-1 Yanagido, Gifu, Japan.
**E-mail: shige@nupals.ac.jp*

Abstract

For application of high hydrostatic pressure technology on fermentation control, it is important to genetically control the pressure tolerance of a fermentation microorganisms for generation a pressure sensitive or tolerant mutant strains. In this study, we obtained a pressure-tolerant mutant a2568D8, a pressure-sensitive mutant a924E1 and a variably pressure-tolerant mutant a1210H12 from *Saccharomyces cerevisiae* using ultra-violet mutagenesis. Analyses on the pressure inactivation kinetics of these mutants revealed that cellular changes in pressure tolerance caused by mutations are remarkably affected by the ability to recover from cellular damage, which results in a growth delay. Strains a924E1 and a1210H12 showed lack in the functions of mitochondria. Pressure sensitivity would be correlated with lack in mitochondrial functions, possibly energy metabolism based on aerobic respiration.

Keywords : Fermentation control, *Saccharomyces cerevisiae*, pressure-tolerance and sensitivity, lag time, mitochondria

酵母細胞の高圧による死のメカニズム

大島秀斗 [1]、外山実千留 [2]、野村一樹 [3]、岩橋均* [1,2,3]

[1]岐阜大学大学院　応用生物科学研究科
[2]岐阜大学　応用生物科学部
[3]岐阜大学大学院　連合農学研究科
岐阜市柳戸 1-1
*E-mail: h1884@gifu-u.ac.jp

要旨

高圧力は微生物の生理活性や生体関連物質に物理学的な影響を与える因子のひとつである。酵母が高圧処理された場合、その損傷によって死ぬことがある。しかし、酵母がなぜ死ぬのかということは明らかになっていない。我々は、圧力耐性および高圧損傷からの修復に焦点をあて、酵母の高圧による死のメカニズムについて議論する。トレハロース欠損株、*HSP104* 欠損株を用いて圧力耐性評価をしたところ、トレハロースおよび Hsp104 の圧力耐性への貢献が示唆された。また、DNA マイクロアレイにより酵母の高圧損傷からの修復時における遺伝子発現を評価したところ、ユビキチン-プロテアソーム系、Hsp104 等のタンパク質代謝に関わる遺伝子が誘導された。メタボロミクスによる評価では、グリシン、バリン、イソロイシン、ロイシン、チロシン等の膜貫通型タンパク質の膜貫通ドメインを構成する主要なアミノ酸が有意に蓄積された。これらの結果は、酵母の死につながる大きな高圧損傷のターゲットが細胞膜構造であること、およびその損傷からの修復過程の重要性を示唆した。

キーワード：出芽酵母、高圧、*HSP104*、プロテアソーム

1. はじめに

我々は酵母や大腸菌等の微生物を用いて、ストレス応答について研究している。実験室の試験管の中の適切な環境下においてのみでしか生きることのできない彼らにとって、試験管から一歩外に出た自然環境は多くのストレスに満ちている。簡単に思いつくだけでも、飢餓、浸透圧、高温や低温等の温度変化、紫外線等の様々なストレスが存在する。彼らは、これらのストレス環境下で生き延びるために、それぞれのストレスに対して素早く応答して、自身が持つ遺伝子の発現プロファイルをダイナミックに変化させることで厳しい環境に適応するという生存戦略を持っている。また、それらのストレスにうまく適応できずに損傷を受けた場合においても、遺伝子発現プロファイルを変化させることでストレス損傷を修復することも可能である。

2. 目的

高圧は微生物に対する物理化学的ストレスの一種である。酵母が高圧条件に暴露された場合、その圧力の程度に応じて酵母細胞は様々な挙動を示す(Fig.1)。数十 MPa 程度の条件にお

いては、高圧損傷を受けずに適応することも可能である(Fig. 1-A, C)。数百 MPa 程度の条件下においても、高圧損傷が小さければ、あるいは高圧損傷からの修復に成功すれば、生命を失うことなく回復することができる(Fig. 1-B, D)。しかし、修復することができなかった細胞は死滅する(Fig. 1-B, E)。生命の維持と損失は、その損傷と修復に依存し、結果として生菌率で表現される[1]。もちろん、どのような損傷でも修復できるわけではない。回復することができ無い程度の損傷を受けた全ての細胞は生命の損失を免れることはできない。

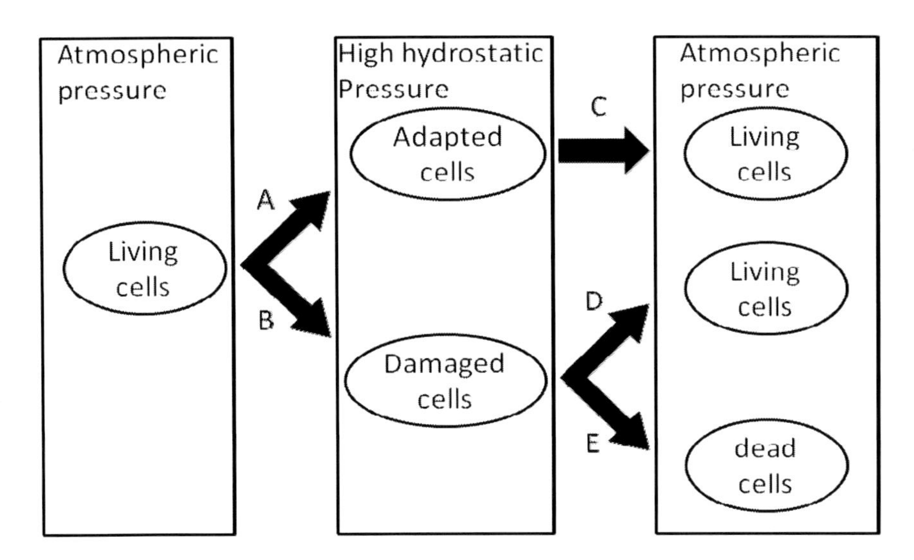

Fig.1. Behavior of yeast cells under high hydrostatic pressure.

上記したように、酵母が高圧条件下において、生命を維持できない場合があることは誰もが理解できる現象である。しかしながら、高圧がどのようにして酵母の生命を奪うのかということは明らかになっていない。90°C 程度の高温ストレスに曝された場合、タンパク質の熱変性や膜構造の破壊により酵母は生命の維持をすることができない。1 GPa 程度の高圧ストレスに暴露された場合も高温ストレスと同様に酵母は生命の維持をすることができない。しかし、常温・数百 MPa 程度の条件下において死んだ酵母細胞は、90°C や 1 GPa で死んだ酵母細胞とは形態がまったく異なり、免疫電子顕微鏡等を駆使しなければ生きている細胞との違いを見出すことは難しい[2]。また、生体反応・生体物質等の変化が確認できたとしても、どの因子が酵母を死に至らせるのかを明らかにしなければならないという問題がある。例えば酵母には約 6,000 種類の遺伝子が知られているが、そこにコードされているタンパク質や高分子化合物等は、約 80%が必須ではない[3]。必須ではない因子が変性したところで、酵母の死因と決定づけることはできない。本稿では、我々のこれまで行った研究を中心に、酵母 *Saccharomyces cerevisiae* をモデルとして酵母細胞の高圧による死のメカニズムについて議論したい。

3. 圧力の特徴

圧力は、微生物の機能や生体関連物質に物理化学的な影響を与える因子のひとつである(Table 1)。鞭毛等の細胞の運動性に関連するタンパク質、FtsZ リングやアクチン等の細胞分裂に関連するタンパク質は特に圧力の影響を受けやすく、数十 MPa 程度の圧力によりその機能が阻害され始める[4, 5, 6]。50 MPa 以上の圧力条件においては転写や翻訳、DNA 複製等の機能阻害が引き起こされる[7, 8]。タンパク質は 100 MPa 程度で多量体の変性が起こり始めるが、DNA や RNA は 1,000 MPa 程度まで安定である[9, 10, 11, 12]。

Table 1. Inhibitory pressure of cellular process and structure of yeasts.

Cellular process and structure	Inhibitory pressure
Cell motility	> several tens MPa
Cell division	> several tens MPa
Transcription,Translation	> 50 MPa
Protein structure	> 100 MPa
DNA structure	> 1,000 MPa

高圧効果は、印加した圧力の強さ、圧力処理時間、圧力処理中の温度および圧力媒体の物理化学的特性等に依存する[13, 14]。特に、圧力処理中の温度は、細胞の受ける高圧損傷に大きく影響する。4°C の低温条件下において、40 MPa 程度の圧力条件は、*S. cerevisiae* に対して致死的な高圧損傷を引き起こすが、25°C では、同圧力条件下において、増殖することが可能である[15]。また、150 MPa の高圧条件下において、25°C では *S. cerevisiae* の生菌数の減少がほとんど認められなかったが、0°C では 1 桁、-20°C では 8 桁以上の生菌数の減少が報告されている[16]。高圧および低温の条件はどちらも分子運動を低下させ、リン脂質等の膜タンパク質の相転移により細胞膜の流動性を低下させる [17]。これらの報告から、高圧・低温条件下では、酵母細胞の膜構造が破壊され、死に至ると考えられる。

4. 高圧による酵母細胞の死因の解明方法

酵母が高圧によってなぜ死ぬかを解明する手掛かりは、高圧による損傷とその修復に隠されている。酵母が高圧によって生命を失うまでの過程は大きく分けて、損傷過程(Fig. 1-B)と修復過程(Fig. 1-D, E)であると考えられる。故に酵母の高圧による死因を解明するためには、高圧処理によって酵母がどのような損傷を受けるか、その損傷をどのように修復して生き延びるのか、あるいは修復できずに死ぬのかを明らかにすることが極めて重要である。

圧力耐性は、高圧処理した後の細胞の生菌数を未処理の細胞の生菌数で除し、高圧処理による生存率(%)を算出して評価する。圧力耐性は高圧による損傷を評価する上で重要である。何らかの要因によって酵母の圧力耐性が向上した場合、その要因が高圧処理によって受ける致死的損傷から酵母細胞を保護したことを示している。このことから、圧力耐性が高圧による酵母の死因と直接関連していると考える事ができる。

また、高圧損傷からの修復過程の解明も重要である。修復過程は、酵母細胞を数百 MPa の致死的条件で処理した後、特定の培地・特定の条件下で静置することによって修復応答を誘導することで評価する。高圧損傷からの修復過程において、どのような機能をもつタンパク質が誘導されるかを観察することで、高圧による致死的損傷を推定することが可能である[18]。酵母の致死的損傷と損傷修復は同時に観察することはできない。前述したように、数百 MPa の致死的条件下ではタンパク質や核酸の生合成が起こらないために、高圧条件下で細胞の修復を観察することは難しいからである。

一般的には、生物学において決定的な結論を得るために、プラスとマイナスの結果が必要になる[1]。例えばある代謝経路を考えた場合、遺伝子 A がその代謝系に必須であれば、その遺伝子A欠損株は、その代謝産物のない生育条件では生育してこない。これを示して初めて、遺伝子Aが、その代謝系に必須である可能性を示せたことになる。おそらく、酵母の遺伝子欠損株の高圧耐性を評価しても、高圧処理のみで再生できなくなる遺伝子欠損株は存在しないと予測される。圧力耐性評価における生存率が低下するだけである。前述のように、酵母の必須遺伝子は約20%しかない。よって、損傷を受けたとしても酵母の生死に関わることのない因子が多くあると考えられる。これらは、酵母が高圧条件下で死滅する理由が、一つの遺伝子にコードされた機能の失活が原因ではないことを示している。

このように、酵母が高圧条件下で生命を失う理由は、複雑であり、多くの因子が関係している。また、その解明をするためにも、様々な制約がかかる。酵母がなぜ高圧条件下で生命を維持できないのかという疑問に答えるには、複雑に絡み合った生体内の反応を少しずつ紐解いていかなければならない。

5. 酵母の圧力耐性の評価

温度と圧力は物理化学的アナログ関係にあり、微生物に与える阻害効果は類似していると考えられている[19]。トレハロースは、D-グルコースが1, 1結合した非還元性二糖で、タンパク質やリン脂質膜と水素結合を形成し、高温や乾燥等の様々なストレス条件下でタンパク質や細胞膜構造を保護する[20, 21]。分子シャペロンであるHsp104は、熱変性したタンパク質の修復に関与する。従って、高温条件下においてタンパク質や細胞膜の保護、変性タンパク質の修復に寄与するトレハロースやHsp104は、酵母の圧力耐性においても同様に重要であると考えられる。我々のグループは、*S. cerevisiae*を親株としてHsp104欠損株(Δ104-LEU+)、トレハロース生合成欠損株(224A-12D)を用いて、圧力耐性への影響を評価した[22]。トレハロース生合成欠損株は、定常期において親株よりも低い圧力耐性を示した。一方、Hsp104欠損株は親株と比較して圧力耐性の低下はわずかであり、トレハロース生合成欠損株よりも圧力耐性への寄与が少なかった。これらの結果から、トレハロースのほうがHsp104よりも圧力耐性に貢献していることが示唆された(Table 2)。

Hsp104がタンパク質であり酵素であることを考えると、圧力処理時の温度条件が不適であったため、あまり機能しなかった可能性がある。我々のグループは圧力処理時に4°C、20°C、35°Cの温度条件を用いて、Hsp104の圧力耐性に温度がどのような影響を与えるか評価した[22]。本実験は、*S. cerevisiae*を親株として、Hsp104欠損株、トレハロース生合成欠損株およびこれらの株の交雑によって新たに分離した二重欠損株(CWG11, CWG12)を用いた。その結果、すべての菌株において、4°Cにおける圧力耐性と比較して、20°Cにおける圧力耐性のほうが高かった。その一方、35°Cにおける圧力耐性は、すべての菌株において20°Cにおける圧力耐性よりも低下した。35°Cにおける圧力耐性の低下に着目すると、Hsp104欠損株および二重欠損株の圧力耐性は、親株およびトレハロース生合成欠損株の圧力耐性と比較して、より大きく低下していた。これらの結果は、より低いあるいはより高い温度において圧力耐性が低下するというハウリープロットを支持した。本実験は、分子シャペロンであるHsp104が35°Cの温度条件では充分にその機能を発現できず、温度に依存して圧力耐性に寄与していることを示唆している。トレハロースは温度に依存しないため、35°C程度の温度条件では、より圧力耐性に貢献したことが考えられた。また、変性タンパク質の修復や細胞膜の保護にはエネルギーが必要であるため、トレハロースをグルコースへと分解するトレハラーゼも圧力耐性に重要である [23]。

Table 2. Time course of CFU under high hydrostatic pressure.

Strain	Cell Cycle	Incubation time at 180 MPa (%CFU)			
		0 min	20 min	40 min	80 min
Wild type (trehalose)	L	100	8	1.4	0.5
	S	100	100	30	15
224A-12D	L	100	8	0.5	0.2
	S	100	10	1	0.02
Wild type (Hsp104)	L	100	2	0.2	0.03
	S	100	40	30	15
Δ104-LEU+	L	100	0.9	0.15	0.06
	S	100	50	15	7
CWG11	L	100	0.3	0.015	0.003
	S	100	0.05	0.003	0.0015
CWG12	L	100	0.2	0.01	0.002
	S	100	0.13	0.004	0.002

L: Logarithmic phase cells, S: Stationary phase cells

6. 酵母の高圧損傷修復の評価　－DNA マイクロアレイ－

高圧損傷のような、多くの機能が複雑に関係している生物反応では、同時に、より多くの機能情報を入手しなければ、応答の全体像が観察できない。我々のグループは、DNA マイクロアレイ技術を用いて、酵母の損傷修復を評価した。遺伝子の発現を解析するため、高圧損傷の無い細胞と高圧損傷から回復して生き残ろうとしている細胞が共存している条件を選択した。我々のグループは、生存率 60%の条件とするため、180 MPa、4°C の高圧条件へ瞬間的 (0 min) に曝された細胞、および 40 MPa、4°C、16 h の高圧条件で処理した細胞を選択した[15]。酵母を高圧処理した場合、ある一定の温度条件下においては、その高圧環境へ適応する場合があるため、本実験において酵母の細胞内代謝機能が停止する 4°C の温度条件を用いた。この条件では、酵母の高分子化合物の生合成も停止するため、遺伝子を発現できないことに留意すべきである。

高圧処理後、我々のグループは 0.1 MPa、25°C、1 h の条件下で酵母細胞を回復培養させた。これにより酵母細胞に高圧損傷からの回復を開始させることを促し、修復応答を評価した。このときに誘導される遺伝子は、酵母細胞の高圧損傷からの修復応答に関与する重要な遺伝子であることが考えられる。180 MPa、4°C、0 min の条件において高圧処理し、回復培養した後の遺伝子発現量が 2 倍以上に誘導された 286 遺伝子、および 40 MPa、4°C、16 h の条件において同様に発現量が 2 倍以上に誘導された 218 遺伝子を見出した[15]。これらの遺伝子を MIPS の機能別カテゴリーに従って分類したところ、エネルギー代謝、細胞防御、タンパク質代謝などに関連する遺伝子群の発現が誘導された。また、両処理条件において誘導された遺伝子によってコードされているタンパク質の局在部位を解析した結果、小胞体、ミトコンドリア、核、および細胞質に局在するタンパク質をコードしている多くの遺伝子の発現が処理前と比較してより高く誘導されたことが明らかとなった[15]。これは高圧が小胞体、ミトコンドリアおよび核に損傷を与えて、関連する遺伝子の誘導や細胞の修復を引き起こしていることを示唆している。また、高圧処理により誘導された遺伝子の半数は、*HSP104* を含むタンパク質代謝に関連するものであった。これらの結果から、高圧処理によって細胞膜構造を含む細胞小器官に傷害が生じ、その修復にエネルギーが必要となり、おそらく膜構造から脱落し、変性したタンパク質の分解が必要になっていることが示唆された[15]。

また、高圧処理により誘導された遺伝子の中でも酵母の生死に関わると考えられる必須遺伝子を抽出した(Fig. 2)。選択された 13 遺伝子のうち 9 遺伝子がプロテアソーム関連遺伝子であった[24]。プロテアソームは、ユビキチン-プロテアソーム系と呼ばれるタンパク質分解を担うシステムである。これらの結果は、タンパク質代謝が高圧損傷から回復するために必須であることを示唆している。

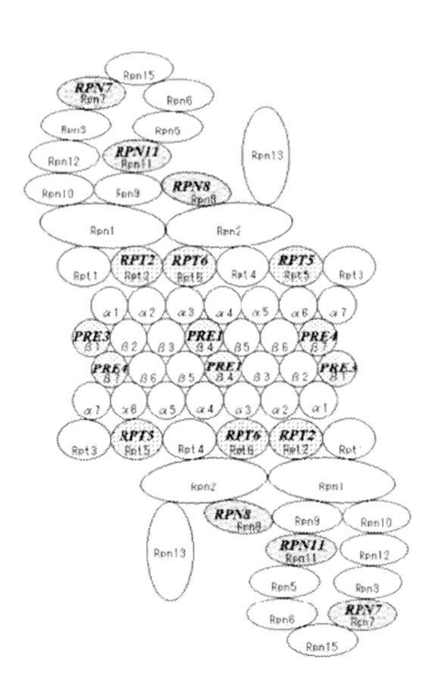

Fig. 2. Upregulated essential genes of yeasts by high hydrostatic pressure. Upregulated genes has been colored.

7. 酵母の高圧損傷修復の評価　－メタボロミクス－

メタボロミクスは、タンパク質等と比較して低分子化合物であるアミノ酸や脂肪酸等の細胞内代謝物質を網羅的に解析する技術である。細胞の複雑な働きを理解するためには、これらの代謝情報を網羅的に解析することが有益である。酵母の高圧損傷およびその修復メカニズムを解明する上においても、DNA マイクロアレイによる遺伝子の発現情報だけでなく代謝情報も組み合わせることでより深く考察することができる。我々のグループは、DNA マイクロアレイの場合と同様の 40 MPa、4°C、16 h の条件で高圧処理を行い、回復培養後の酵母細胞から代謝物質を回収した。キャピラリー電気泳動-質量分析(CE-MS)装置によって酵母の陽イオン性代謝物質を対象にメタボロームの網羅的解析を実施した[24]。検出された化合物のうちアミノ酸は、未処理の酵母細胞と比較して、グリシン、バリン、ホモセリン、O-アセチルホモセリン、イソロイシン、ロイシン、アスパラギン、アスパラギン酸、チロシンが有意に蓄積された(Table3)。これらの化合物の中でも、グリシン、バリン、イソロイシン、ロイシン、チロシン等は、膜貫通タンパク質の膜貫通ドメインにおいて主要なアミノ酸であることが知られている[25]。これらの結果から、酵母細胞の高圧損傷のターゲットの 1 つとして細胞膜構造が考えられ、また高圧損傷からの回復には変性タンパク質の分解が重要であることが示唆された。

Table 3. Increased amino acids in yeasts after high hydrostatic pressure treatment.

Metabolite
Glycine
Valine
Homoserine
Isoleucine
Leucine
Asparagine
Aspartic acid
O-Acetyl-homoserine
Tyrosine

8. おわりに

本稿において紹介した論文は、高圧処理による損傷を受けた酵母細胞において、変性タンパク質の分解や修復が高圧損傷からの回復に必須であることを示している。これまでにタンパク質の変性および微生物の死滅速度定数をプロットした曲線が同様の形を描くということが報告されている[26]。この報告は、微生物の死に関して1つ、あるいはそれ以上のタンパク質やタンパク質様の生体高分子の変性が関与している可能性を示しており、我々の結果と矛盾しない。また、本稿において細胞膜を構成するタンパク質をターゲットとした変性タンパク質の分解・修復が高圧損傷からの回復に重要であることを示した。高圧がリン脂質二重膜構造の変化を通じて、トリプトファン透過酵素の活性に影響を与える可能性があることが報告されている[27, 28]。mRNA 発現プロファイルおよび増殖阻害を引き起こした圧力条件下でのトリプトファン透過酵素の挙動は、圧力が膜構造に影響を与えることを示唆している[27, 28]。また、我々は大腸菌における高圧損傷からの修復に関して新たな仮説を提唱している。圧力損傷により死滅した大腸菌の細胞をエネルギー源として利用することにより、圧力損傷細胞がその損傷を修復し、生菌数の回復させせることを明らかとした[29]。この報告は、生物によって高圧損傷からの修復メカニズムは多様で複雑であることを示唆している。

本稿では、酵母の死につながる大きな高圧損傷は細胞膜構造をターゲットとする損傷であること、およびその高圧損傷からの修復過程の重要性を示した。しかし、これらの結果は酵母細胞においての高圧による死のメカニズムが常に細胞膜構造の損傷に起因することを約束するものではない。高圧によって膜構造がどのような損傷を受けているのか。また、高圧により変性タンパク質の修復・分解系がダメージを受けたために、その修復過程でプロテアソーム関連遺伝子が強く誘導されるのか、それとも、変性タンパク質の修復・分解を促進する必要があり誘導されるのかという疑問は残ったままである。繰り返すが、酵母細胞が高圧により死するメカニズムは非常に複雑である。我々が解明できたことは、酵母の死のメカニズムの一端にすぎない。今後、多くの知見を蓄え、高圧力による酵母の死のメカニズムの解明が進むことを期待する。

謝辞

本論文を投稿するにあたり、英文校閲をして頂いた岐阜大学大学院連合農学研究科 牛 力源 修士に感謝の意を表します。

参考文献

[1] Nomura, K., Iwahashi, H. (2013) Death of Yeast Cell under the High-Pressure, Condition. The Review of high pressure science and technology 23: 53-58.
[2] Kobori, H., Sato, M., Tameike, A., Hamada, K., Shimada, S., Osumi, M. (1995) Ultrastructural e¡ects of pressure stressto the nucleus in *Saccharomyces cerevisiae*: a study by immunoelectronmicroscopy using frozen thin sections. FEMS Microbiol.Lett. 132: 253-258.
[3] Goffeau, A., Barrell, B. G., Bussey, H., Davis, R. W., Dujon, B., Feldmann, H., Galibert, F., Hoheisel, J. D., Jacq, C., Johnston, M., Louis, E. J., Mewes, H. W., Murakami, Y., Philippsen, P., Tettelin, H., Oliver, S. G. (1996) Life with 6000 genes. Science 274: 546.
[4] Kawarai, T., Arai, S., Furukawa, S., Ogihara, H., Yamasaki, M. (2006) High-hydrostatic-pressure treatment impairs actin cables and budding in *Saccharomyces cerevisiae*. J. Biosci. Bioeng. 101: 515-518.
[5] Nishiyama, M., Sowa, Y., Kimura, Y., Homma, M., Ishijima, A., Terazima, M. (2013) High hydrostatic pressure induces counterclockwise to clockwise reversals of the *Escherichia coli* flagellar motor. J. Bacteriol. 195:1809-1814.
[6] Nishiyama, M., Shimoda, Y., Hasumi, M., Kimura, Y., Terazima, M., (2010) Microtubule depolymerization at high pressure. Annals of the New York Academy of Sciences 1189: 86-90.
[7] Somero, G. N. (1992) Adaptations to High Hydrostatic Pressure. Annu. Rev. Physiol. 54: 557.
[8] Yayanos, A. A. and Pollard, E. C. (1969) A study of the effects of hydrostatic pressure on macromolecular synthesis in *Escherichia coli*. Biophys. J. 9: 1464.
[9] Gekko, K. (2002) Compressibility gives new insight into protein dynamics and enzyme function. Biochim. Biophys. Acta. 1595: 382.
[10] Balny, C., Masson, P., Heremans, K. (2002) High pressure effects on biological macromolecules: from structural changes to alteration of cellular processes. Biochim.Biophys. Acta. 1595: 3.
[11] Li, H., Akasaka, K., (2006) Conformational fluctuations of proteins revealed by variable pressure NMR. Biochim. Biophys. Acta. 1764: 331.
[12] Macgregor Jr, R. B. (1998) Effect of hydrostatic pressure on nucleic acids. Biopolymers 48: 253.
[13] Wuytack, E. Y., Michiels C. W. (2001) A study on the effects of high pressure and heat on Bacillus subtilis spores at low pH. J. Food Microbiol. 64: 333.
[14] Hayert, M. *et al*., (1998) High Pressure Biology and Medicine, Vth International Meeting on High Pressure Biology: NY, p. 44.
[15] Iwahashi, H., Shimizu, H., Odani, M. and Komatsu, Y., (2003) Piezophysiology of genome wide gene expression levels in the yeast *Saccharomyces cerevisiae*. Extremophiles 7: 291–298.
[16] Perrier-Cornet, J. M., Tapin, S., Gaeta, S., Gervais, P., (2005) High-pressure inactivation of *Saccharomyces cerevisiae* and *Lactobacillus plantarum* at subzero temperatures. J. Biotechnol. 115: 405.
[17] Chong, P. L., Fortes, P. A., Jameson, D. M. (1985) Mechanisms of inhibition of (Na, K)-ATPase by hydrostatic pressure studied with fluorescent probes. J. Biol. Chem. 260: 14484-90.
[18] Iwahashi, H., Ishidou, E., Odani, M., Homma, T., Oka, S., (2003) Low pressure shock response of yeast. Advances in High Pressure Bioscience and Biotechnology II 275-278,
[19] Bett, K. E., Cappi, J. B. (1965) Effect of Pressure on the Viscosity of Water. Nature 207: 620-621.
[20] Hottiger, T., Virgilio, C. D., Hall, M., Boller, T., Wiemken, A. (1994) The role of trehalose synthesis for the acquisition of thermotolerance in yeast. II. Physiological concentrations of trehalose increase the thermal stability of proteins in vitro. Biochem. 210: 4766-4744.
[21] Parsel, D. A., Kowal, A. S., Singer, M. A., Lindquist, S. (1994) Protein disaggregation mediated by heat-shock protein Hspl04. Nature 372: 475-478.
[22] Iwahashi, H., Obuchi, K., Fujii, S., Komatsu, Y. (1997) Effect of temperature on the role of Hsp104 and trehalose in barotolerance of *Saccharomyces cerevisiae*. FEBS Lett. 416: 1-5.
[23] Iwahashi, H., Nwaka, S., Obuchi, K. (2000) Evidence for Contribution of Neutral Trehalase in Barotolerance of *Saccharomyces cerevisiae*. Appl. Environ. Microbiol. 66: 5182.
[24] Tanaka, Y., Higashi, T., Rakwal, R., Shibato, J., Wakida, S., Iwahashi, H. (2010) The role of

proteasome in yeast *Saccharomyces cerevisiae* response to sub-lethal high pressure treatment. High Pressure Res. 30: 519-523.

[25] Viklund, H., Granseth, E., Elofsson, A. (2006) Structural classification and prediction of reentrant regions in α-helical transmembrane proteins: Application to complete genomes. J. Mol. Biol. 361: 591-603.

[26] Hashizume, C., Kimura, K., Hayashi, R. (1995) Kinetic Analysis of Yeast Inactivation by High Pressure Treatment at Low Temperatures. Biosci. Biotech. Biochem. 59: 1455-1458.

[27] Abe, F., Horikoshi, K. (2000) Tryptophan permease gene TAT2 confers high-pressure growth in *Saccharomyces cerevisiae*. Mol. Cell. Biol. 20: 8093-8102.

[28] Abe, F. (2004) Piezophysiology of yeast: occurrence and significance. Cell Mol Biol. 50: 437-445.

[29] Ohshima, K. Nomura, H. Iwahashi, (2013) Clarification of the recovery mechanism of *Escherichia coli* after hydrostatic pressure treatment. High Pressure Res. 33: 308-314.

Inactivation Mechanism of Yeast Cells by High Hydrostatic Pressure

Shuto Ohshima[1], Michiru Toyama[2], Kazuki Nomura[3], Hitoshi Iwahashi*[1,2,3]

[1] *The Graduate School of Applied Biological Sciences, Gifu University*
[2] *Faculty of Applied Biological Sciences, Gifu University*
[3] *The United Graduate School of Agricultural Science, Gifu University, 1-1, Yanagido, Gifu City, Gifu, 501-1193, Japan*
**E-mail: h1884@gifu-u.ac.jp*

Abstract

High hydrostatic pressure is one of the factors that have physical effects on biological activities and cell components of microorganisms. Yeast can be inactivated by high hydrostatic pressure. However, it is not clear how yeast are inactivated by high hydrostatic pressure. We have tried to clarify the inactivation mechanism of yeast by high hydrostatic pressure and focused on barotolerance and recovery of pressure damages. We evaluated the barotolerance using trehalose-deficient yeast strain and *HSP104*-deficient yeast strain. It is suggested that Hsp104 and trehalose affect barotolerance of yeast. We also evaluated gene-expression during recovery of pressure damage by DNA microarray. The results showed that genes involved in protein metabolism such as ubiquitin-proteasome system and Hsp104 were induced. Metabolomic analysis demonstrated that some dominant amino acids in the membrane-spanning domain of transmembrane proteins, including glycine, valine, isoleucine, leucine, and tyrosine, were accumulated. These results suggested that membrane proteins could be important targets of high hydrostatic pressure damage what's more, decomposition and restoration of denatured protein could contribute to the recovery from high pressure damages of yeast.

Keywords : *Saccharomyces cerevisiae*, High hydrostatic pressure, HSP104, Proteasome

酵母細胞に与える微高圧炭酸ガス圧の影響

楠部真崇[*1]、伊勢　昇[2]、濱田　星[3]、堀江知津[1]、Dina Pranaswari[1]

[1]国立高専機構和歌山高専物質工学科
和歌山県御坊市名田町野島 77
[2]国立高専機構和歌山高専環境都市工学科
和歌山県御坊市名田町野島 77
[3]国立高専機構和歌山高専専攻科エコシステム工学
和歌山県御坊市名田町野島 77
[*]E-mail: kusube@wakayama-nct.ac.jp

要旨

高圧ガス保安法に抵触しない 10 気圧未満の圧力での微生物の不活化処理は、食品流通中の加圧処理が可能になることを意味し、製造→流通→販売のサイクルをより活性化することに期待できる。本研究では人体に無害で安価な炭酸ガスを用いた微高圧炭酸ガス処理について調査し、酵母細胞に対する不活化メカニズムを解き明かす上で、「温度と水素イオン」が重要な要素であることを重回帰分析より結論づけた。また、炭酸ガス加圧処理は酵母遺伝子に毒性を示す事無く、細胞を不活化させることが明確になった。

キーワード：微高圧炭酸ガス、酵母細胞、食品加工、遺伝毒性

1. はじめに

一般的に、食品の殺菌は主に加熱、食品添加物、ガンマ線処理および静水圧で行なわれているが、加熱殺菌は食品酸化、食品添加物は味、見た目、健康へのイメージの悪化が懸念されている。また、日本は唯一の被爆国であるため、放射線に対する関心が強く、ガンマ線の使用が困難な状況である。これらに代替する技術として開発された静水圧プロセス[1-7]を利用した商品が既に市場流通しているが、装置の設備コストがネックとなって普及が困難である。さらに、近年酸素ガス圧[8]や 10 気圧を超える炭酸ガス圧殺菌[9,10]などの応用研究が行われてきたが、食品の酸化や高圧ガス保安法への抵触問題から産業界への展開が困難であった。この他にもガス圧を用いた殺菌研究が実施されており、炭酸ガス、窒素、アルゴンガス等様々なガス媒体が用いられているが[7]、その効果は酸素および炭酸ガスでは数気圧程度で酵母の生育阻害が開始するのに対して、窒素やアルゴンガスでは数百気圧以上の圧力を必要とすることが確認されている。これは、前者が可溶性ガスであり、供された圧力よりも溶解したガス分子による酸化ストレスやイオンの効果が高いと考えられる。一方、後者は不活性ガスであり、静水圧と類似の効果を示していることから、圧力の物理的作用が殺菌作用を示しているとされている。特に炭酸ガスを用いる本技術は、すでに梅干し[10]、生酒等で使用されており、熱や薬品を使用しない全く新しい殺菌方法（滅菌ではない）である。本研究では、高圧ガス保安法に抵触しない 10 気圧未満のガス圧を使用する微高圧炭酸ガス加圧技術による酵母細胞への効果を調査した。

2. 材料と方法

2.1. 微高圧炭酸ガス殺菌試験

Saccharomyces cerevisiae S288C 株 (ATCC26108)をモデル微生物として用いた。*S.cerevisiae* は YPD 培地（酵母エキス 1.0%、トリプトン 2.0%、グルコース 2.0%）で培養後、3 種類の希釈溶液 YPD、1xTris Based Saline (TBS)緩衝液（pH7.0: 50 mM Tris-Cl、140 mM NaCl、2.7 mM KCl）および 0.85%生理食塩水で 10^4 または 10^5 倍に希釈し、滅菌試験管に各 4 mL 無菌的に分注した。30°C の下、炭酸ガスを用いて目的圧力まで加圧し、YPD 寒天培地上に生じたコロニーをカウントすることで不活化評価した。Fig.1 は今回用いた炭酸ガス圧処理容器の全様である。炭酸ガスを容器上部の耐圧蓋から注入し、加圧できる仕組みにした。処理する製品の使用用途に従って、炭酸ガスの注入場所を底面などに変更することは可能である。今回の試験は本容器に酵母を接種した試験管を封入し、炭酸ガス圧処理に供した。今回使用した試験管の蓋はアルミ製で、試験管と蓋には隙間があり、加圧炭酸ガスは容易に試験管内部に進入することができる。

式①を用い、不活化評価結果の中心差分から不活化速度定数を求めた。k_d は不活化速度定数、θは処理時間、N は処理後のコロニー数そして N_0 は処理前のコロニー数を示す。

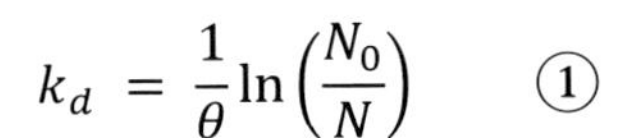

$$k_d = \frac{1}{\theta}\ln\left(\frac{N_0}{N}\right) \quad ①$$

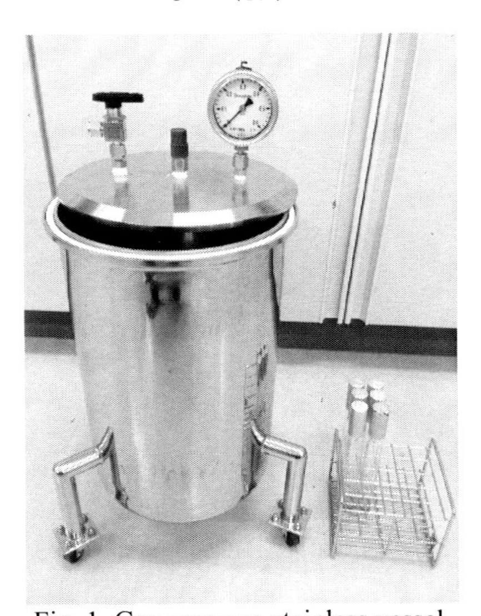

Fig. 1. Gas-pressure stainless vessel.

2.2. 遺伝毒性試験（*umu* 試験）[11]

Salmonella typhimurium (TA1535/pSK1002)を 5.0 mL の TGA 培地（トリプトン 1.0%、塩化ナトリウム 0.5%、グルコース 0.2%、アンピシリン 20 μg/mL）中 37°C で 1 日振とう培養した。その後、新しい 5.0 mL TGA 培地で前培養した *S. typhimurium* を 100 μL 加え、A_{600} 値が 0.25 から 0.30 になるように約 3.5 時間 37°C で振とう培養した。任意圧力で微高圧炭酸ガス処理し、

1時間室温静置した後、培養液菌体濃度（A_{600}）を測定した。菌液 0.1 mL をファルコンチューブに入れ、Z-緩衝液（0.06 M リン酸二ナトリウム 12 水塩、0.04 M リン酸一ナトリウム 1 水塩、0.01 M 塩化カリウム、0.001 M 硫酸マグネシウム 7 水塩、0.05 M 2-β-メルカプトエタノール） 0.9 mL 、0.1% SDS 25 μL、クロロホルム 25 μL を添加した。10 秒程度撹拌し、室温で 10 分静置した後、0.1 M ナトリウムリン酸緩衝液（pH7.0）に溶解した 4 mg/mL 2-ニトロフェニル-β-D-ガラクトピラノシド（ONPG）液 0.2 mL を加え、30 分室温で酵素反応させた。1 M Na_2CO_3溶液を 1 mL 加え、反応を停止した後、A_{420}及び A_{550}を測定した[3]。β-ガラクトシダーゼ活性は以下の式②で求めた。*t* は反応時間、*v* は反応液中の菌体量の比率を示す。なお、4-Nitroquinoline *N*-Oxide DMSO 溶液 10 μL と菌液 1.0 mL を混合し、37°C で 2 時間振とう培養したものをポジティブコントロールとした。

$$\beta - \text{ガラクトシダーゼ活性}\,(unit) = 1000 \times \frac{A_{420} - 1.75 \times A_{550}}{t \times v \times A_{660}} \qquad ②$$

3. 結果と考察

Fig. 2 に 30°C における *S. cerevisiae* への微高圧炭酸ガス処理の結果を示す。このプロットから栄養豊富な YPD 培地条件での処理は不活化に適さないことがわかる。また、TBS 緩衝液中よりも生理食塩水中での不活化効果が高いことから、炭酸イオン解離に伴うプロトンの発生が不活化に影響を与えて F いることが示唆される。また、炭酸ガス圧が高いほど、不活化の効果が得られる事が示された。Fig. 3 は 40°C における炭酸ガス処理の結果を示す。30°C での処理と同様に栄養豊富な YPD 培地条件での処理は不活化に適さず、不活化に最も時間を要する事がわかる。一方、TBS 緩衝液および生理食塩水では 24 時間で完全に不活化する場合があったが、温度による影響が大きく、炭酸ガスの影響を詳細に解析するにはさらに時間を細かく区切って実験する必要がある。

Table 1 にそれぞれの処理における各圧力の k_d 値を示す。生理食塩水中での処理が最も効果的であることがわかるが、これは栄養源が皆無であることに加えて、処理媒体中のプロトンもしくは炭酸イオン濃度が大きく影響している事がわかる。二酸化炭素は水中で炭酸となり（$CO_2+H_2O \rightleftarrows H_2CO_3$）、次いでプロトンと炭酸イオンを解離する（$H_2CO_3 \rightleftarrows H^+ + HCO_3^-$）。これらの解離はいずれも負の体積変化であり、これは加圧によって解離が進行することを意味している。従って、本技術を使用する場合は pH コントロールをせずに、より効率的に炭酸ガスがイオン化できるよう工夫することが重要であると考えられる。一方で、栄養源が豊富に存在する系では、菌体の修復機構が効率よく働くことで、炭酸ガス圧処理による致命傷から回復しているものと考えられる。

Table 1. Inactivation ratio of *S. cerevisiae* by CO_2 gas pressures.

Solutions	30 °C			40 °C		
	CO_2 Pressure / MPa			CO_2 Pressure / MPa		
	0.2	0.4	1	0.2	0.4	1
YPD	ND	-0.036	0.015	0.636	0.596	0.767
TBS	0.020	0.031	0.568	1.292	0.513	0.767
NaCl	0.586	0.608	0.636	1.144	0.640	0.767

これらの結果から k_d に対する各処理条件、すなわち温度、圧力、YPD、TBS そして NaCl の影響を調べるために統計的検定を行った[12-14]ところ、温度だけが 1%有意で k_d への影響が認められる結果となった(Table 2)。また、それ以外の処理条件については有意性が認められ

なかったものの、YPD と NaCl については P 値が約 12%であり、10%有意に近い値を示していることが分かった。

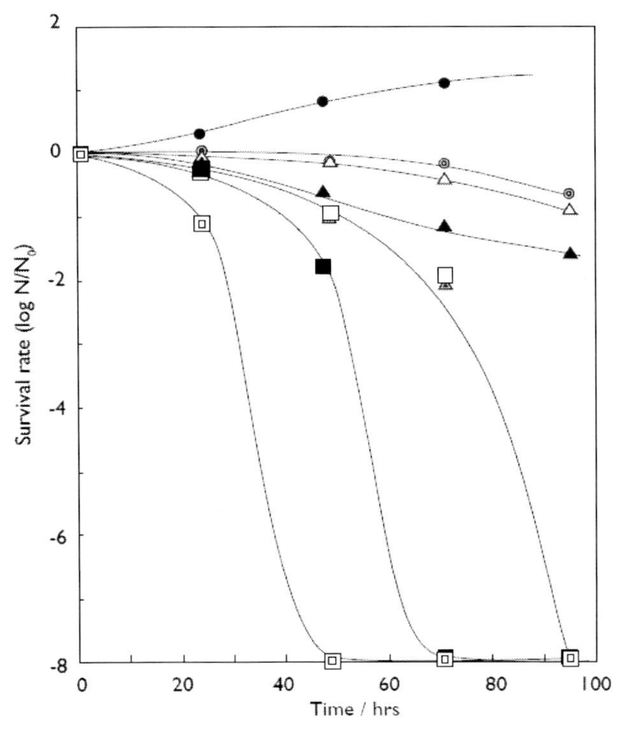

Fig. 2. Inactivation curves of *S. cerevisiae* S288C under several petit-high pressure carbon dioxide gas at 30°C: (closed circle) YPD 0.4 MPa, (double circle) YPD 1 MPa, (open triangle) TBS 0.2 MPa, (closed triangle) TBS 0.4 MPa, (double triangle) TBS 1 MPa, (open square) NaCl 0.2 MPa, (closed square) NaCl 0.4 MPa and (double square) NaCl 1 MPa.

Table 2. Statistical analysis of k_d and experimental factors

Factors	Test statistic	P-value	Methods
Temperature	R=0.692	0.001***	Correlation Analysis
Pressure	R=0.045	0.860	Correlation Analysis
YPD	F=2.648	0.123	One-way ANOVA
TBS	F=0.000	0.991	One-way ANOVA
NaCl	F=2.600	0.126	One-way ANOVA

***: Significant at the 0.01 level.

次に、k_dに対する各処理条件の影響程度を明らかにするため、1%有意であった温度及び比較的 P 値の小さかった YPD および NaCl を説明変数、k_dを目的変数に設定し、重回帰分析を行った。

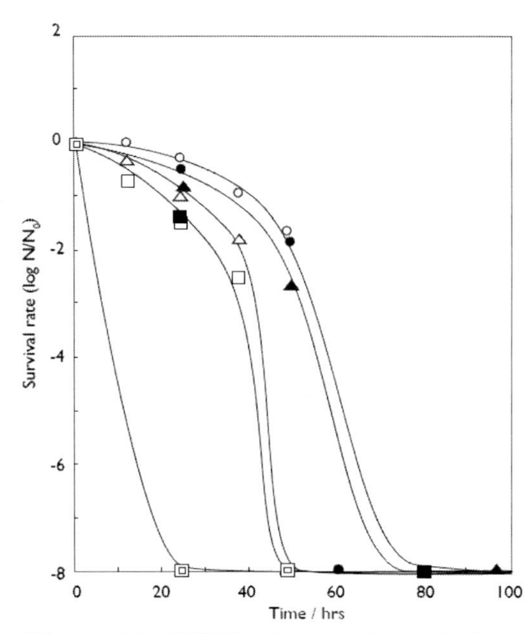

Fig. 3. Inactivation curves of *S. cerevisiae* S288C under several petit-high pressure carbon dioxide gas at 40°C: (open circle) YPD 0.2 MPa, (closed circle) YPD 0.4 MPa, (double circle) YPD 1 MPa, (open triangle) TBS 0.2 MPa, (closed triangle) TBS 0.4 MPa, (double triangle) TBS 1 MPa, (open square) NaCl 0.2 MPa, (closed square) NaCl 0.4 MPa and (double square) NaCl 1 MPa.

その結果、各処理条件の標準偏回帰係数(k_dに対する影響度)の絶対値はFig. 4の通りとなり、k_dに対して温度が支配的に作用している事が示された。以上の統計解析結果から、酵母細胞の不活化は温度が最も影響を及ぼすことがわかった。一方で、圧力およびTBSは有効な手法でない結論に至った。一般的に圧力は細胞や細胞内小器官に体積変化を引き起こす物理的因子であるが、本研究は極めて低い圧力を用いたため、加圧による体積変化に起因しない。一方、TBSは炭酸ガス溶解に伴って増加する水素イオンを緩衝する、また緩衝作用を有さないYPDやNaClは有意性がわずかに認められなかったものの、ほぼ同程度の影響度を示したことから、不活化には水素イオンによる影響を無視できないと言える。

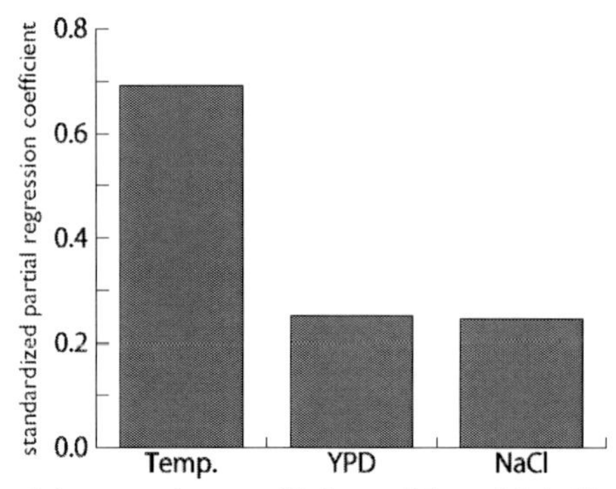

Fig. 4. Standardized partial regression coefficient with multiple linear regression analysis.

Fig. 5 にガラクトシダーゼ活性を示す。ポジティブコントロール試験では遺伝毒性を示す 4-Nitroquinoline *N*-Oxide の濃度が高くなるに従い、ガラクトシダーゼ活性値も上昇した。これは、4-Nitroquinoline *N*-Oxide が大腸菌内で遺伝毒性を示し、SOS 反応を誘導した結果プラスミド下流に位置するβ-ガラクトシダーゼを発現したことを意味する。一方で、炭酸ガス加圧後のβ-ガラクトシダーゼ活性値は 100 units 以下とポジティブコントロールの 4-Nitroquinoline *N*-Oxide 処理結果と比較して著しく低く、また圧力依存性が確認できなかったことから、炭酸ガスによる不活化は遺伝毒性が起点ではないことが裏付けられた。

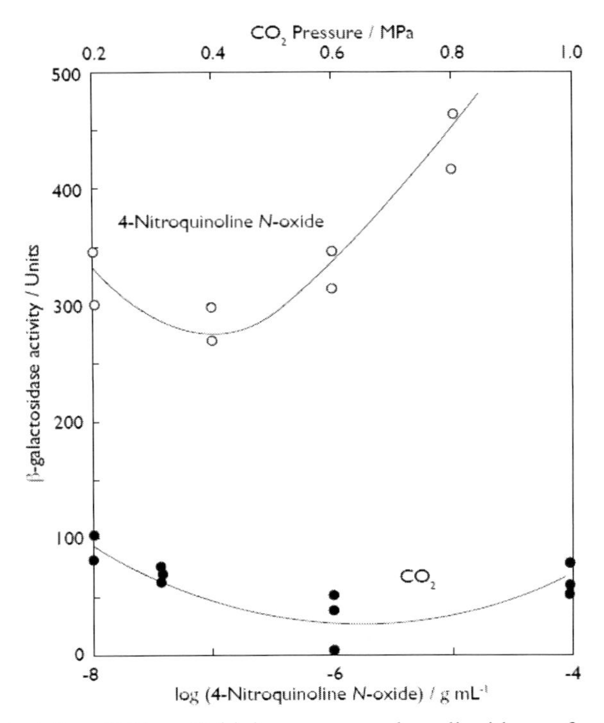

Fig. 5. Genotoxicity of CO_2 petit-high pressure carbon dioxide gas for *S. cerevisiae*.

4. まとめ

微高圧炭酸ガス殺菌メカニズムを考える上で、炭酸の解離による水素イオンと炭酸イオンの発生が菌体細胞に与える影響が大きいと考えられる。今後はこのメカニズムを解明するために、さらに詳細な実験および炭酸ガス加圧中における溶液内イオン挙動を調査する必要がある。

参考文献

[1] Casadei, M. A., Manas, P., Niven, G., Needs, E. and Mackey B. M. (2002) Role of membrane fluidity in pressure resistance of *Escherichia coli* NCTC 8164. *Appl. Environ. Microbiol*. 68: 5965-5972.

[2] Zook, C. D., Parich, M. E., Braddock, R. J. and Balaban, M. O. (1999) High pressure inactivation kinetics of *Saccharomyces cerevisiae* ascospores in orange and apple juices. *J. Food Sci.* 64: 533-535.
[3] Hayashi, R. and Balny, C. (Ed.), (1988) High pressure bioscience and biotechnology, Elsevier, Amsterdam.
[4] Ludwig, H. (Ed.), (1988) Advances in high pressure bioscience and biotechnology, Springer, Heidelberg.
[5] 土戸哲明, 高麗寛紀, 松岡英明, 小泉淳一 (2002) 微生物の生活, 「微生物制御-科学と工学」, （講談社, 東京）, pp.18-30.
[6] 芝崎勲 (1998) 薬剤殺菌, 「改訂新版・新・食品殺菌工学」, （光琳, 東京）, pp.5-228.
[7] Koseki, S. and Yamamoto, K. (2007). A novel approach to predicting microbial inactivation kinetics during high pressure processing. *Int. J. Food Microbiol.* 116: 275-282.
[8] Arao, T., Hara, Y., Suzuki, Y. and Tamura, K. (2005) Effect of high-pressure gas on yeast growth. *Biosci Biotechnol Biochem* 69: 1365-1371.
[9] 原田暢善, 岩橋均, 大淵薫他. (2012) 食品の二酸化炭素ガス微高圧長期処理による殺菌方法. 特許番号 5004186.
[10] Kusube, M., Iwahashi, H., Obchi, K., Ikemoto, S., Ebi, S. and Tokami, K. (2012) The development of the plum-pickles processing technique at moderate high-pressure CO_2 gas treatment. *Mater. Integr.* 25: 12-15.
[11] 林真, 「毒性試験講座１２変異原性、遺伝毒性」, 石館基編, （地人書館, 東京）.
[12] Tsuda, N., Ise, N., Nomura, Y. and Kato, N. (2014) Estimation model of body acceleration of crutch users based on body parts movement. *Proc. of 2014 IEEE International Conference on Systems, Man, and Cybernetics* (SMC2014).
[13] 「統計学入門」, （東京大学出版会, 1991）.
[14] 市原清志, 「バイオサイエンスの統計学」, （南江堂, 東京, 1990）

The Effect of the Petit-High Pressure Carbon Dioxide Gas to the Yeast *Saccharomyces cerevisiae* S288C.

Masataka Kusube*[1], Noboru Ise[2], Sho Hamada[3], Chizu Horie[1] and Dina Pranaswari[1]

[1]*Department of Material Science, National Institute of Technology, Wakayama College, 77 Noshima, Nada, Gobo, Wakayama 644-0023, Japan*
[2]*Department of Civil Engineering, National Institute of Technology, Wakayama College, 77 Noshima, Nada, Gobo, Wakayama 644-0023, Japan*
[3]*Advanced of Engineering Faculty, National Institute of Technology, Wakayama College, 77 Noshima, Nada, Gobo, Wakayama 644-0023, Japan*
**E-mail: kusube@wakayama-nct.ac.jp*

Abstract

The use of petit-high pressure carbon dioxide gas for pasteurization was studied in this report. Carbon dioxide dissolves in water to form carbonic acid (H_2CO_3) which then dissociates into a hydrogen ion and a carbonate ion (HCO_3^-). These dissociates are promoted by pressurizing, and, because the reaction volume change shows a negative value, this technique is very effective under high pressure. *Saccharomyces cerevisiae* S288C culturing cells were diluted to 10^{-4}-10^{-5} by YPB fresh media, Tris Based Saline (TBS) buffer, and 0.85% distilled saline (NaCl), and then CO_2 pressurized to 1.0 MPa at 30 or 40 °C for various periods of time (Fig. 1-3). The inactivation rate (k_d) was decided from colony forming unit (CFU) and the following equation (1). θ is treatment time (hours), N_0 is blank CFU and N is treatment CFU. The k_d value of NaCl diluted yeast cells is remarkably increased compared with other diluted solutions (Table 1).

$$k_d = 1/\theta \ \ln(N_0/N) \qquad (1)$$

We calculated temperature and proton are effectiveness factors for yeast inactivation by statistical analysis and multiple linear regression analysis (Table 2 and Fig. 4). Actually, the inactivation rate (k_d) was not changed at all CO_2 pressure conditions with the pH controlled Tris-Cl buffer. Furthermore, genotoxicity (Fig. 5) was not caused by CO_2 pressurization using *umu* test as SOS response *Salmonella typhimurium* (TA1535/pSK1002).

Acknowledgment
This work was supported by JSPS KAKENHI Grant-in-Aid for Young Scientists (B) Number 25871040.

Keywords : petit-high pressure carbon dioxide gas, yeast cells, food processing, genotoxicity

生物関連高圧研究の歴史

野村一樹[*]、岩橋均

岐阜大学大学院連合農学研究科
岐阜市柳戸 1-1
*E-mail: k.nomura6103@gmail.com

要旨

生物関連高圧研究会は、生物関連分野における高圧利用への産・官・学の高い期待を受けて京都大学の林 力丸 助教授 (当時) らにより設立され、1988 年に第 1 回生物関連高圧研究会シンポジウムを京都大学で開催された。本項は、Pascal による大気圧の発見から林 先生による食品加工への高圧利用の提唱に至るまでの高圧研究の歴史を生物関連分野に着目して概説する。

キーワード：生物関連高圧研究会

1. はじめに

生物関連高圧研究会は、生物関連分野で高圧を利用する取り組みが始まって以来、産・官・学に跨る高い関心を受け、京都大学の林 力丸 助教授 (当時) の提唱により、1988 年に第 1 回生物関連高圧研究会シンポジウムが京都大学で開催されたことに端を発する。

食品加工の主要な目的のひとつは、食品中の微生物を不活性化することにより食品の腐敗を抑制して保存期間を延長することである。一般的な方法としては、高濃度の塩や糖の添加、乾燥、凍結等があるが、最も多用されるのは加熱加工法である。しかしながら、この加工法では、加熱によるビタミン C 等の有用成分の破壊、アクリルアミド等の異常物質の生成、新鮮な風味や色合いの劣化等が引き起こされる。「食品加工への高圧利用」は、加熱加工法の代替方法として、1987 年に提唱された[1]。高圧処理は熱処理とは異なり、共有結合の生成や開裂を引き起こさないためビタミン C の破壊やアクリルアミドの生成を抑制し、新鮮な風味や色合いを保持しつつ、微生物の不活性化が可能となる。「食品加工への高圧利用」の提言以来、酵母[2-3]や大腸菌[4]等の微生物の高圧条件下での挙動、タンパク質[5]やリン脂質[6]等の生体成分、食肉[7]、穀類[8]や澱粉[9]等の食品へ対する高圧研究は著しく進歩した。しかし、微生物の不活性化メカニズムや二枚貝の脱殻、食品成分の変性メカニズム等、圧力によって引き起こされる現象は未だに解明できていないことのほうが多い。本項では、今後の高圧研究の一助となるように、圧力の発見から林 先生による食品加工への高圧利用の提唱に至るまでの高圧研究の歴史を生物関連分野に着目して概説する。

2. 大気圧の認識

圧力という概念が我々に認知されたのは 17 世紀のことである。1644 年の Galilei および Torricelli による真空の発見と、それに続く 1648 年の Pascal による大気圧の認識によって圧力という概念が初めて認知された[10]。Pascal は、水銀で満たされたガラス管を水銀浴槽中に倒立させた装置を用いて、地上とピュイ・ド・ドーム山の頂上において水銀柱の高さが変化することから圧力(大気圧)の存在を証明した。

圧力の発見は人類の発展に大きく貢献しているが、歴史的に最も大きな業績のひとつとして、1905年のHaberによる窒素と水素からのアンモニア合成の成功が挙げられる。高温高圧条件下において合成されたアンモニアを肥料として用いることで、そのままでは耕作に適さない土地においても穀物の生産が可能となり、世界の急激な人口増加と社会の発展に貢献した。この功績からHaberは、空気と水からパンを作った男としても知られており、1918年にノーベル化学賞を受賞している。

3. 生物関連高圧研究の黎明期

19世紀後半になると生物関連分野への高圧効果について興味が向けられた。Bertは、1878年に高圧下において酸素が中枢神経系に影響を与え、致死的であることを報告した[11]。これは、ヒトの生存に必須である酸素が高圧環境では致死的な影響を及ぼすという興味深い発見であり、高圧条件下における様々な気体の影響に関する研究が進んだ。

Regnardは約300 MPaの静水圧を発生させることができる高圧装置の開発に成功した。彼は1884年に約6,000 mの深海と同程度の圧力条件(約60 MPa)において、世界で初めてビール酵母の培養を試み、高圧条件下においてもエタノール発酵が引き起こされることを発見した[12]。

Rogerが細菌の高圧不活性化について報告したのは1892年である[13-14]。彼は約300 MPaの高圧条件下において、微生物の不活性化挙動が種によって異なることを発見した。例えば、*Staphylococcus aureus*は300 MPa程度では大きな影響を受けないが、*Streptococcus*属の細菌は同圧力条件で生菌数が30%程度低下した。また、*Bacillus anthracis*の芽胞が栄養細胞よりも圧力耐性が高いことを報告した。これらは、高圧によって微生物が不活性化することを示した初めての報告であり、彼の報告以来、様々な微生物の圧力耐性が研究され、重要な知見が蓄積した。1937年には、高圧によって誘導される酵母の細胞死のメカニズムに関する報告がLuyetによって為されている[15-16]。

1899年に世界初の食品への高圧処理がHiteによって報告されている[17]。彼は、ミルクの長期保存のために加熱加工法以外のアプローチを考案した最初の人物である。463 MPaの高圧条件下で1時間処理されたミルクは、少なくとも24時間の間、酸性化が抑制されて甘味が保持されることを発見した。また、高圧処理中の温度(50-80°C)の影響も評価した[18]。しかし、高圧処理により食品の保存性が向上するという彼の画期的な研究は、家庭用冷蔵庫の普及や氷の工業的生産等の新規冷蔵技術の開発により顧みられることは少なかった。

4. 生物関連高圧研究の発展

20世紀は生物関連分野における高圧研究が著しく成長した時代である。Bridgmanは、これまでよりも10倍以上高い圧力を生み出すことができる高圧装置を開発し、1912年には高圧下における水の状態変化の相関図を報告した[19]。1914年には、鶏卵を500-700 MPaの高圧条件下で30-60分間処理することにより、卵殻を破壊すること無く卵黄、卵白が非加熱で変性することを報告した[20]。これは高温条件下で観察されるようなタンパク質の変性が高圧条件下でも同様に引き起こされることを明らかにした画期的な発見であり、その後のタンパク質の高圧変性メカニズムに関する研究の先駆けとなった。Bridgmanは、「超高圧装置の開発とそれによる高圧物理学に関する発見」により1946年にノーベル物理学賞を受賞し、高圧物理学の父と呼ばれている。彼の研究以降、タンパク質や微生物への高圧効果の研究が数多く報告され、近年では深海の生物から単離した酵素やタンパク質の高圧研究に関する総説が報告されている[21]。特にタンパク質、深海微生物、酵母に関する高圧研究について以下に概説する。

5. 高圧によるタンパク質の変性－ハウリープロット－

高圧研究の発展に大きく寄与した Hawley によるタンパク質の高圧変性に関する研究は、1971 年に報告された[22]。彼は、Chymotrypsinogen の天然状態と変性状態間における平衡定数の圧力・温度依存性をまとめたハウリープロットを提唱した。温度が一定条件の場合、0.1 MPa (大気圧下)～200 MPa の圧力条件下ではタンパク質の変性は起こり難いが、300 MPa 以上の高圧条件下ではタンパク質の安定性が低下し、変性が促進される。一定圧力条件の場合、50°C 以上の高温条件下あるいは 4°C 以下の低温条件下においてタンパク質の変性が促進する一方、25°C 前後の常温条件ではタンパク質の安定性が高い。彼の報告はその後の生体成分や微生物への圧力効果に関する研究において大きく貢献した[23]。*Esherichia coli* や lactic acid bacteria[24]、*Saccharomyces cerevisiae* [25]、*Vibrio* sp. [26]、*Clostridium botulinum* や *Bacillus amyloliquefaciens* の胞子[27]等の微生物の高圧不活性化挙動がハウリープロットに従うことが報告された。これらの報告は、タンパク質の変性を介した微生物の不活性化に圧力が温度と同等に作用することを示唆している。

6. 深海微生物の高圧研究

海洋は地表の約 70%を占めており、その平均深度は約 3,800 m である。太陽光が届く深度は約 200 m であり、それ以降を深海と呼ぶ。深海は太陽光が届かないために冷たく、光合成細菌等が存在しないために貧栄養的な環境である。また静水圧は、水深 10 m 毎に 0.1 MPa 増加する。地球上で最も深い場所はマリアナ海溝最深部のチャレンジャー海淵である。1995 年に海洋研究機構(JAMSTEC)の無人探査機「かいこう」がチャレンジャー海淵の海底に到達し、その深度が 10,911 m と計測された。100 MPa 以上の高圧や低温、貧栄養の非常に過酷な条件に曝される深海の調査は、その極限環境に適応したユニークな微生物やその彼らが生産する特徴的な酵素等の発見につながる。例えば、人工ペプチド甘味料アスパルテームの前駆体を生成するプロテアーゼであるサーモリシンは、*Bacillus thermoproteolyticus* から発見された[23]。

Ebbecke は、paramecia 等の海洋微生物の高圧適応に関して研究した。彼は、60 MPa 以上の高圧条件下において喪失した paramecia の運動性が除圧後に回復することを報告した[28-29]。

Zobell と Johnson は、大西洋バミューダ諸島に近い深海 5,840 m の海底堆積物から単離した深海微生物と陸上の微生物を比較して特徴付け、海洋微生物学の新しい分野を提案した[30]。彼らの研究グループは、様々な深海微生物の圧力耐性を研究し、大気圧下よりも数十 MPa 程度の深海(高圧)環境において優先的に増殖する微生物を“Barophile”と定義した[31]。特に *B. submarine* や *B. thalassokoites* は大気圧下よりも 40-60 MPa の高圧条件下において非増殖速度が速いことが報告されている。*Pseudomonas xanthochrus* は、大気圧下では増殖することができないために“Obligate barophile”として定義された[31]。このような深海高水圧環境に適応した微生物は、好圧性微生物(圧力を好む微生物; piezophilic microorganisms)と呼ばれている。彼らの研究から深海にはその深度に応じて、広く好圧性微生物が分布していることが明らかとなった。近年、深海微生物に関して詳細にまとめられた本が出版された[32]。

7. 酵母の高圧研究

近年、全ゲノムの塩基配列情報が解読された酵母 *S. cerevisiae* をモデルとした高圧研究が数多く報告されている。1997 年に酵母の変性タンパク質修復に寄与する Heat shock protein の Hsp104 や Hsc70 (Heat shock cognate) が圧力変性からの修復にも寄与することが報告された[33-35]。Iwahashi らは、*S. cerevisiae* に 42°C、30 分間の穏やかな温度条件に暴露することによって、高圧下における生存率が 1,000 倍以上に上昇する現象を観察した[36]。Shigematsu らは、*S. cerevisiae* への UV 照射により、高圧条件下において親株と比べて有意に生存率が低下する圧力感受性変異株を取得した[37]。取得した圧力感受性変異株は、50-58°Cにおいて親株よりも有意に生存率が低下しており、温度感受性も示した[38]。これらの報告は、圧力によるタンパク質変性メカニズムが温度をパラメータとする変性メカニズムと類似していることを示唆し、圧力による微生物の不活性化メカニズムの解明に大きく資する報告である。また、温度耐性の向上に寄与する二糖類トレハロースが、加熱による損傷よりも加圧による損傷に対してより強く保護作用を示すことが報告された[39]。Hashizumeらは、低温領域において、より低い圧力で*S. cerevisiae*が不活性化したことを報告している[25]。これらの報告は、低温条件下における高圧処理の有効性を示唆している。筆者らは、酵母のミトコンドリア機能が圧力不活性化に強く関連していることを明らかとした[40-41]。

8. 高圧食品加工の提唱

20世紀は生物関連分野における高圧研究が著しく発展した一方、食品への高圧利用はHiteの報告以来大きな進展は起こらなかった。その転機となったことが1968年の潜水艦Alvin号の沈没事件である。Alvin号はWoods Hole Oceanographic Institution (WHOI)に所属する研究潜水艦である[42]。1968年の冬、Alvin号は回航途中に事故に遭遇し、乗員は脱出できたが船体は1,543 mの深海へ沈んでしまった。Alvin号が回収されたのはその事故から10か月後である。その後の調査において、船体と共に深海へ沈んでいたリンゴやサンドウィッチ等の外見や味、香り等の品質が微生物学的・生化学的に良く保持されていたことが明らかとなった。一般的には、4°C程度の冷蔵条件において、デンプンやタンパク質等は数週間で劣化して腐敗することが知られている。Alvin号の船体で保存されていた食品は、深海特有の低温、貧栄養条件に加えて地上より100倍以上高い15 MPa程度の圧力によって微生物の増殖が抑制され、食品の品質が維持された可能性が考えられた。この知見は、高圧条件が腐敗を引き起こす微生物の代謝活性を抑制するにも関わらず、食品の品質を劣化させないことを示しており、食品の低温殺菌へ静水圧を応用できることを示唆している。

1987年に林 先生は食品加工への高圧利用を提唱された[1, 43]。それを機に、多くの研究者によって高圧技術を応用した低温殺菌、食品加工、酵素活性の増強等の研究が推進された。日本国内では行政、研究者、企業家が一体となって高圧技術に基づく新たな食品加工技術の開発を進めた[44]。新潟県は国内で最も高圧研究が活発に行われた都道府県の1つである[45-46]。

生物関連高圧研究会は、1988年に第1回シンポジウムが開催され、本シンポジウムで18回を数える。2015年には、広島で第20回シンポジウムが開催される予定である。国外に目を向けるとInternational Conference on High Pressure Bioscience and Biotechnology (HPBB)が2000年に設立され、以降2年毎に世界各地で開催されている[23]。食品加工への高圧利用の提唱以降、日本の高圧研究者は国内の産官学だけではなく、海外の高圧研究者とも連携し、高圧研究を発展させてきた [47]。Pascalによる大気圧の認識によってスタートした高圧研究は、BridgmanやHawleyによって発展し、林 先生により新たなステージに立つことができた。林 先生から高圧研究の未来を引き継いだ我々は今後より一層の精進に励まなければならない。

長い間、生物関連分野の高圧研究の先頭に立って私達を導いて下さった 林 力丸 先生のご冥福をお祈りいたします。

参考文献

[1] Hayashi, R., Kawamura, Y., Kunugi, S. (1987) Introduction of High Pressure to Food Processing: Preferential Proteolysis of β-Lactoglobulin in Milk Whey. Food processing and ingredients 22: 55-62.
[2] Iwahashi, H., Shimizu, H., Odani, M., Komatsu, Y. (2003) Piezophysiology of genome wide gene expression levels in the yeast *Saccharomyces cerevisiae*. Extremophiles 7: 291-298.

[3] Shigematsu, T., Nasuhara, Y., Nagai, G., Nomura, K., Ikarashi, K., Hayashi, M., Ueno, S., Fujii, T. (2010) Isolation and characterization of barosensitive mutants of *Saccharomyces cerevisiae* obtained by UV mutagenesis. J. Food Sci. 75: M509-514.
[4] Hasegawa, T., Nakamura, T., Hayashi, M., Kido, M., Hirayama, M., Yamaguchi, T., Iguchi, A., Ueno, S., Shigematsu, T., Fujii, T. (2013) Influence of osmotic and cationic stresses on high pressure inactivation of *Escherichia coli*. High Pressure Res. 33:292-298.
[5] Akasaka, K., Kitahara, R., Kamatari, O. Y. (2013) Exploring the folding energy landscape with pressure. Arch. Biochem. Biophys. 531: 110-115.
[6] Matsuki, H., Goto, M., Tada, K., Tamai, N. (2013) Thermotropic and Barotropic Phase Behavior of Phosphatidylcholine Bilayers. Int. J. Mol. Sci. 14: 2282-2302.
[7] Simonin, H., Duranton, F., Lamballerie, D. M. (2012) New Insights into the High-Pressure Processing of Meat and Meat Products. Comprehensive Rev. Food Sci. food Safety 11:285-306.
[8] Ueno, S., Shigematsu, T., Watanabe, T., Nakajima, K., Murakami, M., Hayashi, M., Fujii, T. (2009) Generation of Free Amino Acids and γ-Aminobutyric Acid in Water-Soaked Soybean by High-Hydrostatic Pressure Processing. Agric. Food Chem. 58: 1208-1213.
[9] Fukami, K., Kawai, K., Hatta, T., Taniguchi, H., Yamamoto, K. (2010) Physical properties of normal and waxy corn starches treated with high hydrostatic pressure. J. Appl. Glycosci. 57: 67-72.
[10] Pascal, B. (1653, Matsunami N. translated in 1953) Pascal Science Proceedings. Iwanami Shoten. Tokyo.
[11] Bert, P. (1878) *La Pression Barométrique. Recherches de Physiologie Expérimentale.* Masson, Paris.
[12] Regnard, P. (1884) *Note relative à l'action des hautes pressions sur quelques phénomènes vitaux (mouvement des cils vibratiles, fermentation).* C. R. Soc. Biol. 36:187-188.
[13] Roger, H. (1892) *Action des hautes pressions sur quelques bactéries.* C. R. Hebd. Acad. Sci. 114.
[14] Roger, H. (1895) *Action des hautes pressions sur quelques bactéries.* Arch. Physiol. Norm. Path. 7: 12-17.
[15] Luyet, B. (1937) *Sur le mécanisme de la mort cellulaire par les hautes pressions; L'intensité et la durée des pressions léthales pour la levure.* C. R. Hebd. Acad. Sci. 204: 1214-1215.
[16] Luyet, B. (1937) *Sur le mécanisme de la mort cellulaire par les hautes pressions; Modifications cytologiques accompagnant la mort chez la levure.* C. R. Hebd. Acad. Sci. 204: 1506-1508.
[17] Hite, B. (1899) The effect of pressure in the preservation of milk. Bull. W. VA U. Agricultural Experiment Station 58: 15-35.
[18] Hite, B., Giddings, N. J., Weakley, Jr. C. E. (1914) The effect of pressure on certain microorganisms encountered in the preservation of fruits and veges. Bull. W. VA U. Agricultural Experiment Station. 146: 1-67.
[19] Bridgman, P. W. (1912) Water, in the Liquid and Five Solid Forms, under Pressure. Proceedings of the American Academy of Arts and Sciences. 47: 441-558.
[20] Bridgman, P. W. (1914) The coagulation of albumen by pressure. J. Biol. Chem. 19: 511-512.
[21] Ohmae, E., Murakami, C., Gekko, K., Kato, C. (2007) Pressure Effect on Enzyme Functions, J. Biol. Macromol. 7; 323-329.
[22] Hawley, S. A. (1971) Reversible pressure - temperature denaturation of chymotrypsinogen. Biochemistry-US 10: 2436-2442.
[23] Nomura, K., Iwahashi, H. (2014) Pressure-Regulated Fermentation: A revolutionary approach that utilizes hydrostatic pressure. Reviews in Agricultural Science 2: 1-10.
[24] Sonoike, K., Setoyama, T., Kuma, Y., Kobayashi, S. (1992) Effect of pressure and temperature on the death rate of *Lactobacillus casei* and *Escherichia coli*. Colloq. INSE. 224: 297-301.
[25] Hashizume, C., Kimura, K., Hayashi, R. (1995) Kinetic analysis of yeast inactivation by high pressure treatment at low temperatures. Biosci. Biotech. Bioch. 59: 1455-1458.
[26] Ikeuchi, H., Kunugi, S., Oda, K. (2000) Activity and stability of a neutral protease from *Vibrio* sp. (vimelysin) in a pressuretemperature gradient. Eur. J. Biochem. 267: 979-983.
[27] Margosch, D., Ehrmann, M. A., Buckow, R., Heinz, V., Vogel, R. F., Gänzle, M. G. (2006) High-pressure-mediated survival of *Clostridium botulinum* and *Bacillus amyloliquefaciens* endospores at high temperature. Appl. Environ. Microb. 72: 3476-3481.

[28] Ebbecke, U. (1935) *Das verhalten von paramaecien unter der einwirkung hohen druckes. Pflüg. Arch. Eur. J. Phy*. 236: 658-661.
[29] Ebbecke, U. (1935) *Über die wirkungen hoher drucke auf marine lebewesen. Nach versuchen in gemeinschaft mit stud. med. O. Hasenbring. Pflüg. Arch. Eur. J. Phy*. 236: 648-657.
[30] ZoBell, C. E., Johnson, F. H. (1949) The influence of hydrostatic pressure on the growth and viability of terrestrial and marine bacteria. J. Bacteriol. 57: 179-189.
[31] Zobell, C. E., Morita, R. Y. (1957) Barophilic bacteria in some deep sea sediments. J. Bacteriol. 73: 563-568.
[32] 深海と地球の辞典編集委員会 (2014) 深海と地球の辞典, 丸善出版.
[33] Iwahashi, H., Obuchi, K., Fujii, S., Komatsu, Y. (1997) Effect of temperature on the role of Hsp104 and trehalose in barotolerance of *Saccharomyces cerevisiae*. FEBS Lett. 416: 1-5.
[34] Tamura, K., Miyashita, M., Iwahashi, H. (1998) Stress tolerance of pressure-shocked *Saccharomyces cerevisiae*. Biotechnol. Lett. 20: 1167-1169.
[35] Iwahashi, H., Nwaka, S., Obuchi, K. (2001) Contribution of Hsc70 to barotolerance in the yeast *Saccharomyces cerevisiae*. Extremophiles 5: 417-421.
[36] Iwahashi, H., Kaul, S. C., Obuchi, K., Komatsu, Y. (1991) Induction of barotolerance by heat shock treatment in yeast. FEMS Microbiol. Lett. 80: 325-328.
[37] Shigematsu, T., Nasuhara, Y., Nagai, G., Nomura, K., Ikarashi, K., Hayashi, M., Ueno, S., Fujii, T. (2010) Isolation and characterization of barosensitive mutants of *Saccharomyces cerevisiae* obtained by UV mutagenesis. J. Food Sci. 75: M509-M514.
[38] Shigematsu, T., Nomura, K., Nasuhara, Y., Ikarashi, K., Nagai, G., Hirayama, M., Hayashi, M., Ueno, S., Fujii, T. (2010) Thermosensitivity of a barosensitive *Saccharomyces cerevisiae* mutant obtained by UV mutagenesis. High Pressure Res. 30: 524-529.
[39] Iwahashi, H., Obuchi, K., Fujii, S., Komatsu, Y. (1997) Barotolerance is dependent on both trehalose and heat shock protein 104 but is essentially different from thermotolerance in *Saccharomyces cerevisiae*. Lett. Appl. Microbiol. 25: 43-47.
[40] Nomura, K., Iwahashi, H., Iguchi, A., Shigematsu, T. (2015) Barosensitivity in *Saccharomyces cerevisiae* is closely associated with a deletion of the *COX1* gene. J. Food Sci. 80: M1051-1059.
[41] Nomura, K., Iwahashi, H., Iguchi, A., Shigematsu, T. (2015) Depletion of arginine in yeast cells decreases the resistance to hydrostatic pressure. High Pressure Res. published online (http://www.tandfonline.com/doi/pdf/10.1080/08957959.2015.1034277).
[42] Jannasch, H. W., Eimhjellen, K., Wirsen, C. O., Farmanfarmaian, A. (1971) Microbial degradation of organic matter in the deep sea. Science 171: 672-675.
[43] 林 力丸 (1991) 食品への高圧利用－加圧食品の物性－ 熱物性 4: 284-290.
[44] 木村 進, 食品産業超高圧利用技術研究組合編 (1993) 食品産業の未来を拓く－高圧技術と高密度培養. 健康産業新聞社.
[45] 重松 亨, 西海 理之監修 (2013) 進化する食品高圧加工技術－基礎から最新の応用事例まで－ 株式会社 エヌ・ティー・エス, pp 1-288.
[46] 鈴木 敦士 (2011) 新潟県がリードする食品への高圧加工処理技術. New Food Ibdustry 53: 47
[47] 金品 昌志, 田村 勝弘, 林 力丸編 (2006) 高圧下の生物科学. さんえい出版, pp 1-291.

History of High Pressure Bioscience and Biotechnology

Kazuki Nomura* **and Hitoshi Iwahashi**

Gifu University, 1-1 Yanagido, Gifu city 501-1193, Japan
**E-mail: k.nomura6103@gmail.com*

Abstract

Japan High Pressure Bioscience and Biotechnology was established by Rikimaru Hayashi belonged to the Kyoto University in 1988. Since then, administrative officers, researchers, and entrepreneurs have cooperatively conducted various studies in this field. In this article, we summarize the history of high-pressure bioscience and biotechnology.

Keywords : Meeting of Japan High Pressure Bioscience and Biotechnology

第 4 編　生体物質に与える高圧効果

リン脂質二重膜の圧力誘起膜融合：巨大単層ベシクルの球形成長

松木　均*、後藤優樹、玉井伸岳、金品昌志

徳島大学大学院ソシオテクノサイエンス研究部
徳島市南常三島町 2-1
*E-mail: matsuki@bio.tokushima-u.ac.jp

要旨

巨大単層ベシクル（GUV）形成能を有するジオレオイルホスファチジルコリン（DOPC）とその同族体で膜融合能を有するジオレオイルホスファチジルエタノールアミン（DOPE）を用いて、高圧力下におけるリン脂質二重膜の膜融合を光学顕微鏡で調査した。多価無機塩存在下における DOPC 二重膜の GUV 形成を確認後、DOPC-DOPE 混合二重膜 GUV の形状変化を、脂質と等濃度の塩化ランタン存在下、常圧および高圧下において時間の関数として追跡した。常圧下では、GUV 形状の経時変化はほとんど見られなかったが、高圧力下においては、GUV が時間と共に徐々に大きくなり、72 時間経過後には 10 倍以上のサイズにまで不可逆的に球形成長した。この圧力誘起膜融合現象は処理圧力に相関した。得られたデータに基づいて圧力誘起膜融合現象のメカニズムを推察した。

キーワード：巨大単層ベシクル、高圧力、脂質二重膜、膜融合、不飽和リン脂質

1. はじめに

脂質は水中で自己組織化し、ベシクルあるいはリポソームと呼ばれる閉鎖型の二重膜小胞体を形成する。この小胞体構造は生体膜の基本骨格構造であるため生体膜モデルとしてみなすことができ、現在、様々なサイズのベシクルが生命科学研究において使われている。ベシクルはその粒子径により、小さな単層ベシクル（SUV: 10 – 100 nm）、大きな単層ベシクル（LUV: 50 – 200 nm）、多重層ベシクル（MLV: 100 – 1000 nm）に分類される。近年、ミクロンサイズの大きさを持つ巨大単層リポソーム（GUV: > 1000 nm）が実細胞モデルとして注目を集めている。SUV や MLV のような nm サイズのベシクル系からは多集団の平均物理量が得られるが、GUV では光学顕微鏡を用いてベシクル個々の構造や物性変化を直接観察できるので、一個体レベルの物性が追跡可能となる。通常、脂質を水中に分散させると MLV が形成されるため、これまで GUV の形成には特殊な方法が必要とされたが、1997 年に吉川ら[1]が、不飽和脂肪酸を有するホスファチジルコリン（PC）が多価の添加塩存在下においては、静置水和するのみで自発的に GUV を形成することを見出し、GUV 研究が進展した。

他方、ベシクルはある特定の条件下、ベシクル同士が相互に合一する膜融合を引き起こす。不飽和脂肪酸を有するホスファチジルエタノールアミン（PE）は、温度や塩化物により非二重膜構造の一つである逆ヘキサゴナル（H_{II}）相を形成する[2]。この H_{II} 相は膜融合に深く関連した構造で、H_{II} 相形成能を有する脂質は膜融合を誘発する脂質として知られている。膜融合に関する研究は、酸性リン脂質二重膜への二価金属塩による誘発など、常圧下において行われているが、膜融合への高圧力の影響についての報告は皆無である。本研究においては、不飽和 PC および不飽和 PE の二種類の脂質からなる混合 GUV を用いて、GUV 間の膜融合現

象を高圧力下、光学顕微鏡で調査した。

2. 材料と方法

2.1. リン脂質と試料溶液調製

リン脂質は、2 本の等価な不飽和脂肪酸を有するジオレオイル PE（DOPE）および同じアシル鎖を有し、極性基サイズの異なるジオレオイル PC（DOPC）を用いた。これらの脂質は Avanti Polar Lipids 社から購入したものをそのまま用いた。水は 2 回蒸留水を用いた。

両脂質の 5 mmol kg^{-1} を混合（全濃度 10 mmol kg^{-1}、組成比 PE : PC = 1 : 1）し、無外部摂動の調製方法である静置水和法で DOPC-DOPE 混合二重膜の GUV を調製した。この試料溶液に膜融合の促進剤として一定濃度の無機塩を添加して実験を行った。

2.2. GUV の膜融合観察

GUV の形状変化は、光学顕微鏡（Nikon 社製 ECLIPSE 80i）を用い、時間の関数としてその場観察した。高圧力下における顕微鏡観察は、顕微鏡用耐圧外部セル（光高圧機器社製：高圧ミクロホットステージ）をステージ上に据え付けて実施した。外部セル内に設置する耐圧内部セルは、試料溶液を石英ガラスと緩衝材（シリコンゴム）で挟み込んだ形式を採用したセルを自作した。加圧条件下のもとで顕微鏡の焦点深度、作動距離やセル内密封性などをチェックし、ベシクル形態の観察が可能なことを確認後、使用した。温度は恒温槽から耐圧外部セル中に水を循環させることで、25°C 一定に保持した。

3. 結果

3.1. 常圧下における GUV 形成

まず、DOPC 二重膜の GUV 形成について観察した。無機塩無添加の DOPC 二重膜では、GUV は見られなかったが、数 10 mmol kg^{-1} 程度の多価陽イオンの無機塩を添加することにより、GUV を明瞭に観測できた。一例として、Fig. 1 に 20 mmol kg^{-1} の $MgSO_4$ を添加した DOPC 二重膜（濃度：5 mmol kg^{-1}）の顕微鏡写真を示す。無機塩の種類を変化させてみたところ、1 価陽イオンの無機塩（NaCl、Na_2SO_4）では、GUV は形成されず、2 価陽イオン（$MgCl_2$、$MgSO_4$）および 3 価陽イオン（$LaCl_3$）の無機塩において GUV の形成が確認された[3]。また、形成される GUV の数は価数に比例して大きくなり、GUV の形成能と価数の間には明瞭な相関が見られた（データ非掲載）。

次に DOPC に DOPE を 1:1 で当モル混合した二重膜を常圧下で同様に観測した。無添加塩下の DOPC 二重膜では形成されなかった GUV が、DOPC-DOPE 混合二重膜では無添加塩下においても GUV の形成が見られた。また、形成された GUV のサイズが添加塩存在下の DOPC 単独系よりも大きくなった。この DOPC-DOPE 混合二重膜の GUV に種々の濃度の $LaCl_3$ を添加して形成された GUV のサイズを調べた結果を Table 1 に示す。低 $LaCl_3$ 濃度（0 – 20 mmol kg^{-1}）において観測された大きなサイズの GUV は、高 $LaCl_3$ 濃度（> 100 mmol kg^{-1}）ではそのサイズが減少した。低 $LaCl_3$ 濃度領域を詳しく調べてみたところ、

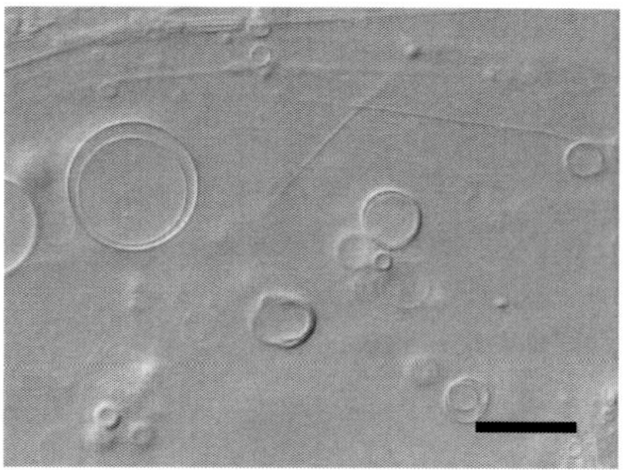

Fig. 1. GUV formation of the DOPC bilayer in the presence of $MgSO_4$. A brack bar indicates 25 μm.

脂質全濃度に近い $LaCl_3$ 濃度の場合に最大サイズの GUV が得られた。常圧下において得られたこれらの実験データを参考に、添加塩として $LaCl_3$ を採用し、脂質全濃度（10 mmol kg^{-1}）と等しい濃度の $LaCl_3$ を添加した DOPC-DOPE 混合二重膜の GUV に対して高圧力実験を行うことにした。

Table 1. The size of GUV for the DOPC and DOPE binary bilayer at various $LaCl_3$ concentrations

Diameter	Concentration / mmol kg^{-1}					
	0	5	10	20	100	1000
Average / μm	100 – 200	100 – 200	> 200	> 200	≈ 100	≈ 100
Max / μm	330	250	800	500	185	120

3.2. 高圧力下における GUV の膜融合

Fig. 2 に 25℃、高圧力（100 MPa）下において得られた時間経過に伴う DOPC-DOPE 混合二重膜 GUV の形状変化を示す。常圧下で静置するだけでは、GUV の形状に経時変化はほとんど見られなかったが、100 MPa の加圧下で同様に GUV 形状の経時変化を観察したところ、当初、直径 10 μm 程度であった GUV が時間と共に徐々に成長し始め、72 時間後にはほぼ球形で、且つ 150 μm を超える直径を有する GUV に成長するのを観測した。また、72 時間経過直後に大気圧下まで一気に減圧してみたところ、巨大リポソームに縮小や局所的な形態変化のようなことは全く起こらず、少なくとも圧力解放後 24 時間は成長した球形形態をそのまま維持したことから、この成長現象は不可逆的であることがわかった。

顕微鏡下において観測したベシクルの加圧前の平均粒子径（R_0）に対して種々の圧力下、一定時間加圧放置後の平均粒子径（R）の比（R/R_0）を放置時間に対してプロットしたものを Fig. 3 に示す。R/R_0 の値はいずれの圧力下においても増大したことから、圧力が DOPC-DOPE 混合二重膜 GUV の膜融合を促進すると結論づけた。また、加圧後 12 時間では、ベシクルの成長率（サイズ増加）に処理圧力の差違はほとんど認められなかったが、24 時間後には明瞭な処理圧力の差違が見られた。すなわち、GUV の不可逆的成長は圧力の大きさに相関した。

加圧は一般に体積を小さくする方向へ作用するが、この現象は加圧によりベシクル間の膜融合が促進され、一個体のベシクル体積が見掛け上増加すると言う点で興味深い。それでは、何故、圧力によりベシクル間の膜融合が促進されるのであろうか。前述したように、ベシクルの膜融合成長現象には H_{II} 相の形成し易さが密接に関与している。H_{II} 相への転移に影響を

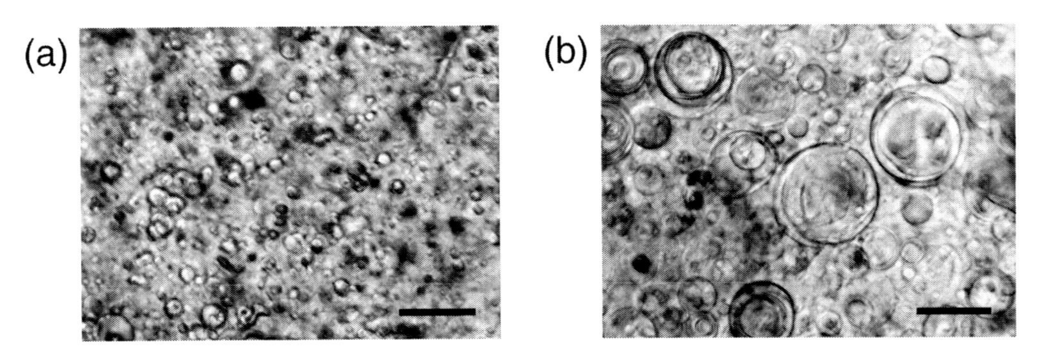

Fig. 2. Pressure-induced membrane fusion of GUV for the DOPC and DOPE binary bilayer in the presence of $LaCl_3$: (a) 0hr. at 100 MPa, (b) 72 hrs. at 100 MPa. Black bars indicate 100 μm.

与える因子としては、まず脂質の分子形状と周囲の環境で決まる脂質会合体中での分子充填具合（臨界充填因子：CPP）に関係した自発曲率が挙げられる。温度、添加塩などは自発曲率を負の方向（脂質分子のアシル鎖が開く方向）へ移行させるため、H_{II} 相を形成し易い方向へ移行させる。他方、圧力は正反対に自発曲率を正の方向（アシル鎖が閉じる方向）へ移行させ、H_{II} 相を形成しにくい方向へ移行させる。脂質膜の自発曲率と実際の膜曲率の差（パッキングストレスと呼ばれる）は、膜の曲げ弾性エネルギーに密接に関係している[4]。GUV は静置水和法で調製されたので超音波などの外部摂動が加えられていないことに起因してパッキングストレスはほぼ 0 であり、自発曲率に起因する曲げ弾性エネルギーへの圧力の寄与は小さいと考えられる。従って、この因子のみでは加圧により膜融合促進を説明できず、さらなる因子が必要とされる。もう一つの因子として、脂質膜の H_{II} 相形成時に誘起される六方充填構造の間隙に起因する疎水鎖充填エネルギーが挙げられる[5]。圧力は体積減少に伴い分子間距離を縮小させるので、間隙を小さくする方向へ作用し、この効果は疎水鎖充填エネルギーを引き下げる。つまり、加圧は融合し易い方向へ作用する。著者らは DOPC-DOPE 混合二重膜 GUV の膜融合過程では、圧力の効果として後者の寄与が支配的となり、圧力に相関した膜融合によるベシクル成長が起こるものと推察している。なお、パッキングストレスが大きくなると曲げ弾性エネルギーと疎水鎖充填エネルギーの拮抗が起こるものと予想される。ここでは触れないが、実際に大きなパッキングストレスを有する SUV では、加圧ベシクル融合は圧力に相関せず、ベシクルの成長圧力に閾値が存在することを見出している。

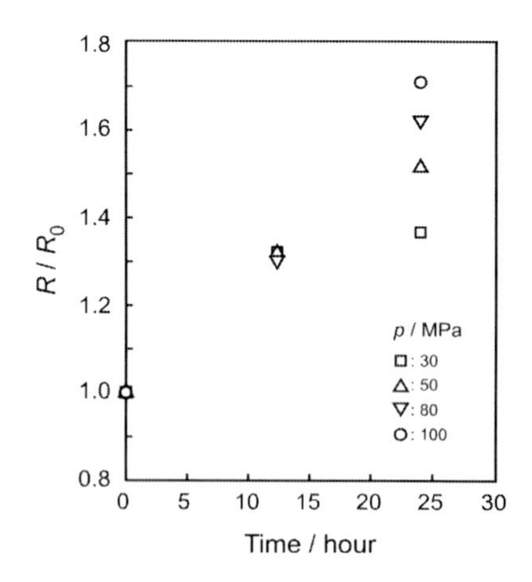

Fig. 3. Variation in R/R_0 of GUV for the DOPC and DOPE binary bilayer with time under various pressures.

謝辞

生物関連高圧研究会において、これまで我々の高圧力研究にご高配を下さいました故 林 力丸 京都大学名誉教授に、著者一同深く感謝申し上げると同時に、本論文を追悼論文として捧げます。

参考文献

[1] Magome, N., Takemura, T. and Yoshikawa, K. (1997) Spontaneous formation of giant liposomes from neutral phospholipids. Chem. Lett. 26: 205-206.

[2] Gruner, S. M. (2005) Nonlamellar lipid phases. In: The Structure of Biological Membranes, 2nd ed., Yeagle, P. L. (ed.), CRC Press, New York, pp. 173-199.

[3] Tanaka, T., Tamba, Y., Masum, S. M., Yamashita, Y. and Yamazaki, M. (2002) La^{3+} and Gd^{3+} induce shape change of giant unilamellar vesicles of phosphatidylcholine. Biochim. Biophys. Acta 1564: 173-182.

[4] Marsh, D., (1996) Intrinsic curvature in normal and inverted lipid structures and in membranes. Biophys. J. 70: 2248-2255.

[5] Siegel, D. P. (2005) Lipid membrane fusion. In: The Structure of Biological Membranes, 2nd ed., Yeagle, P. L. (ed.), CRC Press, New York, pp. 255-308.

Pressure-Induced Membrane Fusion of Phospholipid Bilayer Membranes: Spherical Growth of Giant Unilamellar Vesicles

Hitoshi Matsuki*, **Masaki Goto, Nobutake Tamai, Shoji Kaneshina**

Department of Life System, Institute of Technology and Science, The University of Tokushima
2-1 Minamijosanjima-cho, Tokushima 770-8506, Japan
**E-mail: matsuki@bio.tokushima-u.ac.jp*

Abstract

Membrane fusion of phospholipid bilayer membranes under high pressure was investigated by microscope observation using dioleoylphosphatidylcholine (DOPC), having an ability to form giant unilamellar vesicle (GUV), and its homolog dioleoylphosphatidylethanolamine (DOPE), having an ability to promote the membrane fusion. After the confirmation of the GUV formation of the DOPC bilayer in the presence of multivalent metal ions, we examined the change in size and shape of GUV for the DOPC and DOPE binary bilayer in the presence of the equimolar concentration of $LaCl_3$ relative to the total lipid concentration as a function of time under atmospheric and high pressure. The shape of GUV hardly changed with time under atmospheric pressure, whereas under high pressure GUV gradually increased in size with time and became more spherical and more than ten times larger than the original GUV irreversibly. This pressure-induce membrane fusion was correlated with the applied pressure. On the basis of the obtained data, we speculated the mechanism of this phenomenon.

Keywords : giant unilamellar vesicle, high pressure, lipid bilayer, membrane fusion, unsaturated phospholipid

高圧による酵母トリプトファン輸送体 Tat1 の分解と膜タンパク質の品質管理

阿部文快[*]、望月貴博、鈴木麻葉、上村聡志

青山学院大学理工学部化学・生命科学科
相模原市中央区淵野辺 5–10–1
*E-mail: abef@chem.aoyama.ac.jp

要旨

出芽酵母 *Saccharomyces cerevisiae* におけるトリプトファンの取り込みは圧力に対して脆弱で、15–25 MPa 程度の圧力で容易に損傷される。その結果、トリプトファン要求性の酵母菌株では、タンパク質の合成速度が低下し増殖が停止する。酵母は Tat1 と Tat2 という親和性の異なる 2 つのトリプトファン輸送体（それぞれ低親和性型と高親和性型）を細胞膜上に持つが、Tat2 に比べ Tat1 はこれまであまり解析されてこなかった。酵母を加圧すると Tat2 はユビキチン依存的に分解される。そこで本研究では、高圧下における Tat1 の安定性について、Tat2 分解と同様の観点から解析を行った。Tat1 は大気圧下における半減期が長い安定なタンパク質だが、25 MPa で酵母を培養すると速やかに分解された。*end3*Δ株でこの現象が見られないことから、高圧による Tat1 分解はエンドサイトーシスを介することがわかった。また、ユビキチンシステムに失陥のある *HPG1-1*（Rsp5 の P514T 変異）株でも高圧下で Tat1 分解が起こらなかった。部位特異的変異導入法を用いた解析から、N 末端細胞質ドメインにある 2 つのリジン残基 K29 と K31 を同時にアルギニンに置換した場合、やはり Tat1 は分解されなかった。以上の結果は、加圧による Tat1 の分解は Rsp5 ユビキチンリガーゼを必要とし、ユビキチンは Tat1 の K29 と K31 に結合することが示唆された。さらに、このユビキチン化には複数のアレスチン様タンパク質がアダプターとして機能することもわかった。一連の現象は、高圧により損傷を受けた膜タンパク質の品質管理機構によるものと考えられる。

キーワード：出芽酵母、トリプトファン輸送体 Tat1、Rsp5 ユビキチンリガーゼ、アレスチン様タンパク質、品質管理

1. はじめに

環境中の微生物は高温や低温、高浸透圧、乾燥などさまざまなストレスにさらされるため、それぞれ固有の防御システムを構築し生命維持をはかっている。自然界において高圧環境と言えば、深海を思い浮かべる人も多いであろう。実際、世界最深部の海底は 10,000 m に達するため、深海生物は最大 100 MPa というすさまじい水圧にさらされることになる。“好圧性細菌” とはこうした環境を好んで生息する極限環境微生物を指す。大気圧下で生育する微生物でも、100 MPa 以下の加圧であれば瞬時に死滅することはない。しかしこのとき、細胞は高水圧に対するさまざまな応答性を示し、突然の環境変化に適応しようとする [1]。私たちはこれまで、出芽酵母 *Saccharomyces cerevisiae*（以下、単に酵母と呼ぶ）をモデル生物として、微生物への圧力効果とはいかなるものかを解析してきた [2, 3]。膨大な変異株コレクション、

ゲノム全塩基配列の公開と優れた分子生物学的ツールといった酵母ならではの手法を用いて集積された知見は、深海生物の適応戦略を解き明かす手がかりになるに違いない。

酵母の増殖は 50 MPa で完全に停止する。しかし、20 MPa 前後では用いる株のトリプトファン要求性の有無が決定的である。酵母の実験株は、一般にプラスミドの選択マーカーとして、トリプトファンのほかロイシンやヒスチジン、リジン、ウラシルなどへの要求性を示す。トリプトファン要求株を 15~25 MPa の圧力条件下で培養すると、細胞周期が G_1 期で停止する [4]。しかし、ロイシンやヒスチジンなどの要求株は同じ圧力条件下で増殖可能である。従って、トリプトファンの細胞外からの取り込み口、すなわち細胞膜上にある輸送体の機能が高圧によって損なわれるのだ。酵母はトリプトファンへの親和性の異なる 2 つの輸送体 Tat1（低親和性型）と Tat2（高親和性型）を持つ [5]。私たちは、高親和性型輸送体 Tat2 を高発現させるとトリプトファン要求株が高圧増殖能を獲得すること [4]、Tat2 は高圧下でユビキチンシステムにより選択的に分解されること [6]、さらに高圧増殖する変異株は Tat2 の分解機構に失陥があることなどを見いだしてきた [6, 7]。他方、低親和性型輸送体 Tat1 に関してはあまり解析されないまま残されていた。Tat1 と Tat2 はトリプトファンへの親和性のほか、合成・分解の速度や細胞内局在などが相違しており、似て非なる輸送体である [6, 8]。そこで本研究では、酵母を高圧培養したときの Tat1 の挙動とそのユビキチン依存性分解について報告する。

2. 材料と方法

2.1. 酵母菌株と高圧培養条件

S. cerevisiae の野生株 YPH499 (*MAT***a** *ura3-52 lys2-801 ade2-101 trp1-Δ63 his3-Δ200 leu2-Δ1*) および各種変異株を用い、SC 培地 (0.67 % yeast extract nitrogen base w/o amino acids, adenine sulfate 20 mg/L, uracil 20 mg/L, tryptophan 40 mg/L, histidine-HCl 20 mg/L, leucine 90 mg/L, lysine-HCl 30 mg/L, arginine-HCl 20 mg/L, methionine 20 mg/L, tyrosine 30 mg/L, isoleucine 30 mg/L, phenylalanine 50 mg/L, glutamic acid 100 mg/L, aspartic acid 100 mg/L, threonine 200 mg/L, serine 400 mg/L, 2 % D-glucose) 中、各圧力条件下 25°C で培養を行った。高圧培養には圧力容器 PV100-360（シン・コーポレーション）を用いた。

2.2. 部位特異的変異導入

YCplac33-3HA-TAT1 (*CEN4 URA3*) に対し、PrimeSTAR MAX（タカラバイオ）を用いた PCR 法により部位特異的変異導入を行った。

2.3. ウエスタンブロッティング

各プラスミドを含む細胞を培養し、ガラスビーズで破砕後、細胞内総タンパク質を抽出した。総タンパク質を 13,000 × g で 10 分間遠心し P13 膜分画を取得し、上清を 100,000 × g で 30 分間遠心し P100 膜分画を取得した。P13 にはほぼ全ての細胞膜が、P100 にはエンドソームなどの内膜が含まれている。得られたタンパク質を SDS/2-mercaptoethanol で変性し、SDS-PAGE 後、ウエスタンブロッティングを行った。3HA-Tat1 の検出には抗 HA 抗体を、マーカーである Pma1 と Adh1 の検出にはそれぞれに対する特異抗体を用いた。

3. 結果

3.1. 高圧による Tat1 の分解はエンドサイトーシスに依存する

私たちは既に、Tat1 と Tat2 がいずれも高圧下で Rsp5 ユビキチンリガーゼ依存的に分解されることを報告している [6]。培養中の酵母にシクロヘキシミドを 3 時間投与しタンパク質合成を阻害しても、Tat1 の存在量は高レベルで維持されていた。ところが、25 MPa で酵母を培養すると、Tat1 量は著しく低下することがわかった（Fig. 1A)。このことは、通常の培養条件下で Tat1 は非常に安定であるものの、高圧下では著しく分解が進むことを示している。ウエスタンブロッティング時の露光時間を延ばすと、Tat1 のバンドの上に 2 本の薄いシグナル、すなわち、ユビキチンが結合したと思われる Tat1 のバンドが検出された (Fig. 1A, over exposure)。End3 はエンドサイトーシスに不可欠な細胞膜タンパク質である。*END3* 遺伝子の破壊株 (*end3*Δ) では、25 MPa でも Tat1 の存在量が維持されることから、高圧誘起の Tat1 分解はエンドサイトーシスによる能動的な過程であると考えられる (Fig. 1B, *end3*Δのレーン W と P13)。

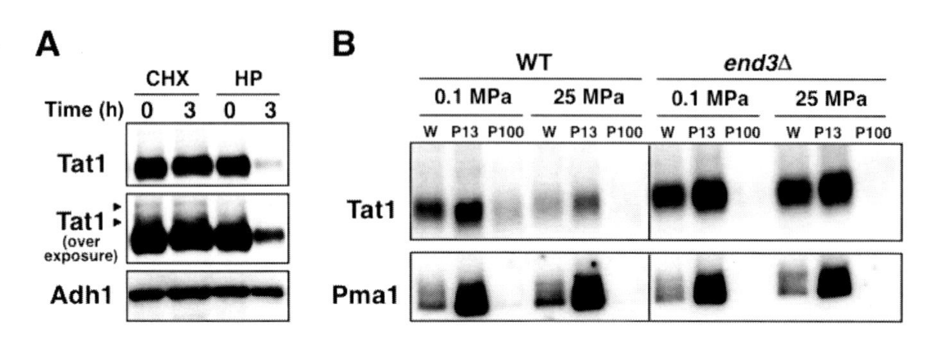

Fig. 1. Endocytotic degradation of Tat1 in response to high pressure. (A) The wild-type cells were exposed to cycloheximide (CHX, 100 μg/mL) or pressure of 25 MPa (HP) for 3 h. The whole cell extracts were prepared for Western blotting analysis using anti-HA antibody to detect the 3HA-Tat1 proteins. Arrowheads denote the higher molecular-weight bands of 3HA-Tat1. (B) The wild-type and the *end3*Δ cells were exposed to pressure of 25 MPa for 3 h. The P13 and P100 membranes were collected from the whole cell extracts (W) by differential centrifugation. Adh1 and Pma1 were used as loading controls for the whole cell extracts and the P13 membranes, respectively. The figure is reused from Ref. 14 with permission of ASM.

4.7. 圧力依存の Tat1 分解は細胞質ドメインの K29 と K31 のユビキチン化による

Tat2 では N 末端側の細胞質ドメインにある 2 つのリジン残基 K29 と K31 がユビキチン化され、引き続くエンドサイトーシスと液胞内への輸送により分解が完了する [8]。しかしながら、Tat1 ではユビキチン化される部位が明らかになっていなかった。そこで私たちは、N 末端に存在するリジン残基を様々な組み合わせでアルギニンに置換し、ウエスタンブロッティングを行い Tat1 分解への影響を調べた。Fig. 2A に示すように、Tat1 の K29 と K31 を同時に置換した $Tat1^{K29R\text{-}K31R}$ と 11 個のリジンを全てアルギニンに置換した $Tat1^{11K>R}$ では、高分子量側の 2 本のバンドが消失した。このことは、Tat1 においても Tat2 と同様に K29 と K31 がユビキチン化され分解されることを示唆している。さまざまな K>R 置換型 Tat1 について、圧力培養に伴う存在量の変化を調べたところ、$Tat1^{K29R\text{-}K31R}$、$Tat1^{K10R\text{-}K29R\text{-}K31R}$ および $Tat1^{11K>R}$ において、25 MPa における分解抑制が確認された（Fig. 2B)。従って、酵母を圧力培養すると Tat1 の K29 と K31 が Rsp5 によりユビキチン化され、それが引き金となり分解経路に乗るものと考えられる。

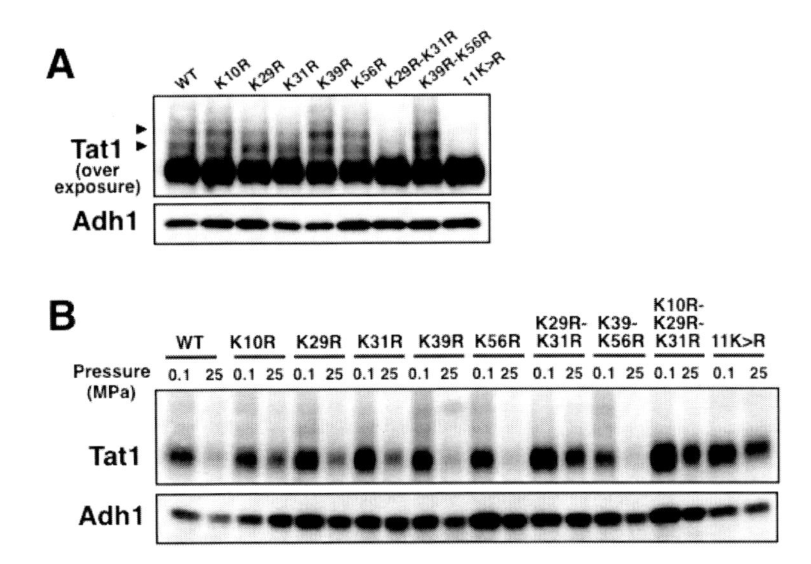

Fig. 2. Determination of lysine residues required for ubiquitin-dependent Tat1 degradation. (A) The 3HA-Tat1 proteins with single or double K>R substitutions were visualized by Western blotting analysis using anti-HA antibody. Arrowheads denote the higher molecular-weight bands of 3HA-Tat1. (B) The wild-type cells expressing the 3HA-Tat1 proteins with single or multiple K>R substitutions were exposed to pressure of 25 MPa for 3 h. The whole cell extracts were prepared for Western blotting analysis to detect the variant 3HA-Tat1 proteins. Adh1 was used as a loading control. The figure is reused from Ref. 14 with permission of ASM.

4.8. 圧力依存のTat1分解はRsp5のWW3ドメインと複数のアレスチン様タンパク質に依存する

Rsp5ユビキチンリガーゼは様々な基質タンパク質をユビキチン化するが、どのようにして基質を選択するのかよくわかっていない。*HPG1-1*は変異型Rsp5（P514T）であり、触媒部位にアミノ酸置換があるためユビキチン化活性が低下している[6]。この株では高圧下でもTat1が安定に維持されることから、分解にはRsp5の触媒活性が必要なことがわかる（Fig. 3A）。Rsp5の分子中央部には、2つのトリプトファンで挟まれたWWドメインが3カ所存在しており、アダプターとよばれる一群のタンパク質がそれらのPPxY配列を介して相互作用することが示されている。すなわち、アダプターには多様性があり、Rsp5による多様な基質の認識を可能にしているという仮説である。3つのWWドメインをそれぞれWGに置換した変異体を作製し、Tat1の分解を調べた。その結果、WW3の変異型において分解の抑制が確認された（Fig. 3A）。このことは、何らかのアダプタータンパク質がWW3を介してRsp5に結合し、Tat1の分解を促すことを示唆している。ただし、WW3の変異によるTat1の分解抑制は完全ではないので、WW1とWW2も重複し何らかのアダプターと相互作用する可能性も考えられる。Bul1とBul2はRsp5結合タンパク質で[9]、両者の欠損は顕著なTat2の分解抑制を引き起こす[6]。しかし、Tat1はその二重欠損株（*bul1Δbul2Δ*）でも高圧下で分解されることから（Fig. 3A）、これら2つのアダプター以外にTat1分解に関与するタンパク質が存在するようである。酵母は他にPPxY配列を含むアレスチン様タンパク質を9個持っている[10]。9個のアレスチン様タンパク質を全て欠損する株（*9-arrestin*）、それらに加えBul1/Bul2も欠損した11遺伝子破壊株（*9-arrestin bul1Δbul2Δ*）[11]におけるTat1の分解を調べた。その結果、*9-arrestin*株では野生株と同様にTat1は分解されたが、*9-arrestin bul1Δbul2Δ*株では分解が抑制された（Fig.

3B)。このことは、重複した機能を持つ 11 個のアレスチン様タンパク質が、Tat1 ユビキチン化のアダプターとして働く可能性を示唆している。

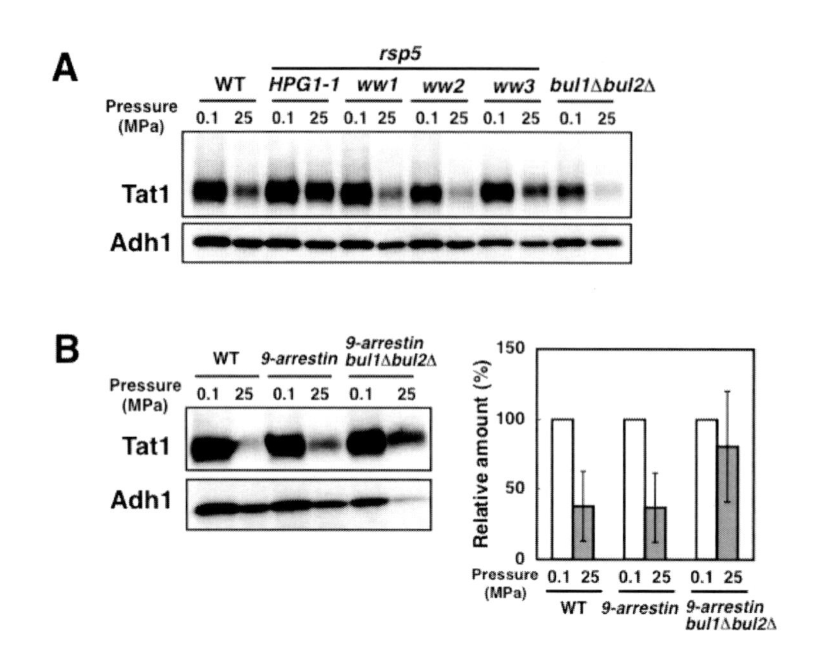

Fig. 3. The role of the Rsp5 WW domain and the multiple PPxY proteins in Tat1 degradation responding to high pressure. (A) Cells of the wild-type, *HPG1-1*, *rsp5-ww1*, *rsp5-ww2*, *rsp5-ww3* and *bul1Δbul2Δ* strains were exposed to pressure of 25 MPa for 3 h. (B) *Left*, Cells of the wild-type, *9-arrestin*, and *9-arrestin bul1Δbul2Δ* strains were exposed to pressure of 25 MPa for 3 h. The whole cell extracts were prepared for Western blotting analysis to detect the variant 3HA-Tat1 proteins. Adh1 was used as a loading control. *Right*, Relative amounts of 3HA-Tat1 to Adh1 were calculated from the signals detected in an ImageQuant LAS4000 mini. Data are shown as mean ± standard deviation from three independent experiments. The figure is reused from Ref. 14 with permission of ASM.

4. 考察

本研究では、酵母を 25 MPa の圧力条件下で培養したとき、低親和性型トリプトファン輸送体 Tat1 の分解が促進される機構について報告した。この分解は、Tat1 の N 末端側にある 2 つのリジン残基 K29 と K31 のユビキチン化が引き金となっており、Rsp5 と複数のアレスチン様タンパク質によって担われることがわかった。では、なぜ常圧下で安定な Tat1 が、酵母を 25 MPa という非致死的な圧力条件にさらすと分解されるのであろうか？Tat1 は 12 回膜貫通型のタンパク質で N 末端と C 末端を除く大部分は細胞膜に埋没している。脂質二重層の構造は温度や圧力によって大きく変化し、高圧はアシル鎖のパッキングを高め回転ブラウン運動を束縛する [12, 13]。従って、膜構造にこうした大きな摂動が加わった結果、Tat1 タンパク質が変性して機能が低下し、Rsp5 の標的としてユビキチン分解された可能性が考えられる。ただし、全ての膜タンパク質が一様に圧力変性して分解される訳ではない。例えば、プロトンポンプ Pma1 については、Tat1 と同様に細胞膜に局在するにも関わらず、25 MPa で分解されることはない。おそらく細胞膜内では膜タンパク質の安定性が個々に異なっており、Tat1 は高圧への感受性が高く、特に損傷されやすいのではなかろうか。ただし、この場合の損傷は局所的なものかもしれない。事実、Tat1によるトリプトファンの取り込みは高圧下で低下するものの、ゼロにはなっていない。部分変性したTat1がRsp5の標的になりやすい可能性も考えられる。あるいは、Tat1のN末端細胞質ドメインに何らかのタンパク質が相互作用しており、通常の培養条件下ではRsp5によるTat1のユビキチン化が起こらないよう制御しているのかもしれない。加圧すると、このタンパク質がTat1のN末端から解離し、露出した部位のリジン残基がRsp5の標的になるというモデルである。現在我々は、Tat1のN末端に結合するタンパク質を網羅的に単離し、それらの相互作用が圧力に依存してどう変化するのか調べる実験系を構築中である。

単一の細胞といえども、内部は無数の因子が絡み合う複雑なシステムである。従って、圧力への細胞応答が複雑であることは言うまでもない。真の圧力効果と二次的な効果をいかにして切り分けていくかに多くの注意を払わなければならない。圧力という物理的環境因子を細胞はどのように認識しているのか？いったいどんな遺伝子が高圧下で生きるために重要なのか？幸いなことに酵母では、遺伝子の発現と機能、およびそれらの相互作用について、様々な観点から網羅的解析がなされている。すなわち、仮に二次的効果であったとしても、それらを糸口として圧力効果の本質をたぐり寄せるに十分な下地があるのだ。細胞レベルの圧力効果を調べるために、酵母が最良の実験材料の一つであることは間違いないであろう。

なお、本論文は引用文献14に基づくものであり、American Society for Microbiologyの許可を得て図を転載した。

謝辞

本研究を行うに当たり、開俊樹博士、出口弘樹氏、永田麻衣氏には彼らの技術協力に、Hugh R. B. Pelham博士には*9-arrestin*株と*9-arrestin bul1Δbul2Δ*株の供与に感謝申し上げます。本研究は科学研究費補助金（24580122）と私立大学戦略的研究基盤形成支援事業（S1311005）の予算を用いて行われました。

参考文献

[1] Abe F. (2007) Exploration of the effects of high hydrostatic pressure on microbial growth, physiology and survival: Perspectives from piezophysiology. Biosci. Biotechnol. Biochem. 71: 2347-2357.

[2] Abe F. (2004) Piezophysiology of yeast: Occurrence and significance. Cell. Mol. Biol. (Noisy-le-grand) 50: 437-445.

[3] 阿部文快 (2013) 出芽酵母における非致死的圧力への応答と適応 —ゲノムからのアプローチ、 進化する食品高圧加工技術 —基礎から最新の応用事例まで エヌ・ティー・エス出版 p.85-95.

[4] Abe F, Horikoshi K. (2000) Tryptophan permease gene *TAT2* confers high-pressure growth in *Saccharomyces cerevisiae*.. Mol. Cell. Biol. 20: 8093-8102.

[5] Heitman J, Koller A, Kunz J, Henriquez R, Schmidt A, Movva NR, Hall MN. (1993) The immunosuppressant FK506 inhibits amino acid import in *Saccharomyces cerevisiae*.. Mol. Cell. Biol.13: 5010-5019.

[6] Abe F, Iida H. 2003. Pressure-induced differential regulation of the two tryptophan permeases Tat1 and Tat2 by ubiquitin ligase Rsp5 and its binding proteins, Bul1 and Bul2. Mol. Cell. Biol. 23: 7566-7584.

[7] Nagayama A, Kato C, Abe F. (2004) The *N*- and *C*-terminal mutations in tryptophan permease Tat2 confer cell growth in *Saccharomyces cerevisiae* under high-pressure and low-temperature conditions. Extremophiles 8: 143-149.

[8] Beck T, Schmidt A, Hall MN. (1999) Starvation induces vacuolar targeting and degradation of the tryptophan permease in yeast. J. Cell Biol. 146: 1227-1238.

[9] Yashiroda H, Oguchi T, Yasuda Y, Toh-E A, Kikuchi Y. (1996) Bul1, a new protein that binds to the

Rsp5 ubiquitin ligase in *Saccharomyces cerevisiae.* Mol. Cell. Biol.16: 3255-3263.
[10] Lin CH, MacGurn JA, Chu T, Stefan CJ, Emr SD. (2008) Arrestin-related ubiquitin-ligase adaptors regulate endocytosis and protein turnover at the cell surface. Cell 135: 714-725.
[11] Nikko E, Pelham HR. (2009) Arrestin-mediated endocytosis of yeast plasma membrane transporters. Traffic 10: 1856-1867.
[12] Winter R. (2002) Synchrotron X-ray and neutron small-angle scattering of lyotropic lipid mesophases, model biomembranes and proteins in solution at high pressure. Biochim. Biophys. Acta 1595: 160-184.
[13] Matsuki H, Goto M, Tada K, Tamai N. (2013) Thermotropic and barotropic phase behavior of phosphatidylcholine bilayers. Int. J. Mol. Sci. 14: 2282-2302.
[14] Suzuki, A, Mochizuki T, Uemura S, Hiraki T, Abe F. (2013) Pressure-induced endocytic degradation of the yeast low-affinity tryptophan permease Tat1 is mediated by Rsp5 ubiquitin ligase and functionally redundant PPxY-motif proteins. Eukar. Cell 12: 990-997.

High-Pressure Induced Degradation of the Yeast Tryptophan Permease Tat1: Quality Control of Membrane Proteins

Fumiyoshi Abe*, Takahiro Mochizuki, Asaha Suzuki, and Satoshi Uemura

Department of Chemistry and Biological Science, College of Science and Engineering, Aoyama Gakuin University, 5-10-1 Fuchinobe, Chuo-ku, Sagamihara, Japan
**E-mail: abef@chem.aoyama.ac.jp*

Abstract

Tryptophan uptake in the yeast *Saccharomyces cerevisiae* cell is highly sensitive to high hydrostatic pressure and is readily impaired by pressures of 15–25 MPa. Hence, protein synthesis of tryptophan auxotrophic strains is inhibited, thereby causing growth arrest. The yeast cells express two tryptophan permeases Tat1 and Tat2, which have different characteristics in terms of their affinity for tryptophan and intracellular localization. Although the high-affinity permease Tat2 has been well documented in terms of its ubiquitin-dependent degradation, the low-affinity permease Tat1 has not yet been fully characterized. We found that Tat1 was highly stable at 0.1 MPa but was rapidly degraded when cells were exposed to pressure of 25 MPa. High-pressure induced Tat1 degradation depended on endocytosis and the activity of Rsp5 ubiquitin ligase. Replacement of *N*-terminal two lysine residues K29 and K31 with arginine prevented Tat1 from degradation at 25 MPa. These results suggest that ubiquitination of Tat1 occurs on K29 and K31 in Rsp5-dependent manner. We also found that multiple arrestin-related trafficking adaptors mediated Tat1 ubiquitination under high hydrostatic pressure. Our findings illuminate the role of ubiquitin system in the concept of quality control of membrane proteins that are compromised by high hydrostatic pressure.

Keywords : *Saccharomyces cerevisiae,* tryptophan permease Tat1, Rsp5 ubiquitin ligase, quality control

深海微生物由来ジヒドロ葉酸還元酵素の高圧力環境適応機構

大前英司*[1]、宮下由里奈[1]、月向邦彦[2]、加藤千明[3]

[1]広島大学大学院理学研究科
広島県東広島市鏡山 1-3-1
[2]広島大学サステナブル・ディベロップメント実践研究センター
広島県東広島市鏡山 1-3-1
[3]独立行政法人海洋研究開発機構 海洋・極限環境生物圏領域
神奈川県横須賀市夏島町 2-15
*E-mail: ohmae@hiroshima-u.ac.jp

要旨

深海の高圧力環境に対する酵素の適応機構を解明するため、10 種以上の深海微生物および常圧細菌からジヒドロ葉酸還元酵素（DHFR）遺伝子をクローニングして組換えタンパク質を発現・精製し、その特徴を調べた。得られた DHFR の塩基配列およびアミノ酸配列を比較した結果、これらの深海微生物は大気圧下で生育した先祖がそれぞれの属に分化した後に、別々に深海環境に適応したと考えられた。また結晶構造解析により、深海微生物 *Moritella profunda* 由来 DHFR（mpDHFR）と大腸菌由来 DHFR（ecDHFR）の骨格構造はほとんど一致することが確かめられた。しかし両 DHFR の構造安定性は大きく異なっており、mpDHFR は ecDHFR と比較して熱に対しては安定であったが、尿素と圧力に対しては不安定だった。変性に伴う体積変化の比較から、mpDHFR の天然構造は ecDHFR よりもキャビティー体積が小さく、水和量が多い構造であることが示唆された。一方、多くの DHFR の酵素活性は加圧により阻害されたが、3 種の深海微生物由来 DHFR は 50 MPa 付近で最大活性を示した。活性化体積の正負の反転は、酵素反応における律速過程、遷移状態におけるキャビティーと水和、および、機能発現に関わる構造のゆらぎの変化を示唆している。キャビティーと水和はアミノ酸残基の側鎖に依存するため、DHFR は骨格構造を維持したまま側鎖を変化させることで、深海の高圧力環境に適応していると考えられる。

キーワード：キャビティーと水和、深海生物由来酵素、ジヒドロ葉酸還元酵素、高圧力、分子適応

1. はじめに

深海は、生物にとっては好ましからざる暗黒、低温（場所によっては超高温）、高圧力の極限環境であるが、魚類・貝類・甲殻類・細菌など、多くの生物が生息している。これら深海生物の細胞内の温度と圧力は外部と同じであるため、これらの生物が産生する酵素は、深海生物が生育している温度と圧力下で機能を持っていなければならない。また、このような極限環境への適応機構は、これらの酵素自身が保有していなければならない。このような深海生物由来酵素の環境適応機構を分子レベルで明らかにすることは、酵素の構造・安定性・機能の関係を解明する上で、新規で有用な情報を与えるのみならず、酵素を利用したプロセス

における生産効率の向上など、産業的な応用においても有益である。

ジヒドロ葉酸還元酵素（DHFR）[EC 1.5.1.3]は、核酸のプリン塩基や幾つかのアミノ酸の合成に関与する、生物にとって必須の酵素であるため、抗がん剤や抗マラリア剤、その他の抗生物質の標的酵素となっている。このため、大腸菌[1]、ヒト[2]、カンジダ肺炎の病原菌である *Candida albicans* [3]、マラリア原虫 *Plasmodium falciparum* [4]、ニューモシスチス肺炎（カリニ肺炎）の病原菌である *Pneumocystis carinii* と *Pneumocystis jirovecii* [5]、メチシリン耐性黄色ブドウ球菌[6]など、種々の生物由来の DHFR に関して多くの研究が行われている。

また、DHFR は由来する生物が生育している環境下で機能していることが確実なので、酵素の環境適応機構研究の良いモデル酵素となっており、高度好熱菌 *Thermotoga maritime* [7]、好冷菌 *Moritella profunda* [8]、高度好塩菌 *Haloferax volcanii* [9]などの DHFR に関しても研究が進められている。このように DHFR に関しては多くの研究の蓄積があり、深海の高圧力環境に対する酵素の適応機構を解明するためには、最も適した酵素と考えられる。我々は、種々の深海微生物由来 DHFR の構造・安定性・機能を調べ、その特徴から高圧力環境適応機構を考察した。

2. 深海微生物の単離と同定

深度 10,000 m 以上まで潜れる深海潜水艇の開発により、今日では、深海微生物が含まれる世界中の海水や海底泥のサンプルを採集することが可能になっている（Figure 1A）。しかし、

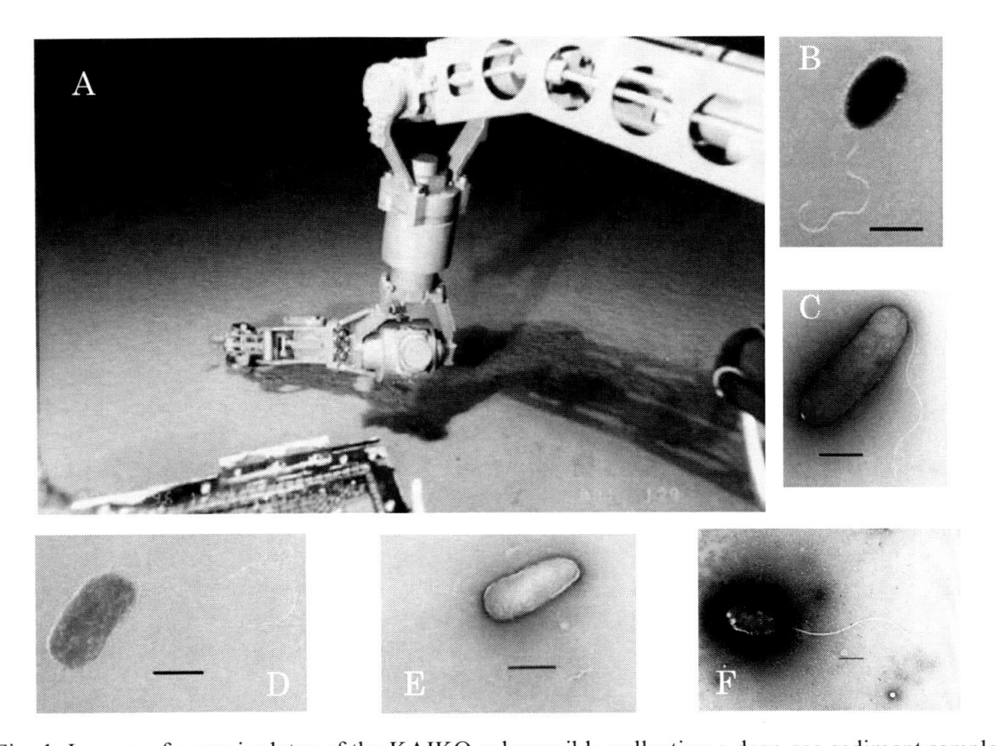

Fig. 1. Images of a manipulator of the KAIKO submersible collecting a deep-sea sediment sample in the Mariana Trench at a depth of 10,898 m by means of sterilized mud sample (A), and electron microscope images of the deep-sea bacteria *Shewanella violacea* strain DSS12 (B), *Moritella yayanosii* strain DB21MT-5 (C), *Moritella japonica* strain DSK1 (D), *Shewanella benthica* strain DB21MT-2 (E), and *Photobacterium profundum* strain DSJ4 (F). Scale bars in B–F: 1 μm. Taken from Ohmae *et al*. [45].

これらの深海サンプルを海上に引き揚げるときには、採集地点の温度は維持できるが、圧力は特殊な採集装置を用いなければ維持できない。このため、採集サンプル中に含まれる絶対好圧菌（加圧下でないと生育できない細菌）の多くは、サンプルが大気圧に曝露されたときに死んでしまっている可能性がある。一方、深海微生物の中には、大気圧下でも生き延び、生育できる種類も存在する。これらの深海微生物の多くは、加圧により生育が加速される好圧菌である。それゆえ、深海微生物の培養と単離は生息環境に近い条件で行うことが望ましい。我々は、加圧容器を用いて以下の方法で深海微生物の培養と単離を行っている[10]。まず、少量の採集サンプルを Marine Broth 2216（Difco Laboratories）と共にプラスチックの袋に密閉し、加圧容器中に入れる。加圧容器は採集地点と同じ圧力に加圧し、冷蔵庫内（2–4°C）に 7–14 日間保持して深海微生物の増殖を促す。次に、増殖した深海微生物の少量をディスポーザブルシリンジで採取し、低融点アガロースを加えた培地と混合してプラスチックの袋に密閉し、同じ温度と圧力で培養する。これを数回繰り返して単一コロニーを得る。単離された深海微生物の電子顕微鏡写真を Figure 1B–F に示した。

単離した深海微生物の分類学的な同定は、5S と 16S リボゾーム DNA の塩基配列と、その他の幾つかの方法により行った[11]。16S リボゾーム DNA の塩基配列から、深海微生物の約半分は古細菌に、残りは種々の細菌に分類できることがわかった[12]。中でも、γ-プロテオバクテリア（このグループには *Escherichia*、*Pseudomonas*、*Salmonella*、*Vibrio* などのポピュラーな属が含まれる）に含まれる深海細菌は全て、*Shewanella*、*Moritella*、*Psychromonas*、*Photobacterium*、*Colwellia* の 5 属に分類されることがわかった[13]。これらの 5 属は、全て大気圧下に生息する種を含んでいるので、これらの深海細菌は大気圧下で各属に分化した後、深海の低温・高圧力の環境に別々に適応したものと考えられる。本研究で用いた深海微生物および同属の常圧細菌の種類と、それらに由来する DHFR の呼称を Table 1 に示した。

Table 1. Descriptions of the bacterial species and DHFR names used in this article [a]

Bacterial species	Isolation source or depth	Piezophilicity of bacteria	Reference	DHFR names
Shewanella benthica ATCC43992	4,575 m	Piezophilic	[39]	sb43992DHFR
S. benthica DB21MT-2	10,898 m	Piezophilic	[11]	sb21DHFR
S. benthica DB6705	6,356 m	Piezophilic	[10]	sb6705DHFR
S. frigidimarina ACAM591	Antarctic sea ice	Piezosensitive	[35]	sfDHFR
S. gelidimarina ACAM456	Antarctic sea ice	Piezotolerant	[35]	sgDHFR
S. oneidensis MR-1	Oneida Lake	Piezosensitive	[22]	soDHFR
S. putrefaciens IAM12079	rancid butter	Piezosensitive	[40]	spDHFR
S. violacea DSS12	5,110 m	Piezophilic	[10]	svDHFR
Moritella abyssi 2693	2,815 m	Piezophilic	[18]	maDHFR
M. japonica DSK1	6,356 m	Piezophilic	[16]	mjDHFR
M. marina	sea water	Piezosensitive	[41]	mmDHFR
M. profunda 2674	2,815 m	Piezophilic	[18]	mpDHFR
M. yayanosii DB21MT-5	10,898 m	Piezophilic	[11]	myDHFR
Photobacterium phosphoreum	sea water	Piezosensitive	[42]	ppDHFR
P. profundum DSJ4	5,110 m	Piezophilic	[43]	ppr4DHFR
P. profundum SS9	2,551 m	Piezophilic	[30]	ppr9DHFR
Psychromonas kaikoae JT7304	7,434 m	Piezophilic	[44]	pkDHFR
Escherichia coli		Piezosensitive		ecDHFR

[a]Taken from Ohmae *et al*. [45].

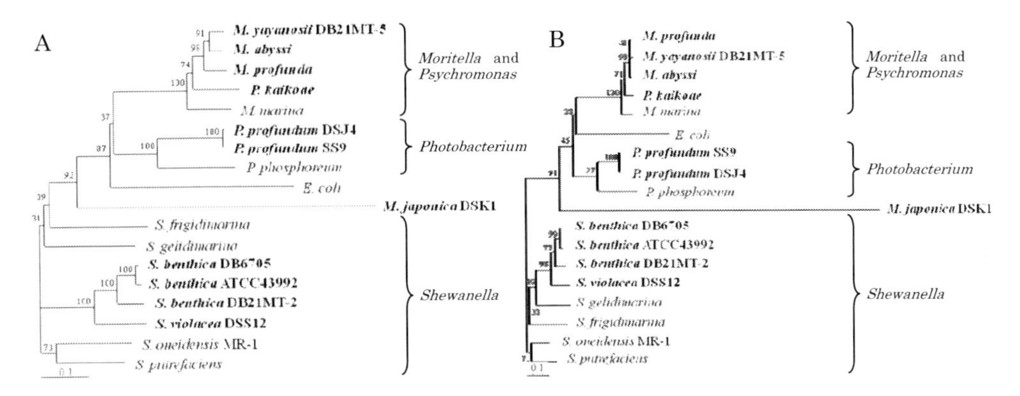

Fig. 2. Phylogenetic trees showing the relationships of deep-sea bacteria and their congeneric species constructed with the nucleotide (A) and amino acid (B) sequences of dihydrofolate reductases (DHFRs) using the neighbor-joining method. The scale represents the average number of substitutions per site. Bootstrap values (%) indicated at the branches were calculated from 1,000 trees. Deep-sea bacteria are indicated by bold letters. Taken from Ohmae *et al*. [45].

3. 深海微生物由来 DHFR のクローニングと大腸菌での過剰発現

現在では多くの細菌ゲノムの塩基配列がデータベースに登録されているが、深海微生物ゲノムの登録はまだ少ない。その上、本研究で用いた幾つかの新規な深海微生物に関しては、16S リボゾーム DNA の塩基配列しか判明していなかった。そこで我々は、DHFR タンパク質の過剰発現により大腸菌がトリメトプリム耐性になることを利用し、まず、深海微生物のゲノム DNA を制限酵素で切断して pUC118 ベクターに連結し、大腸菌に導入して 100 mg/L のアンピシリンと 5 mg/L のトリメトプリムを含む LB プレートで生育する形質転換体を得た[14]。ベクターに挿入された DNA 断片は全長の塩基配列を決定するには大きすぎたため、トランスポゾンを用いた変異導入法（Invitrogen 社 Gene Jumper Kit）でトリメトプリム感受性に復帰した変異体を作製し、挿入されたトランスポゾンの両側の塩基配列から DHFR 遺伝子の塩基配列を決定した[14]。判明した幾つかの深海微生物由来 DHFR の塩基配列から、degenerate PCR 法および PCR を用いた chromosome walking 法（Seegene 社 DNA Walking Speed-up Kit）により、他の深海微生物由来 DHFR 遺伝子の塩基配列を決定することができた[15]。この際、貴重な深海微生物ゲノム DNA の使用量を節約するために、Φ29 ファージ由来 DNA ポリメラ

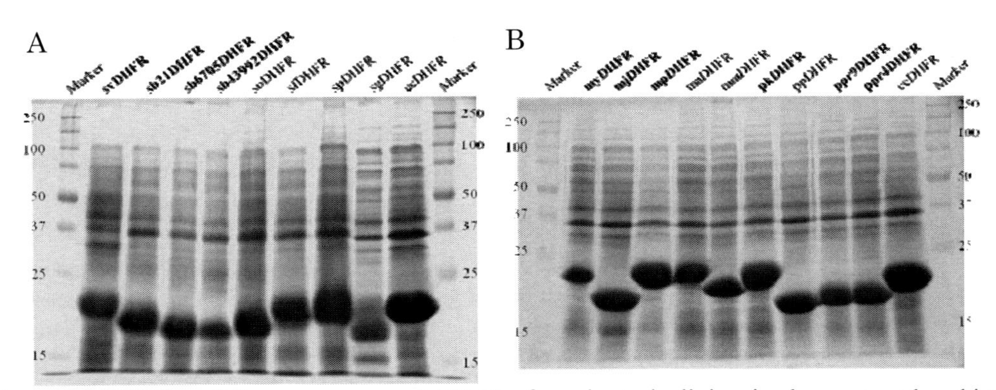

Fig. 3. SDS-PAGE of the overexpressed DHFRs from bacteria living in deep-sea and ambient atmospheric pressure environments in *Escherichia coli* cells. Deep-sea DHFRs are indicated by bold letters. Taken from Ohmae *et al*. [45].

一ゼを用いたゲノム DNA 増幅法（GE Helthcare 社 GenomiPhi Kit）も利用した[15]。これらの技術を用いることにより、1 ng 以下のゲノム DNA からでも、DHFR 遺伝子の塩基配列を決定し、過剰発現させることができるようになった。また、これらの技術により、単離培養できない細菌や、メタゲノム由来の DHFR 遺伝子に関しても、塩基配列の決定や過剰発現が可能である。

Figure 2 は、決定された深海微生物と同属の常圧性細菌由来 DHFR の塩基配列(A)とアミノ酸配列(B)を基にして作成した系統図である。16S リボゾーム DNA の塩基配列から予想されたように、各属は概ね分離していたが、例外的に日本海溝の深度 6,356 m から得られた *M. japonica* DSK1 株[16]は、他の *Moritella* 属細菌から大きく離れていた。しかしながら、Figure 3 に示したように、これらの細菌由来 DHFR は全て大腸菌で過剰発現させることができた。

4. 深海微生物由来 DHFR の一次構造と立体構造

Figure 4 に深海微生物および同属の常圧細菌由来 DHFR の一次構造を示した。N 末端領域のアミノ酸配列は比較的相同性が高く、C 末端領域の配列は相同性が低かったが、全長は約 160 残基で一定であった。また、活性残基である Asp28（*S. benthica* の配列でカウント）は、全ての DHFR で酸性残基（Asp または Glu）として保存されていた。これらの結果は、全ての DHFR が酵素活性を維持できるように、同様な立体構造をとっていることを示している。

```
                      10        20      ↓30        40        50        60        70        80        90
sb43992DHFR  -MKIAMIVAMANNRVIGKDNKMPWHLPEDLKHFKAMTLGKPIVMGRKTYESIGRALPGRLNIVISRQEGLSIAGVTCVTSFESAVAAAGEC
sb6705DHFR   -MKIAMIAAMANNRVIGKDNKMPWHLPEDLKHFKAMTLGKPIVMGRKTYESIGRALPGRLNIVISRQEGLSIAGVTCVTSFESAVAAAGEC
sb21DHFR     -MKIAMIAAMANNRVIGKNNQMPWHLPEDLKHFKAMTLGKPIVMGRKTYESIGRALPGRLNIVISRQQGLTIPGVTCVTSFESAVAAAGEC
svDHFR       -MKIAMIAAMANNRVIGKDNQMPWHLPEDLKHFKAMTLGKPIVMGRKTYDSIGRALPGRLNIVISRQEGLSIPGVTCVTSFEMAVEAAGEC
sgDHFR       ILKIAMIAAMANNRVIGKDNKMPWHLPEDLRHFKAVTLGKPIVMGRKTYESIGRPLPGRHNIVISRQADLAIDGVTTVTCFEDAKLAAGDC
spDHFR       -MRIAMIAAMANNRVIGKDNKMPWHLPEDLKHFKAMTLGKPVVMGRKTFESIGRPLPGRHNIVISRQADLVIEGVTSVTSFDAAKQAAGEC
soDHFR       -MRIAMIAAMANNRVIGKDNKMPWHLPEDLRHFKAMTLGKPVVMGRKTFESIGRPLPGRHNIVISRQADLQIEGVTCVTSFEAAKRVAGDC
sfDHFR       -MRIAMIAAMANNRVIGKDNKMPWHLPEDLRHFKAMTLSKPVVMGRKTYESIGRPLPGRHNIVISRNSQLSIEGVTCVKSFDEAITVAGDC
mmDHFR       -----MIAALANNRVIGLDNKMPWHLPAELQLFKRATLGKPIVMGRNTFESIGRPLPGRLNIVLSRQRDYVAEGVTVVATLEDAIVAAGDV
mjDHFR       -MKLSLMAAKSKNGVIGNGPDIPWQAKGEQLLFKAMTYNQWLLVGRKTFESMGTLPNRKYAVISRSDFVSEDENVMVFSSIESALRQLADI
myDHFR       -----MIAALANNRVIGLDNKMPWHLPAELQLFKRATLGKPIVMGRNTFESIGRPLPGRLNIVLSRQTDYQPEGVTVVATLEDAVVAAGDV
mpDHFR       -MIVSMIAALANNRVIGLDNKMPWHLPAELQLFKRATLGKPIVMGRNTFESIGRPLPGRLNIVLSRQTDYQPEGVTVVATLEDAVVAAGDV
maDHFR       -----MIAALANNRVIGLDNKMPWHLPAELQLFKRATLGKPIVMGRNTFESIGRPLPGRLNIVLSRQTDYQPEGVTVVATLEDAVVAAGDV
pkDHFR       -----MIAALANNRVIGLDNKMPWHLPAELQLFKRATLGKPIVMGRNTFESIGRPLPGRLNIVLSRQTGYQPEGVTVVATLEDAVIAAGDV
ppDHFR       -MKISMIAAMAHDRIIGKDNSMPWHLPADFAWFKRCTLGKPIVMGRKTFESIGRPLPGRLNIVISRNPNFTAEGITVVSDIAAAKLVAGDA
ppr4DHFR     -----MIAAMAKDRVIGKDNAMPWHLPADFAWFKKSTLGKPIVMGRKTFESIGRPLPGRLNIVISRNPEFSVEGVTVVADIEAAKHAAGDI
ppr9DHFR     -----MIAAMAKDRVIGKDNAMPWHLPADFAWFKKSTLGKPIVMGRKTFESIGRPLPGRLNIVISRNPEFSVEGVTVVADIEAAKHAAGDI
ecDHFR       --MISLIAALAVDRVIGMENAMPWNLPADLAWFKRNTLNKPVIMGRHTWESIGRPLPGRKNIILSSQP-GTDDRVTWVKSVDEAIAACGDV
                  ::.* : : :**    :**:   :     **  * .: :::**:*::*:*      :  ::   :        :  .  .  *    .:

     100       110       120       130       140       150       160         Length  Identity  Accession No.
EELVVIGGG-QLYAALLSQADKLYLTEINLDVDGDTHFPRWDDGSWQRISQETAINDKGLEYSFINLVKKC-----   160      49%     AB538271
EELVVIGGG-QLYAALLSQADKLYLTEINLDVDGDTHFPRWDDGSWQRISQETAINDKGLEYSFINLVKKC-----   160      50%     AB538272
EELVVIGGG-QLYAALLSQADKLYLTEINLDVDGDTHFPQWDDGSWQRVSQETSINDKGVEYSFINLVKKC-----   160      51%     AB538270
EELVVIGGG-QLYASLLSKADKLYLTEINLDVAGDTFFPQWDDGSWERISQEMLVNGAGLEYSFINLVKKC-----   160      52%     AB519243
EELVVIGGG-QLYTSLLCLSDVLYLTEISLDVEGDTYFPHWDDGSWLEMSRDVAISGKQLEYSFIKMVKKC-----   161      48%     AB538273
EELVIMGGG-QLYRELLPQADILYLTQINLDVEGDTYFPEWDARDWQETESLSCINADGLEYRFINLTKKC-----   160      53%     CP000681
EELVVIGGG-QLYKQLLPQADRLYLTQINLDVDGDTFFPAWEDNEWQKTETQPSISADGLEYNFINLVKKC-----   160      48%     AE014299
EEIVVIGGG-QLYQQLLPQADVLYLTLIDVDVDGDTVFPAWDDGSWDLQNSVTATNDKGLQYSFNTLVKKC-----   160      51%     CP000447
EELMIIGGA-TIYSQCLAAADRLYLTHIELTTAGDTWFPDYEQYNWQEIEQEYFVADDNNPHDYRFSLLERVK---   158      55%     AB862596
TDHVIVSGGGEIYRSLISKVDTLHISTIDIETEGDIVFPDIPDSFSLAFEQKFESNINYCYQIWQNS---------   157      32%     AB505968
EELMIIGGA-TIYNQYLAAADRLYLTHIELTIEGDTWFPDYEQYHWQEIEHESYAADDKNPHDYRFSLLERVK---   158      55%     AB505967
EELMIIGGA-TIYNQCLAAADRLYLTHIELTTEGDTWFPDYEQYNWQEIEHESYAADDKNPHNYRFSLLERVK---   162      55%     AJ487535
EELMIIGGA-TIYNQCLAAADRLYLTHIELTTEGDTWFPDYEQYNWQEIEHESYAADDKNPHDYHFSLLERVK---   158      55%     AB862595
EELMIIGGA-TIYQQCLAAADRLYLTHIELTTAGDTWFPDYEQYNWHEIVHENYSADDKNPYDYHFSLLERVK---   158      54%     AB862599
PELMIIGGG-SIYQACLPIADSLYLTFIDADLEGDTQFPDWGEH-WHRVESQRYNADDKNAYAMEFVILERS----   160      55%     AB862598
GELMVIGGG-SIYEACLPSADRLYLTFIDLDVDGDTCFPDWGEG-WIKSYTEHYSADEKNAHDMQFVILDRNVDLT   160      55%     AB862597
GELMVIGGG-SIYEACLPSADRLYLTFIDLDVDGDTCFPDWGEG-WIKSYTEHYSADEKNAHDMQFVILERNVDLT   160      56%     AB505966
PEIMVIGGG-RVYEQFLPKAQKLYLTHIDAEVEGDTHFPDYEPDDWESVFSEFHDADAQNSHSYCFEILERR----   159     100%     AP009048
 : :::.*.  :*    :     : *::: *.      **   **
```

Fig. 4. Amino acid sequences of DHFRs from deep-sea bacteria and their congeneric species. Deep-sea DHFRs are indicated by bold letters. Residue numbering is based on the sequence of the DHFR from *S. benthica*. The symbols "asterisk", "colon", and "end point" below the alignment indicate fully, strongly, and weakly conserved amino acid residues, respectively. The active site residue is indicated by an arrow on the numbering row. The sequence length, level of identity with ecDHFR, and accession numbers for the DDBJ/GenBank/EMBL sequence databases are also indicated at the end of each sequence. Taken from Ohmae *et al*. [45].

Figure 5A は大腸菌 DHFR（ecDHFR, PDB ID: 1rx2）[17]と、西アフリカ沖の深度 2,815m で採集された深海微生物 *M. profunda* [18]由来 DHFR（mpDHFR, PDB ID: 2zza）[19]の立体構造を重ね合わせたものである。両 DHFR の一次構造は 55%の相同性しかなかったが（Figure 4）、骨格構造はほとんど一致していた。*M. japonica* 由来 DHFR（mjDHFR）を除く他の DHFR も、一次構造の相同性が 48−56%であるので、これらの DHFR の骨格構造も ecDHFR のものに近いと思われる。一方、mjDHFR と ecDHFR の一次構造の相同性は 32%しかないが、同程度の相同性を示す human および mouse 由来 DHFR も ecDHFR と似た骨格構造を持つことから[20, 21]、mjDHFR の立体構造も ecDHFR のものに近いと思われる。

立体構造が決定されているもう一つの深海微生物由来酵素は、マリアナ海溝の深度 10,897m の深海底泥から採集・分離された *S. benthica* DB21MT-2 株[11]由来の、3-イソプロピルリンゴ酸脱水素酵素（PDB ID: 3vmk）である。Figure 5B に示したように、この酵素の骨格構造は、米国のオネイダ湖で採集された同属細菌 *S. oneidensis* MR-1 株[22]由来のホモログ（PDB ID: 3vmj）と完全に一致していた[23]。深海生物由来酵素と常圧生物由来ホモログの立体構造の保存性は、*M. profunda* 由来のアスパルギン酸カルバモイル転移酵素 [24]、*Geobacillus* sp. HTA-462 株由来の α-グルコシダーゼ[25]、深海酵母 *Cryptococcus liquefaciens* N6 株由来の Cu/Zn スーパーオキシドジスムターゼ[26]、深海性のゴカイの仲間 *Alvinella pompejana* 由来のスーパーオキシドジスムターゼ[27]、種々の超高熱菌由来酵素[28]などでも報告されている。また、立体構造が未決定の深海生物由来酵素に関しても、一般的には常圧生物由来ホモログと同様の立体構造を持つことが、ホモロジーモデリングで確認されている[29]。これらの結果から、深海生物由来酵素の立体構造は、常圧生物由来ホモログと基本的に同じと考えられる。

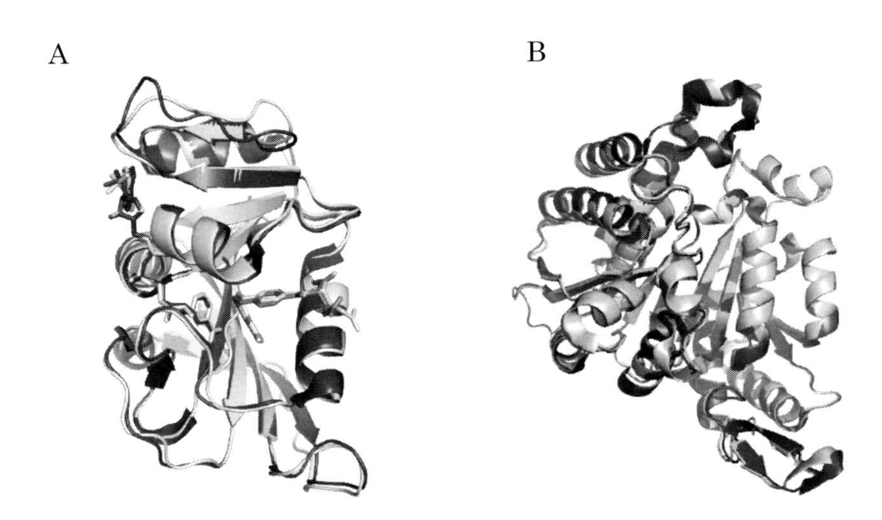

Fig. 5. Superimposed drawings of the crystal structures of deep-sea enzymes (black) and their normal homologs (gray). (A): mpDHFR (PDB code: 2zza; black) and ecDHFR (1rx2; gray). (B) 3-Isopropylmalate dehydrogenase (subunit of the homodimer) from *S. benthica* strain DB21MT-2 (3vmk; black) and *S. oneidensis* strain MR-1 (3vmj; gray). Pictures were drawn using PyMol software [http://www.pymol.org/]. Taken from Ohmae *et al.* [38].

5. 深海微生物由来 DHFR の構造安定性

深海は高圧力なだけでなく低温の環境でもあるので、深海生物由来酵素は常圧生物由来のホモログよりも熱安定性が低いと考えられてきた。実際、多くの深海生物由来酵素が最大活性を示す温度は、常圧生物由来ホモログのそれよりも低い[14]。しかし、最大活性を示す温度は、必ずしも立体構造の熱安定性の指標とはならない。Figure 6 は ecDHFR と mpDHFR の遠紫外円二色性スペクトルの温度依存性を示したものである。ecDHFR のスペクトルにおける 220 nm 付近の楕円率は、温度が上昇するに従って増加（負の値が減少）しており、これは熱による二次構造の崩壊を示している（Figure 6A）。一方、mpDHFR の楕円率は温度が上昇するに従って減少（負の値が増加）し、二次構造の増加を示している（Figure 6B）。この結果は、mpDHFR の方が ecDHFR よりも立体構造の熱安定性がはるかに高いことを示している[19]。同様の異常な熱安定性は、琉球海溝の深度 5,110 m で採集された *S. violacea* DSS12 株[10]由来 DHFR（svDHFR）や、フィリピンのスールー海の深度 2,551 m で採集された *Photobacterium profundum* SS9 株[30]由来 DHFR（ppr9DHFR）でも見られたが、これらの DHFR はそれぞれ 65°C および 70°C で会合してしまった（Figure 6C）。これらの結果から、DHFR の熱安定性は、由来する生物が生育していた温度とは相関していないと言える。

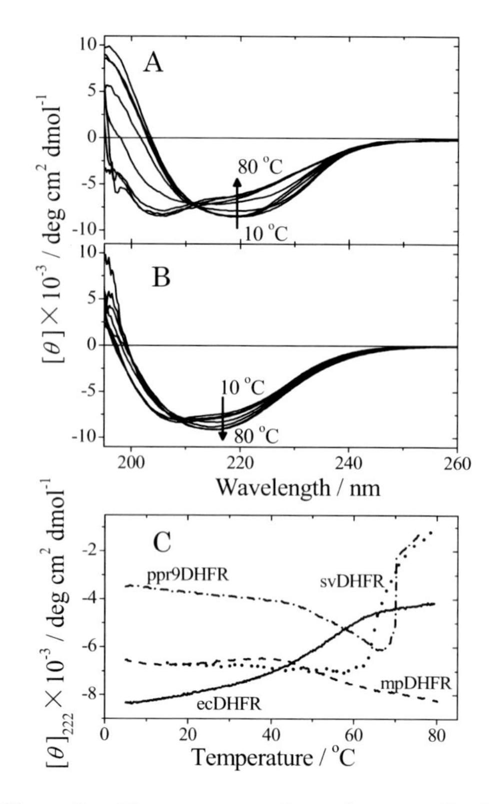

Fig. 6. Temperature dependence of the far-ultraviolet circular dichroism spectra of ecDHFR (A) and mpDHFR (B) at pH 8.0. The buffer used was 20 mM Tris-hydrochloride containing 0.1 mM EDTA and 0.1 mM dithiothreitol. (C) Temperature dependence of the molar ellipticities at 222 nm of ecDHFR (continue line) and 3 deep-sea DHFRs: mpDHFR (dashed line), svDHFR (dotted line), and ppr9DHFR (dashed-dotted line). The buffer used was the same as in panels A and B, except that the pH was 7.0 for svDHFR and ppr9DHFR. Taken from Ohmae *et al.* [45].

ecDHFR と mpDHFR の尿素と圧力に対する構造安定性は、蛍光スペクトルを用いて測定した[19]。蛍光スペクトルの重心波長（CSM）は、以下の式で算出できる[31]。

$$CSM = \Sigma \lambda_i F_i / \Sigma F_i \qquad (1)$$

ここで、λ_i と F_i は、それぞれ波長 i における波数（cm^{-1}）と蛍光強度である。算出された CSM を尿素濃度に対してプロットし（Figure 7A）、N⇌U の二状態転移モデルを仮定して以下の式で非線形フィッティングした。

$$CSM_{obs} = \{CSM_N + CSM_U \exp(-\Delta G_u/RT)\}/\{1+\exp(-\Delta G_u/RT)\} \qquad (2)$$

ここで、R は気体定数、T は絶対温度、ΔG_u は変性に伴うギブス自由エネルギー変化、CSM_N と CSM_U は、それぞれ N 状態と U 状態の CSM 値である。転移領域の各尿素濃度における CSM_N と CSM_U の値は、純粋な N 状態（転移前の領域）と U 状態（転移後の領域）の CSM 値の尿素濃度依存性を示した直線上にあると仮定した。ΔG_u の尿素濃度依存性は、以下の式で計算した[32]。

$$\Delta G_u = \Delta G^\circ_U - m[\text{urea}] \qquad (3)$$

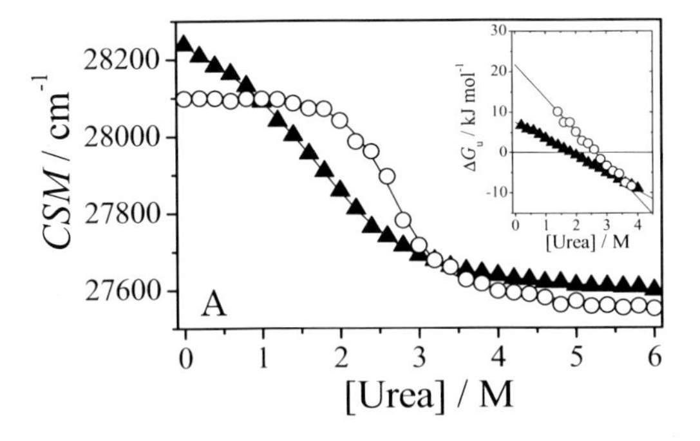

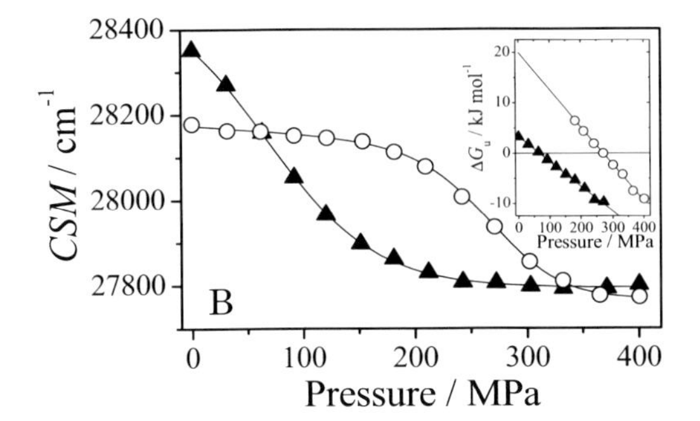

Fig. 7. Urea concentration (A) and pressure (B) dependences of the CSM of mpDHFR (filled triangle) and ecDHFR (open circle) at pH 8.0. The experimental temperatures were 25.0°C (A) and 20.4°C (B). Lines indicate the non-linear least-squares fits for Eqs. 2 to 4 (see Section 5). Insets show urea concentration (A) and pressure (B) dependence of the changes in Gibbs free energy due to protein unfolding. Taken from Ohmae *et al.* [38].

ここで、ΔG°_{U}は尿素濃度ゼロにおける変性に伴うギブス自由エネルギー変化を、mは変性の協同性を示すパラメーターである。また、転移中点（ΔG_u=0）の尿素濃度をC_mとした。算出された熱力学的パラメーター（ΔG°_{U}、m、C_m）はTable 2に示した。mpDHFRのΔG°_{U}値は、ecDHFRのおよそ3分の1であり、mpDHFRはecDHFRよりも尿素に対して著しく不安定であった。深海および常圧環境に生育する6種の*Shewanella*属細菌由来のDHFRの尿素に対する安定性も、ecDHFRより低かった（Table 2）[15]。これらの*Shewanella*属DHFR間におけるアミノ酸配列の相同性は80%以上あり、6種全てのDHFRが異常な熱安定性を示す（未公開データ）ことから、太古の*Shewanella*属の祖先細菌が既に、熱に対して安定で尿素に対して不安定なDHFRを持っていたものと考えられる。

圧力変性の測定結果も、式(2)でフィッティングした。ΔG_uの圧力依存性は以下の式で計算した。

$$\Delta G_u = \Delta G^{\circ}_{P} + P\Delta V_P \qquad (4)$$

ここで、ΔG°_{P}は0 MPaにおける圧力変性に伴うギブス自由エネルギー変化、Pは圧力、ΔV_Pは圧力変性に伴う部分モル体積変化である。この実験では0.1 MPaの差は無視できるほどに小さいので、ΔG°_{P}は大気圧下での圧力変性に伴うギブス自由エネル

Table 2. Thermodynamic parameters for the urea denaturation of ecDHFR and 7 DHFRs at pH 8.0 determined by fluorescence spectra [a]

DHFR	Temperature / °C	ΔG°_{U} / kJ mol^{-1}	m / kJ mol^{-1} M^{-1}	C_m / M
ecDHFR[b]	25	21.8 ± 1.8	8.2 ± 0.7	2.7 ± 0.3
ecDHFR[c]	15	26.9 ± 3.7	9.4 ± 1.2	2.9 ± 0.5
mpDHFR[b]	25	7.9 ± 0.6	4.3 ± 0.2	1.8 ± 0.2
svDHFR[c]	15	8.0 ± 0.5	3.5 ± 0.2	2.3 ± 0.2
sb21DHFR[c]	15	8.7 ± 1.2	4.6 ± 0.3	1.9 ± 0.3
sb6705DHFR[c]	15	7.9 ± 0.9	4.7 ± 0.3	1.7 ± 0.2
sfDHFR[c]	15	8.3 ± 0.9	4.0 ± 0.2	2.1 ± 0.2
soDHFR[c]	15	6.7 ± 1.0	5.9 ± 0.3	1.1 ± 0.2
spDHFR[c]	15	8.3 ± 1.4	6.9 ± 0.6	1.2 ± 0.2

[a] The buffer used was 20 mM Tris-hydrochloride containing 0.1 mM EDTA and 0.1 mM dithiothreitol. [b] Ohmae *et al.* [19]. [c] Murakami *et al.* [15].

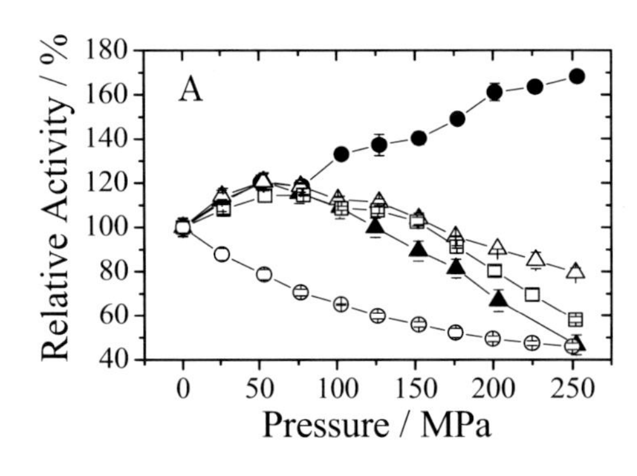

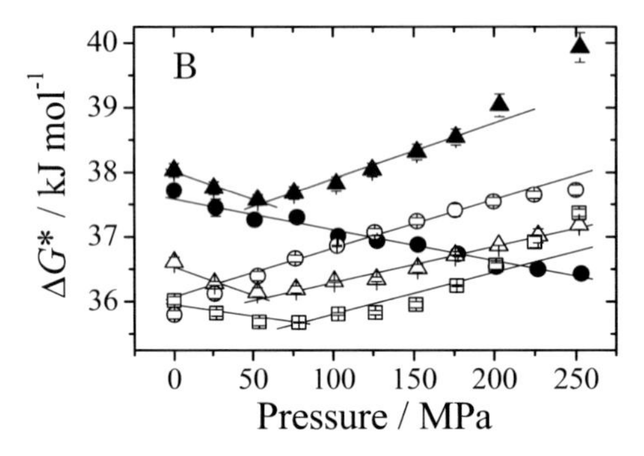

Fig 8. Pressure dependence of the relative activity (A) and activation free energy (B) of 3 deep-sea DHFRs—mpDHFR (filled triangle), svDHFR (open triangle), and sb21DHFR (open square)—compared with wild-type ecDHFR (open circle) and its D27E mutant (filled circle). The experimental temperature was 25.0°C. Lines in panel B indicate linear fits. Taken from Ohmae *et al*. [45].

ギー変化と見なすことができる。算出された ecDHFR と mpDHFR の 20.4°C における $\Delta G°_P$ 値は、それぞれ、20.0±2.6 kJ/mol と 3.3±0.3 kJ/mol であり、ここでも mpDHFR の低い構造安定性が示された[19]。

興味深いことに、mpDHFR の ΔV_P 値（−49±3 ml/mol）は、ecDHFR の ΔV_P 値（−74±11 ml/mol）よりも絶対値が小さかった。$\Delta G°_U$ 値の圧力依存性から算出した尿素変性に伴う部分モル体積変化も、mpDHFR（−53±7 ml/mol）の方が ecDHFR（−85±7 ml/mol）よりも小さかった[19]。第 7 節に述べるように、これらの体積変化は DHFR の高圧力環境適応機構を考える上で有用な情報である。

6. 深海微生物由来 DHFR の酵素機能

深海微生物由来 DHFR の最も興味深い特徴は、酵素活性の圧力依存性である。svDHFR、mpDHFR、*S. benthica* DB21MT-2 株由来 DHFR（sb21DHFR）の 3 種の深海微生物由来 DHFR の酵素活性は、50 MPa までの加圧に伴って上昇し、それ以上の加圧では徐々に低下した（Figure 8A）[14, 15, 19]。一方、それ以外の DHFR は、深海微生物由来あるいは常圧細菌由来のどちらも、このような加圧による活性の上昇を示さなかった。それゆえ、これら 3 種の深海微生物由来 DHFR は何らかの耐圧機構を備えているように思われた。しかし、我々は最近、ecDHFR の活性部位である Asp27 にメチレンを 1 個挿入（D27E）するだけで、酵素活性の圧力依存性が反転することを見出した（Figure 8A）[33]。したがって、加圧による活性の上昇は深海微生物由来酵素に特異的なものとは言えない。ecDHFR の圧力に対する構造安定性は mpDHFR よりも高い（Figure 7B）ことから、この D27E 変異体は深海環境に適応して十分に機能できると思われる。

基質飽和状態での酵素活性の圧力依存性からは、活性化自由エネルギー（ΔG^*）と活性化体積（ΔV^*）を以下の式で算出できる[34]（Figure 8B）。

$$\Delta V^* = \partial \Delta G^* / \partial P = \partial(-RT\ln k_{cat})/\partial P = \partial(-RT\ln v)/\partial P \qquad (5)$$

ここで、k_{cat} は分子活性（酵素 1 分子あたりの反応速度定数）、v は酵素反応速度である。算出された深海微生物および常圧細菌 DHFR の酵素反応の活性化体積を Table 3 に示した。活性化体積は、svDHFR と mpDHFR の−8.8 ml/mol から、北極海の氷から採集された *S. frigidimarina* ACAM591 株[35]由来 DHFR（sfDHFR）の 30.5 ml/mol まで様々な値であった。第 7 節で述べるように、活性化体積は律速過程における基底状態と遷移状態間のキャビティーと水和量の差を反映するため、この値が異なることは、酵素反応の律速過程が異なることを示している。

DHFRの酵素反応は、ジヒドロ葉酸（DHF）とNADPHが結合する2つの結合過程、化学的な酸化還元過程、テトラヒドロ葉酸（THF）と$NADP^+$が解離する2つの解離過程の、少なくとも5つの過程から成り立っており、ecDHFRの大気圧・中性pH下での律速過程は、THFの解離過程であることが分かっている[36]。それゆえ、50 MPa以上の高圧領域では、sb21DHFR（6.5±0.1 ml/mol）とmpDHFR（8.6±0.9 ml/mol）のΔV^*値がecDHFRのΔV^*値（7.5±0.2 ml/mol）と同程度であることから、これらの2つの酵素の律速過程はecDHFRと同じTHFの解離過程であると考えられる。また、酵素活性はDHFとNADPHが大過剰に存在する条件下（それぞれ250 μM）で測定しているため、DHFとNADPHの結合過程は律速過程に成り得ない。したがって、sfDHFRの低圧領域（14.0±0.1 ml/mol）と高圧領域（30.5±0.2 ml/mol）における大きな正のΔV^*値は、それぞれ、$NADP^+$の解離過程と部分変性のような構造変化が律速過程であることを示唆する。一方、ΔV^*値が負の場合、律速過程の遷移状態は基底状態よりもキャビティー体積が小さいか、水和量が増加している、あるいは両方が起こっていると考えられる（第7節参照）。このような活性化体積の減少は、化学的な酸化還元反応の遷移状態において、生じた部分電荷が水和または水和水の凝集により安定化されている場合に起こり得ることから、化学的な酸化還元過程が律速過程である可能性がある[37]。

7. DHFRの高圧力環境適応機構

深海微生物由来酵素と常圧細菌由来ホモログの立体構造上の違いは小さいので（Figure 5）、深海微生物由来酵素の圧力耐性機構は構造以外に起因すると考えられる。圧力は系の体積に影響を及ぼすため、酵素の変性あるいは反応過程における体積変化は、深海微生物由来酵素の高圧力環境適応機構を考える上で重要である。水溶液中におけるタンパク質の部分モル体積（$V°$）は、以下のようにタンパク質を構成する原子の体積（V_c）、原子の不完全なパッキングに起因するタンパク質内部のキャビティーの体積（V_{cav}）、水和に伴う体積変化（ΔV_{sol}）の3つの要素で決定されている[38]。

$$V° = V_c + V_{cav} + \Delta V_{sol} \qquad (6)$$

Table 3. Activation volumes at 25°C and pH 7.0 for the enzymatic function of DHFRs obtained from bacteria living in deep-sea and ambient atmospheric pressure conditions [a]

DHFR	ΔV^* / mL mol^{-1}	
ecDHFR (wild-type) [b]	7.5 ± 0.2 (0.1–250 MPa)	
ecDHFR (D27E mutant) [c]	−4.8 ± 0.1 (0.1–250 MPa)	
svDHFR [d]	−8.6 ± 1.9 (0.1–50 MPa)	5.6 ± 0.1 (50–250 MPa)
sb21DHFR [d]	−3.5 ± 0.6 (0.1–75 MPa)	6.5 ± 0.1 (75–250 MPa)
sb6705DHFR [d]	2.0 ± 0.1 (0.1–25 MPa)	29.0 ± 0.3 (25–250 MPa)
sfDHFR [d]	14.0 ± 0.1 (0.1–125 MPa)	30.5 ± 0.2 (125–250 MPa)
soDHFR [d]	4.1 ± 1.4 (0.1–50 MPa)	13.1 ± 0.2 (50–250 MPa)
spDHFR [d]	11.5 ± 0.2 (0.1–125 MPa)	23.3 ± 1.0 (125–250 MPa)
mjDHFR [b]	38.7 ± 0.3 (0.1–250 MPa)	
myDHFR [b]	1.7 ± 0.6 (0.1–75 MPa)	16.5 ± 0.6 (75–250 MPa)
mpDHFR [e]	−8.6 ± 2.5 (0.1–50 MPa)	8.6 ± 0.9 (50–250 MPa)
ppr9DHFR [b]	13.8 ± 0.4 (0.1–250 MPa)	

Values in parentheses indicate the pressure range used for the calculation. [a] The buffer used was 20 mM Tris-hydrochloride containing 0.1 mM EDTA, 0.1 mM dithiothreitol, 250 μM NADPH, and 250 μM DHF. [b] Murakami *et al.* [14]. [c] Ohmae *et al.* [33]. [d] Murakami *et al.* [15]. [e] Ohmae *et al.* [19].

タンパク質を構成する原子の体積は、変性過程では変化しない。したがって、変性に伴う体積変化（ΔV_P）は、以下のように、内部キャビティーと水和量の変化に起因している。

$$\Delta V_P = \Delta V_{cav} + \Delta\Delta V_{sol} \quad (7)$$

$V°$に対してキャビティーは正に、水和は負に寄与するため、実験的に得られる負の ΔV_P 値は、変性に伴うキャビティー体積の減少または水和量の増加、あるいはその両方を意味している。しかしながら、原子の体積が変化しないのは水分子も同じなので、水和量変化の効果 $\Delta\Delta V_{sol}$ は、タンパク質分子の周囲に存在する空隙（ボイド）の体積変化に起因している。さらに、溶液中ではタンパク質の構造は分子の熱運動により揺らいでいるので、分子内部のキャビティーと外部のボイドは速い速度で相互変換していると考えられる。それゆえ、ΔV_P に対するキャビティーと水和の寄与を分離することは、等温圧縮実験では困難である。しかしながら断熱圧縮実験では、タンパク質構造の揺らぎよりも速く圧縮が行われるので、両者を定量的に分離できる可能性がある。

第 5 節で述べたように、mpDHFR は ecDHFR と比較して変性に伴う ΔV_P 値が小さく、原子のパッキングが緩やかで水和量の多い天然構造をとっていると考えられる。この仮説には幾つかの間接的な証拠もある。mpDHFR の N 状態の蛍光スペクトルは、尿素濃度や圧力に対する依存性が大きく（Figure 7）、タンパク質内部にあるトリプトファン側鎖に溶媒が容易に接近できることが判る。また、深海微生物由来 DHFR の異常な熱安定性（Figure 6）も、天然構造での水和量の増加により、熱変性に伴う熱容量変化が減少していることに起因していると考えられる。キャビティーと水和はアミノ酸残基の側鎖に依存しているので、DHFR はその骨格構造を変えなくても、側鎖を変えることで深海の高圧力環境に適応することができるであろう。

式(7)は、ΔV^*に対しても当てはまる。

$$\Delta V^* = V°(\text{transition state}) - V°(\text{ground state}) = \Delta V_{cav} + \Delta\Delta V_{sol} \quad (8)$$

したがって、実験的に得られる負の ΔV^*値は、律速過程における遷移状態と基底状態間のキャビティー体積の減少または水和量の増加、あるいはその両方を、正の ΔV^*値はキャビティー体積の増加または水和量の減少、あるいはその両方を表している。酵素反応過程におけるタンパク質の構造変化は、変性と比較すると小さいと考えられるので、活性化体積は、酵素の活性中心近傍の局所的なキャビティーと水和量の変化に由来すると考えられる。DHFR の場合、第 6 節に示したように、負の ΔV^*値は、酸化還元反応過程の遷移状態で生じる部分電荷が、水和量の増加あるいは水和水の凝集によって安定化されることに起因すると考えられる。負の ΔV^*値のもう 1 つの要因としては、遷移状態において酵素のループやドメインが「open」構造をとり、水和量を増加させることも考えられる。一方、正の ΔV^*値は、生成物や補酵素の解離、あるいは遷移状態におけるループやドメイン構造の「closing」に伴う脱水和に起因すると考えられる。いずれにしても、酵素は遷移状態のキャビティーや水和量そのもの、あるいはこれらを変化させるような構造のゆらぎにより、基底状態の構造を大きく変えなくても深海の高圧力環境に適応できるものと考えられる。

8. おわりに

深海微生物と常圧細菌由来の DHFR の構造的な違いは小さい。しかしながら、両者の構造安定性は大きく異なっており、深海微生物由来 DHFR は熱には安定であるが、尿素や圧力には不安定である。変性に伴う体積変化が小さいことから、深海微生物由来 DHFR の天然構造は、ecDHFR と比較してキャビティー体積が小さく、水和量の多い構造と思われる。キャビティーと水和はアミノ酸残基の側鎖に依存しているので、深海微生物由来 DHFR は骨格構造を変えなくても、アミノ酸側鎖を変化させることで深海の高圧力環境に適応することができるであろう。一方、3 種の深海微生物由来 DHFR では、酵素反応の活性化体積が 50 MPa 付近で正から負に反転していることから、酵素反応の律速過程が高圧下では変化しているものと考えられる。したがって、深海微生物由来 DHFR は、基底状態の構造を大きく変えなくても、遷移状態のキャビティーや水和量、あるいはこれらを変化させるような構造のゆらぎの変化をとおして、高圧力環境に適応して機能していると思われる。このように本研究の結果は、キャビティーと水和が酵素の深海環境適応機構において重要な役割を果たしていることを示しているが、その解釈にはまだ多くの仮説が含まれている。深海生物由来酵素の圧力環境適応機構の分子論的解明に向けて、他の酵素も含めて更なる研究の進展が望まれる。

謝辞

深海微生物のゲノム DNA を提供していただいた海洋研究開発機構の能木裕一博士に感謝いたします。また、本研究にご協力いただいた近畿大学の赤坂一之教授と仲宗根薫教授、広島大学の楯真一教授と村上千穂博士、総合研究大学院大学の桑島邦博教授、立命館大学の北原亮准教授と秦和美博士、青山学院大学の阿部文快准教授、海洋研究開発機構の佐藤孝子博士に感謝します。本研究は JSPS 科研費 24570186 の助成を受けたものです。

参考文献

[1] [1] Lee, J. and Goodey, N. M. (2011) Catalytic contributions from remote regions of enzyme structure. Chem. Rev. 111: 7595-7624.

[2] Abali, E. E., Skacel, N. E., Celikkaya, H., and Hsieh, Y. C. (2008) Regulation of human dihydrofolate reductase activity and expression. Vitam. Horm. 79: 267-292.

[3] Paulsen, J. L., Bendel, S. D., and Andereson, A. C. (2011) Crystal structures of *Candida albicans* dihydrofolate reductase bound to propargyl-linked antifolates reveal the flexibility of active site loop residues critical for ligand potency and selectivity. Chem. Bio. Drug Des. 78: 505-512.

[4] Yuthavong, Y., Tarnchompoo, B., Vilaivan, T., Chitnumsub, P., Kamchonwongpaisan, S., Charman, S. A., McLennan, D. N., White, K. L., Vivas, L., Bongard, E., Thongphanchang, C., Taweechai, S., Vanichtananankul, J., Rattanajak, R., Arwon, U., Fantauzzi, P., Yuvaniyama, J., Charman, W. N., and Matthews, D. (2012) Malarial dihydrofolate reductase as a paradigm for drug development against a resistance-compromised target. Proc. Natl. Acad. Sci. USA 109: 16823-16828.

[5] Cody, V., Pace, J., Queener, S. F., Adair, O. O., and Gangjee, A. (2013) Kinetic and structural analysis for potent antifolate inhibition of *Pneumocystis jirovecii*, *Pneumocystis carinii*, and human dihydrofolate reductases and their active-site variants. Antimicrob. Agents Chemother. 57: 2669-2677.

[6] Frey, K. M., Lombardo, M. N., Wright, D. L., and Anderson, A. C. (2010) Towards the understanding of resistance mechanisms in clinically isolated trimethoprim-resistant, methicillin-resistant *Staphylococcus aureus* dihydrofolate reductase. J. Struct. Biol. 170: 93-97.

[7] Loveridge, E. J., Rodriguez, R. J., Swanwick, R. S., and Allemann, R. K. (2009) Effect of dimerization on the stability and catalytic activity of dihydrofolate reductase from the hyperthermophile *Thermotoga maritima*. Biochemistry 48: 5922-5933.

[8] Evans, R. M., Behiry, E. M., Tey, L. H., Guo, J., Loveridge, E. J., and Allemann, R. K. (2010) Catalysis by dihydrofolate reductase from the psychropiezophile *Moritella profunda*, Chembiochem 11: 2010-2017.

[9] Wright, D. B., Banks, D. D., Lohman, J. R., Hilsenbeck, J. L., and Gloss, L. M. (2002) The effect of salts on the activity and stability of *Escherichia coli* and *Haloferax volcanii* dihydrofolate reductases. J. Mol. Biol. 323: 327-344.

[10] Kato, C., Sato, T., and Horikoshi, K. (1995) Isolation and properties of barophilic and barotolerant

bacteria from deep-sea mud samples. Biodiversity and Conservation 4: 1-9.
[11] Kato, C., Li, L., Nogi, Y., Nakamura, Y., Tamaoka, J., and Horikoshi, K. (1998) Extremely barophilic bacteria isolated from the Mariana Trench, Challenger Deep, at a depth of 11,000 meters. Appl. Environ. Microbiol. 64: 1510-1513.
[12] Kato, C., Arakawa, S., Sato, T., and Xiao, X. (2008) Culture-Independent characterization of microbial diversity in selected deep-sea sediments. In: High-Pressure Microbiology, Michiels, C., Bartlett, D. H., and Aertsen, A. (eds.), ASM press, Washington DC, USA, pp. 219-236.
[13] Kato, C. (2011) Distribution of piezophiles. In: Extremophiles Handbook, Horikoshi, K., Antranikian, G., Bull, A., Robb, F., and Stetter, K. (eds.), Springer-Verlag, Tokyo, Japan, pp. 643-655.
[14] Murakami, C., Ohmae, E., Tate, S., Gekko, K., Nakasone, K., and Kato, C. (2010) Cloning and characterization of dihydrofolate reductases from deep-sea bacteria. J. Biochem. 147: 591-599.
[15] Murakami, C., Ohmae, E., Tate, S., Gekko, K., Nakasone, K., and Kato, C. (2011) Comparative study on dihydrofolate reductases from *Shewanella* species living in deep-sea and ambient atmospheric-pressure environments. Extremophiles 15: 165-175.
[16] Nogi, Y., Kato, C., and Horikoshi, K. (1998) *Moritella japonica sp. nov.,* a novel barophilic bacterium isolated from a Japan Trench sediment. J. Gen. Appl. Microbiol. 44: 289-295.
[17] Sawaya, M. R. and Kraut, J. (1997) Loop and subdomain movements in the mechanism of *Escherichia coli* dihydrofolate reductase: crystallographic evidence, Biochemistry 36: 586-603.
[18] Xu, Y., Nogi, Y., Kato, C., Liang, Z., Rüger, H. J., De Kegel, D., and Glansdorff, N. (2003) *Moritella profunda* sp. nov. and *Moritella abyssi* sp. nov., two psychropiezophilic organisms isolated from deep Atlantic sediments. Int. J. Syst. Evol. Microbiol. 53: 533-538.
[19] Ohmae, E., Murakami, C., Tate, S., Gekko, K., Hata, K., Akasaka, K., and Kato, C. (2012) Pressure dependence of activity and stability of dihydrofolate reductases of the deep-sea bacterium *Moritella profunda* and *Escherichia coli*. Biochim. Biophys. Acta 1824: 511-519.
[20] Oefner, C., D'Arcy, A., and Winkler, F. K. (1988) Crystal structure of human dihydrofolate reductase complexed with folate. Eur. J. Biochem. 174: 377-385.
[21] Stammers, D. K., Champness, J. N., Beddell, C. R., Dann, J. G., Eliopoulos, E., Geddes, A. J., Ogg, D., and North, A. C. (1987) The structure of mouse L1210 dihydrofolate reductase-drug complexes and the construction of a model of human enzyme. FEBS Lett. 218: 178-184.
[22] Venkateswaran, K., Moser, D. P., Dollhopf, M. E., Lies, D. P., Saffarini, D. A., MacGregor, B. J., Ringelberg, D. B., White, D. C., Nishijima, M., Sano, H., Burghardt, J., Stackebrandt, E., and Nealson, K. H. (1999) Polyphasic taxonomy of the genus *Shewanella* and description of *Shewanella oneidensis* sp nov. Int. J. Syst. Bacteriol. 49: 705-724.
[23] Nagae, T., Kato, C., and Watanabe, N. (2012) Structural analysis of 3-isopropylmalate dehydrogenase from the obligate piezophile *Shewanella benthica* DB21MT-2 and the nonpiezophile *Shewanella oneidensis* MR-1. Acta Cryst. F 68: 265-268.
[24] De Vos, D., Xu, Y., Hulpiau, P., Vergauwen, B., and Van Beeumen, J. J. (2007) Structural investigation of cold activity and regulation of aspartate carbamoyltransferase from the extreme psychrophilic bacterium *Moritella profunda*. J. Mol. Biol. 365: 379-395.
[25] Shirai, T., Hung, V. S., Morinaka, K., Kobayashi, T., and Ito, S. (2008) Crystal structure of GH13 α-glucosidase GSJ from one of the deepest sea bacteria. Proteins 73: 126-133.
[26] The, A. H., Kanamasa, S., Kajiwara, S., and Kumasaka, T. (2008) Structure of Cu/Zn superoxide dismutase from the heavy-metal-tolerant yeast *Cryptococcus liquefaciens* strain N6. Biochem. Biophys. Res. Com. 374: 475-478.
[27] Shin, D. S., DiDonato, M., Barondeau, D. P., Hura, G. L., Hitomi, C., Berglund, J. A., Getzoff, E. D., Cary, S. C., and Tainer, J. A. (2009) Superoxide dismutase from the eukaryotic thermophile *Alvinella pompejana*: Structures, stability, mechanism, and insights into amyotrophic lateral sclerosis. J. Mol. Biol. 385: 1534-1555.
[28] Vieille, C. and Zeikus, G. J. (2001) Hyperthermophilic enzymes: Sources, uses, and molecular mechanisms for thermostability. Microbiol. Mol. Biol. Rev. 65: 1-43.
[29] Xie, B. B., Bian, F., Chen, X. L., He, H. L., Guo, J., Gao, X., Zeng, Y. X., Chen, B., Zhou, B. C., and Zhang, Y. Z. (2009) Cold adaptatiom of zinc metalloproteases in the thermolysin family from deep

sea and Arctic sea ice bacteria revealed by catalytic and structural properties and molecular dynamics. J. Biol. Chem. 284: 9257-9269.
[30] Bartlett, D., Wright, M., Yayanos, A. A., and Silverman, M. (1989) Isolation of a gene regulated by hydrostatic pressure in a deep-sea bacterium. Nature 342: 572-574.
[31] Vidugiris, G. J. A. and Royer, C. A. (1998) Determination of the volume changes for pressure-induced transitions of apomyoglobin between the native, molten globule, and unfolded states, Biophysical J. 75: 463-470.
[32] Pace, C. N. (1985) Determination and analysis of urea and guanidine hydrochloride denaturation curves. In: Methods in Enzymology, Hirs, C. H. W. and Timasheff, S. N. (eds.), Vol. 131, Academic Press, New York, USA, pp. 267-280.
[33] Ohmae, E., Miyashita, Y., Tate, S., Gekko, K., Kitazawa, S., Kitahara, R., and Kuwajima, K. (2013) Solvent environments significantly affect the enzymatic function of *Escherichia coli* dihydrofolate reductase: comparison of wild-type protein and active-site mutant D27E. Biochim. Biophys. Acta 1834: 2782-2794.
[34] Ohmae, E., Tatsuta, M., Abe, F., Kato, C., Tanaka, N., Kunugi, S., and Gekko, K. (2008) Effects of pressure on enzyme function of *Escherichia coli* dihydrofolate reductase, Biochim. Biophys. Acta 1784: 1115-1121.
[35] Bowman, J. P., McCammon, S. A., Nichols, D. S., Skerratt, J. H., Rea, S. M., Nichols, P. D., and McMeekin, T. A. (1997) *Shewanella gelidimarina* sp. nov. and *Shewanella frigidimarina* sp. nov., novel Antarctic species with the ability to produce eicosapentaenoic acid (20:5 omega 3) and grow anaerobically by dissimilatory Fe(III) reduction. Int. J. Syst. Bacteriol. 47: 1040-1047.
[36] Fierke, C. A., Johnson, K. A., and Benkovic, S. J. (1987) Construction and evaluation of the kinetic scheme associated with dihydrofolate reductase from *Escherichia coli*. Biochemistry 26: 4085-4092.
[37] Northrop, D. B. and Cho, Y. K. (2000) Effects of pressure on deuterium isotope effects of yeast alcohol dehydrogenase: evidence for mechanical models of catalysis. Biochemistry 39: 2406-2412.
[38] Ohmae, E., Miyashita, Y., and Kato, C. (2013) Thermodynamic and functional characteristics of deep-sea enzymes revealed by pressure effects. Extremophiles 17: 701-709.
[39] MacDonell, M. T. and Colwell, R. R. (1985) Phylogeny of the *Vibrionaceae*, and recommendation for two new genera, *Listonella* and *Shewanella*. Syst. Appl. Microbiol. 6: 171-182.
[40] Owen, R. J., Legors, R. M., and Lapage, S. P. (1978) Base composition, size and sequence similarities of genoma deoxyribonucleic acids from clinical isolates of *Pseudomonas putrefaciens*. J. Gen. Microbiol. 104: 127-138.
[41] Urakawa, H., Kita, T. K., Steven, S. E., Ohwada, K., and Colwell, R. R. (1998) A proposal to transfer *Vibrio marinus* (Russell 1891) to a new genus *Moritella* gen. nov. as *Moritella marina* comb. nov. FWMS Microbiol. Lett. 165: 373-378.
[42] Hastings, J. W. and Nealson, K. H. (1981) The symbiotic luminous bacteria. In: The prokaryotes. A handbook on habitats, isolation, and identification of bacteria, Starr, M., Stolp, H., Trüper, H., Balows, A., and Schlegel, H. (eds.), Springer-Verlag, Berlin, Germany, pp. 1322-1345.
[43] Nogi, Y., Masui, N., and Kato, C. (1998) *Photobacterium profindum* sp. nov., a new, moderately barophilic bacterial species isolated from a deep-sea sediment. Extremophiles 2: 1-7.
[44] Nogi, Y., Kato, C., and Horikoshi, K. (2002) *Psychromonas kaikoae* sp. nov., a novel from the deepest piezophilic bacterium cold-seep sediments in the Japan Trench. Int. J. Syst. Evol. Microbiol. 52: 1527-1532.
[45] Ohmae, E., Gekko, K., and Kato, C. (2015) Environmental adaptation of dihydrofolate reductase from deep-sea bacteria. In: High Pressure Bioscience – Basic Concepts, Applications and Frontiers, Akasaka, K. and Matsuki, H. (eds.), Springer, New York, USA. (In press).

Environmental Adaptation Mechanism of Dihydrofolate Reductases from Deep-sea Bacteria

Eiji Ohmae[*1], Yurina Miyashita[1], Kunihiko Gekko[2], and Chiaki Kato[3]

[1] *Department of Mathematical and Life Sciences, Graduate School of Science, Hiroshima University, Higashi-Hiroshima 739-8526, Japan*
[2] *Institute for Sustainable Sciences and Development, Hiroshima University, Higashi-Hiroshima 739-8526, Japan*
[3] *Institute of Biogeosciences, Japan Agency for Marine-Earth Science and Technology (JAMSTEC), Yokosuka 237-0061, Japan*
* *E-mail: ohmae@hiroshima-u.ac.jp*

Abstract

To elucidate the molecular adaptation mechanisms of enzymes to the high hydrostatic pressure of deep sea, we cloned, purified, and characterized more than 10 dihydrofolate reductases (DHFRs) from bacteria living in deep-sea and ambient atmospheric pressure environments. The nucleotide and amino acid sequences of these DHFRs suggest that the deep-sea bacteria became adaptable to their environments after the differentiation of their genus from ancestors inhabiting atmospheric pressure environments. The backbone structure of DHFR from the deep-sea *Moritella profunda* (mpDHFR) almost overlapped with that of *Escherichia coli* DHFR (ecDHFR). The backbone structures of other DHFRs would also be close to that of ecDHFR judging from the similarities in their sequences. However, the structural stability of both DHFRs was quite different: mpDHFR was more thermally stable than ecDHFR but less stable against urea and pressure unfolding. The smaller volume changes due to unfolding suggest that the native structure of mpDHFR involves a smaller amount of cavity and/or an enhanced hydration compared to ecDHFR. The enzymatic activity of most DHFRs decreased under high pressure, but the D27E mutant of ecDHFR exhibited pressure- activation and three deep-sea DHFRs showed the maximum activity around 50 MPa. The inverted activation volumes of these deep-sea DHFRs from positive to negative values suggest the changes in the rate-determining step of the enzymatic reaction, the cavity and hydration in the transition-state, and the structural fluctuation. Since the cavity and hydration depend on the amino acid side chains, DHFRs could adapt to the deep-sea environment by changing their amino acid side chains without altering their backbone structure. The results of this study clearly indicate that the cavity and hydration play important roles in the adaptation of enzymes to the deep-sea environments.

Keywords：Cavity and hydration, Deep-sea enzyme, Dihydrofolate reductase, Hydrostatic pressure, Molecular adaptation

高圧下蛋白質結晶構造解析法による蛋白質構造研究：加圧による 3-isopropylmalate dehydrogenase の水和構造変化の観測と深海微生物由来酵素の圧力適応機構の解明

永江峰幸 [1]、濱島裕輝 [2]、河村高志 [3]、丹羽健 [4]、長谷川正 [4]、加藤千明 [5]、渡邉信久 [3、4*]

[1]名古屋大学 ベンチャービジネスラボラトリー
愛知県名古屋市千種区不老町
[2]立教大学 大学院理学研究科
東京都豊島区西池袋 3-34-1
[3]名古屋大学 シンクロトロン光研究センター
[4]名古屋大学 大学院工学研究科
愛知県名古屋市千種区不老町
[5]海洋研究開発機構 極限環境生物圏領域
神奈川県横須賀市夏島町 2-15
*E-mail: nobuhisa@nagoya-u.jp

要旨

蛋白質に圧力をかけると構造変化を伴う様々な応答を示すことが知られており、それらの応答には加圧による水和構造変化が大きく寄与している。我々は、ダイヤモンドアンビルセルを用いた高圧下蛋白質結晶構造解析法によって、常圧から 650 MPa までの圧力下で、常圧微生物由来の 3-isopropylmalate dehydrogenase の結晶構造を決定した。580 MPa 以上の圧力下では蛋白質分子表面に、常圧下では観測されなかった溝が新たに形成され、3 つの水分子が侵入することが明らとなった。深海微生物由来の耐圧性酵素は、分子表面付近のアミノ酸変異によって圧力誘起の水和構造変化を防ぐことで耐圧性を獲得していることが示唆された。

キーワード：高圧下蛋白質結晶構造解析、DAC、水和構造、水の侵入、IPMDH、圧力適応

1. はじめに

蛋白質を加圧すると、多量体の解離や分子のコンフォメーション変化等を経て最終的に変性することが知られている。圧力に対して蛋白質がそういった応答を示すメカニズムは未だ十分に解明されているわけではないが、加圧による蛋白質分子内外の水和構造変化が大きく寄与していると考えられている。蛋白質の圧力応答を調べる実験手法として、高圧 NMR 分光法、高圧赤外分光法、高圧 X 線溶液散乱法など様々な手法が開発・適用されてきた。一方で蛋白質の圧力応答の鍵である水和構造を直接的に観測できる実験手法としては、高圧下蛋白質結晶構造解析法が有力な手法として挙げられる。高圧下蛋白質結晶構造解析法については、これまでに様々な圧力セルを用いた方法が開発されてきているが［1–5］、本稿では我々が推し進めているダイヤモンドアンビルセル（DAC）と短波長の放射光 X 線を用いた高圧下蛋白質結晶構造解析法について紹介する。また、実際にこれを用いて観測出来た蛋白質水和

構造の変化と、深海微生物由来の耐圧性蛋白質との関係についても紹介する［6］。深海に棲息する生物の蛋白質は高圧環境下でも機能を失うことなく働いており、圧力に適応していることが知られている。例えば、マリアナ海溝水深 10,898 m で採取された絶対好圧菌 *Shewanella benthica* DB21MT-2 由来の 3-isopropylmalate dehydrogenase（絶対好圧菌 IPMDH）は、浅い湖で採取された常圧菌 *S. oneidensis* MR-1 由来の IPMDH（常圧菌 IPMDH）と比較すると、加圧による酵素活性の低下が小さいということが報告されている［7］。一方で、こういった深海生物の蛋白質がどのような構造的特徴によって耐圧性を獲得しているのか、その仕組みは十分に明らかにされていない。そこで、絶対好圧菌 IPMDH の耐圧性獲得の仕組みを明らかにすることを目的として、先ずは常圧菌 IPMDH の高圧下蛋白質結晶構造解析を行った。

2. 材料と方法

2.1. 蛋白質発現・精製・結晶化

大腸菌発現系を利用して、常圧菌 IPMDH を His タグ融合蛋白質として発現させ、アフィニティクロマトグラフィとゲル濾過クロマトグラフィによって精製した。1.5 μL の蛋白質溶液（15 mg ml^{-1}, 10 mM $MgCl_2$, 10 mM IPM, 10 mM Tris-HCl, pH 8.0）と 1.5 μL の結晶化溶液（11% PEG3350, 200 mM $Ca(OAc)_2$, 100 mM HEPES-Na, pH 7.0）を混合し、ハンギングドロップ蒸気拡散法を用いて、20ºC で平衡化することで常圧菌 IPMDH の基質複合体結晶を得た。得られた常圧菌 IPMDH 結晶を結晶保存液（18% PEG 3350, 200 mM $Ca(OAc)_2$, 10 mM IPM, 10mM $MgCl_2$, 100 mM HEPES-Na, pH 7.0）に移して保存した。

2.2. 高圧条件下における X 線回折実験

DAC は、一対のダイヤモンドで穴の空いた金属板（ガスケット）を挟み、ダイヤモンドを押し込むことで穴の中の試料を加圧する仕組みの高圧力発生装置である（Fig 1）。我々のグループでは Merrill-Bassett 型 DAC［8］と Piston-Cylinder 型 DAC［9］の 2 種類を使用している。ダイヤモンドアンビルについては、キュレット直径 1.0 mm、厚さ 1.5 mm の Boehler Almax 型［10］を用いている。また、厚さ 0.25 から 0.3 mm の焼入硬化させたステンレス板に直径 0.6 から 0.7 mm の穴を開けたものをガスケットとして使用している。試料室への結晶のサンプリングについては、マイクロピペッターを用いて結晶保存液ごと蛋白質結晶を吸い込んだ後、そのまま試料室に流し込むという方法で行っている。結晶と一緒に試料室に流し込んだ結晶保存液は圧力媒体の役割を担う。DAC 試料室内には予め直径 10 μm 程度のルビーボールを数個サンプリングしておき、その蛍光の波長シフトによって試料室内の圧力を測定する［11］。DAC を用いて X 線回折実験を実施する場合、ダイヤモンドによって X 線が吸収されてしまうため、短波長の高輝度な X 線を使用しないと蛋白質結晶からの回折の観測が不可能である。そこで我々の DAC 実験は、蛋白質結晶用ビームラインの中でも 0.7 Å の短波長の X 線が利用可能な高エネルギー加速器研究機構放射光科学研究施設（PF）の AR-NW12A で行っている。DAC 実験を行う際は、ゴニオメータの先端部を DAC を搭載出来るように改良したものに交換し、試料結晶センタリング用カメラのフォーカス等の調整を行う必要がある［12］。

DAC を用いて蛋白質結晶の高圧下 X 線回折実験を行うにあたり、いくつかの問題点が挙げられる［13］。具体的には、(1) DAC 試料室内は液体の圧力媒体で満たされているため、測定中のゴニオメータの回転によって結晶が移動してしまう。(2) DAC は開口角が制限されているため、立方晶や六方晶などのような対称性が高い結晶でない限り構造解析に十分な完全性の高いデータ収集が困難である。(3) 室温で結晶に X 線を照射するため、回折データ収集中の放射線損傷を考慮する必要がある。以下にそれぞれの問題点に対して我々が行った対策を述べる。

（1）我々が高圧実験を行う PF AR-NW12A のゴニオメータは水平方向の回転軸を持っているため、ゴニオメータの回転に伴い結晶が移動してしまいやすい。以前の報告で Katrusiak と Dauter は結晶と一緒に綿毛の繊維を DAC 試料室にサンプリングし、結晶の移動を防いでいる［1］。我々の実験では綿毛の繊維ではなくタバコフィルタの繊維を結んだものを利用した。タバコフィルタをほぐして繊維を 1 本取り出し、緩く結び、これを結晶と共に試料室にサンプリングした。緩く結んだタバコフィルタの繊維は適度な弾力を持っており、試料室中の蛋白質結晶を傷めることなく固定することが可能である（Fig. 2）。

（2）例えば本稿で紹介する常圧菌 IPMDH 結晶は対称性の低い単斜晶であったため、1 個の結晶だけでは DAC の制限された開口角範囲内の回転では完全性の高いデータを収集することは不可能であった。そこで、DAC 試料室に一度に 3 個から 4 個程度の結晶を入れ、各々の結晶が異なる方向になるように傾けた（Fig. 2）。このようにして複数の結晶からの回折データを収集して使用することで、対称性の低い結晶でも、構造解析に十分な完全性のデータ収集を行うことが可能となった。

（3）通常の蛋白質結晶構造解析の実験では結晶を 100 K 程度の窒素ガスで凍結してデータ収集するが、DAC ごと 100 K 程度の低温にして振動写真法で回折測定をすることは困難であり、DAC による高圧下蛋白質結晶構造解析法では、室温で回折データを収集することになる。この方法は、蛋白質結晶を凍結した際に生じる側鎖や水和水のコンフォメーションへの圧力以外の影響を除外することにもなる［14］。一般に、低温測定で軽減される結晶の放射線損傷が、室温測定では無視できない。先に述べたように回折データの完全性を上げる目的で複数の結晶を同時にサンプリングしてあるので、1 個の結晶で完全なデータを収集しなくて良く、例えば結晶のモザイシティ変化を指標にして損傷が無視できなくなったら次の結晶を測定に用いるという方法で、損傷の影響を軽減した。

上記の方法を用いて、常圧菌 IPMDH に 160、340、410、580、650 MPa の圧力をかけた状態で X 線回折実験を行った。また高圧下の結晶構造と比較するために、高圧実験と同様に予め結晶保存液に浸しておいた結晶を外径 0.7 mm、肉厚 0.01 mm のガラスキャピラリー内に封入し常圧下の回折データを収集した。回折写真のデータ処理は *HKL2000*［15］を使用して行った。常圧の初期構造は、*Thiobacillus ferrooxidans* 由来 IPMDH（PDB code：1A05）をサーチモデルとして、*CCP4*［16］の *MOLREP*［17］を用いて分子置換法により決定した。その後 *COOT*［18］と *REFMAC5*［19］を用いてモデル構築および構造精密化を行った。高圧構造については、常圧構造を初期構造として用いて *REFMAC5* と *COOT* によってモデル構築および構造精密化を行った。常圧、160、340、410、580、650 MPa 下の原子座標と構造因子はそれぞれ PDB code：3VKZ、3VL2、3VL3、3VL4、3VL6、3VL7 として Protein Data Bank に登録した。結晶構造の図は *PyMOL*［20］を使用して作成した。

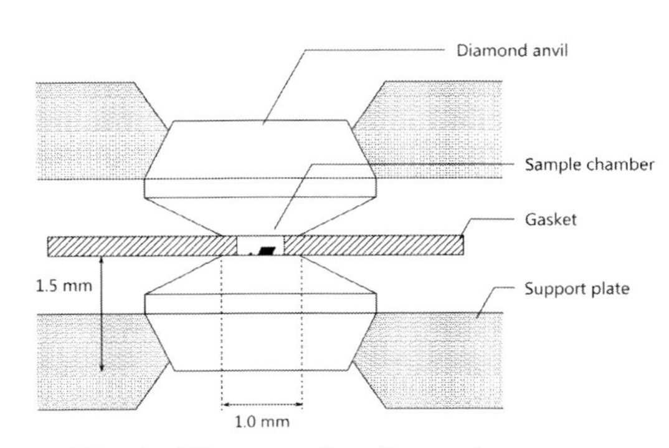

Fig. 1. Diagram of a diamond anvil cell.

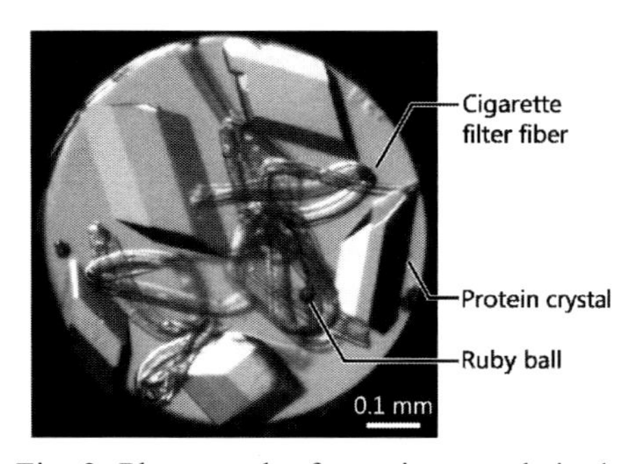

Fig. 2. Photograph of protein crystals in the sample chamber of DAC. Five protein crystals are tiled with different orientations from each other, and fixed using the knotted cigarette-filter fibers. The diameter of the sample chamber is 0.7 mm.

3. 結果

3.1. 加圧による蛋白質構造変化と水和構造変化

常圧下および580 MPa下における常圧菌IPMDHの結晶構造をFig. 3に示す。先にも述べたが、X線結晶構造解析法を使うと、蛋白質分子そのものの構造決定は勿論のこと、蛋白質分子内外の水和構造の決定も可能である。ここでは特に580 MPa以上の圧力下で新たに出現した3つの水分子（図中では黒の球で示してある）とそれに伴う蛋白質構造変化について紹介する。常圧菌IPMDHの分子表面には大きな溝があり、溝の底にはPro108とLeu305がある。常圧、340、410、580、650 MPa下でPro108のC^{δ}とLeu305の$C^{\delta1}$の距離は、それぞれ4.8、5.0、5.1、5.6、5.9 Åで、Pro108のC^{γ}とLeu305の$C^{\delta2}$の距離は5.0、5.1、5.4、5.5、5.8 Åとなっており、圧力の増加に伴って徐々に拡がっている（Fig. 4f）。そこでPro108とLeu305の間の領域のFo－Fcマップ（3σ）を計算すると、580 MPa下では、常圧構造には観測されない3つの水分子Wat 697、698、699由来のピークが観測される（Fig. 4a、4b）。また、常圧と580 MPa構造の溶媒排除表面をプローブ半径1.4 Åでサーチした結果を表示すると、580 MPa構造中では、Pro108とLeu305の間に常圧構造よりも深い溝が形成され、ここに水分子が収容されていることが分かる（Fig. 4c、4d）。580 MPa以上の高圧下で新たに出現するこれらの水分子は、蛋白質分子表面の極性残基、あるいは水分子同士で水素結合を形成している（Fig. 4e）。

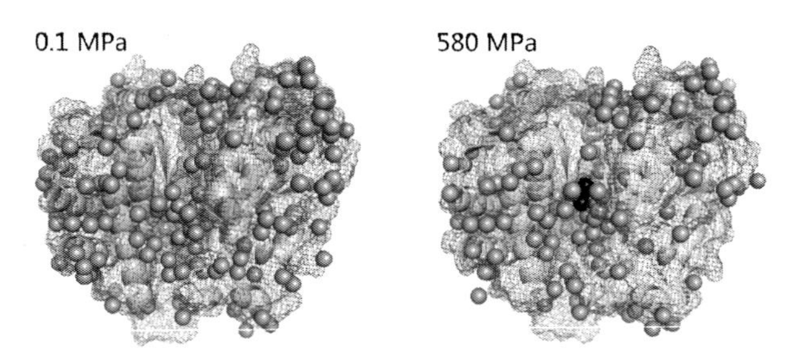

Fig. 3. Surface waters observed at 0.1 MPa and 580 MPa. The penetrating waters are drawn in black.

4. 考察

高圧下で水分子が侵入する溝の分子表面は、Pro108とLeu305の側鎖で形成されており、全体として非極性になっている。従って水分子が蛋白質分子と形成可能な水素結合の数は少なく、本来は長時間安定に水分子が局在しない箇所であると考えられる。しかしながら、ルシャトリエの原理に従って、高圧下では蛋白質（水和構造を含む）はより部分モル体積が小さい構造へと変化していく。従って、この比較的非極性な溝の内部に水分子が収納されることによって、常圧よりも部分モル体積が小さい構造になっていると考えられる。押し込まれた3つの水分子は、Leu106のカルボニル酸素原子、Ser266のアミド水素原子と側鎖O^{γ}原子、His309の側鎖$N^{\varepsilon2}$原子などの極性部分と水素結合ネットワークを形成している。この溝部分であれば、侵入した水分子が非極性表面を押し広げて、蛋白質分子内部の残基との水素結合を形成することが可能となるため、加圧による最初の水分子の侵入がこの部位から始まっていると考えられる。また、この溝は活性サイトが開閉する際のヒンジ部分に位置しているため、高圧下で水分子が局在してしまうとヒンジ運動が妨げられ、活性サイトの開閉が出来なくなってしまうことが推測される。これが常圧菌IPMDHの酵素活性が高圧下で低下してしまう要因のひとつと考えられる。常圧菌IPMDHと絶対好圧菌IPMDHは、圧力に対する応答が顕著に異なるにも関わらず、両者のアミノ酸配列相同性は85%と非常に高い。従ってアミノ酸の種類が異なる箇所は限られているが、興味深いことに、その数少ない箇所の1つが水分子と水素結合を形成している 266 番のアミノ酸残基である。常圧菌 IPMDH では 266 番のアミノ酸残基は Ser であるが、絶対好圧菌 IPMDH では Ala である。すなわち絶対好圧菌 IPMDH では、溝部分に侵入する水分子が形成可能な水素結合を減らすことで、高圧下においても溝に水分子が局在しないようになっていることが推測される。絶対好圧菌 IPMDH は、分子表面近傍のアミノ酸変異によって高圧下における水和構造を調節し、触媒機能の低下を免れていると推測される。

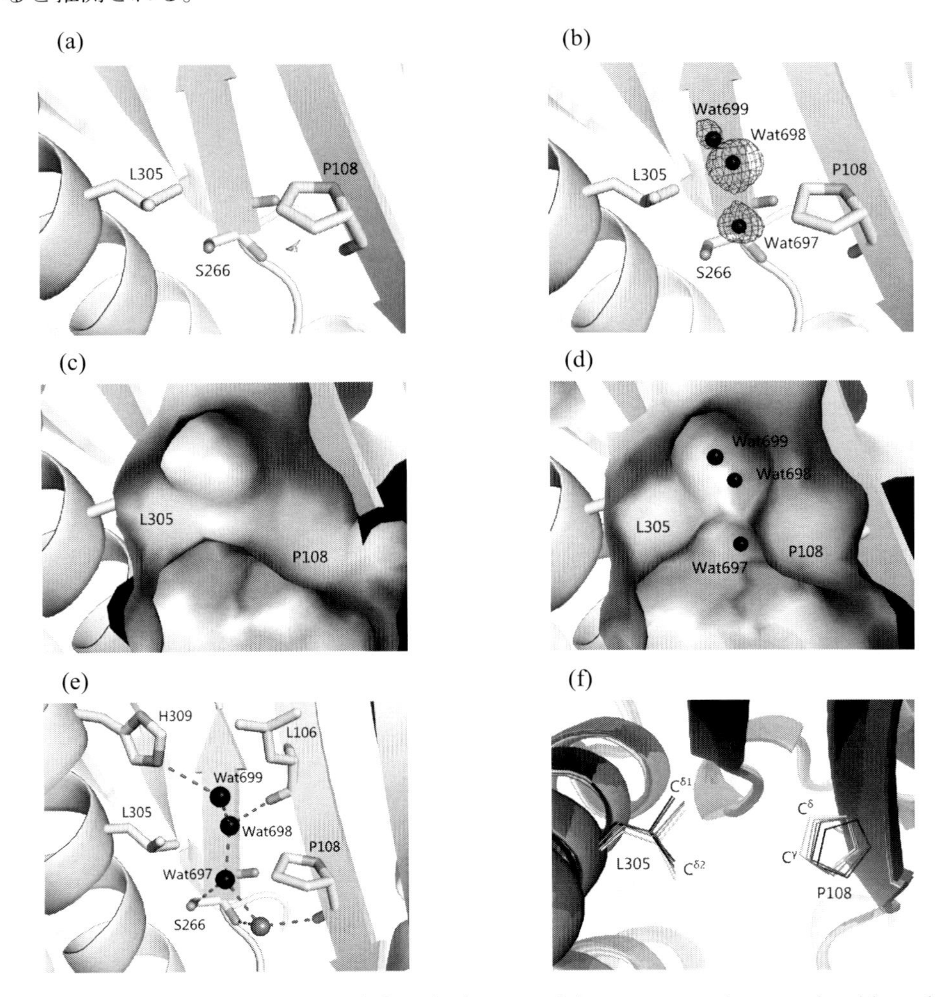

Fig. 4. Generation of a new cleft at the bottom of the groove on the opposite side to the active site and water penetration into the cleft at 580 MPa. (a, b) Fo - Fc map between Pro108 and Leu305 shown as a mesh contoured at 3.0σ at 0.1 and 580 MPa, respectively. Pro108, Ser266 and Leu305 are represented as sticks. Three positive peaks are observed at 580 MPa in (b) and were assigned as three water molecules: Wat697, Wat698 and Wat699 (represented by black balls). No positive peaks are observed in the cleft at 0.1 MPa in (a). (c, d) Solvent-excluded surface representation around Pro108 and Leu305 at 580 MPa, drawn using a probe radius of 1.4 Å. (e) Hydrogen-bond network of the penetrating water molecules Wat697, Wat698 and Wat699 as illustrated by dashed lines. (f) Pro108 and Leu305 at the bottom of the groove on the opposite side to the active site at a series of pressures. Pro108 and Leu305 are represented as wires (white, 0.1 MPa; light grey, 340 MPa; grey, 410 MPa; dark grey, 580 MPa; black, 650 MPa).

5. 結語

本稿では、DACによる高圧下蛋白質結晶構造解析法と、その応用事例としてIPMDHの高圧構造研究を紹介した。DACを用いた高圧下蛋白質結晶構造解析法は、これまで比較的対称性の高い結晶にしか適用されてこなかったが、サンプリング方法の工夫によって対称性の低い結晶にも適用可能であることが示された。また蛋白質の圧力応答の鍵となる水和構造の変化を直接観測し、それと協調しておこる蛋白質構造変化を観測することに成功した。さらに深海生物由来酵素が分子表面付近の残基の変異によって水和構造を調整し耐圧性を獲得している可能性が示唆された。これは、原子レベルの構造に基づいて耐圧性獲得機構を説明する初めてのモデルである。今後、本研究で確立した高圧下蛋白質結晶構造解析法の技術を他の蛋白質にも適用することで、他の深海生物由来蛋白質の圧力適応機構、さらには一般の蛋白質の圧力応答や熱力学的性質に関する知見が蓄積されていくと考えている。

謝辞

高エネルギー加速器研究機構放射光科学研究施設PF-AR NW12AでDAC使用実験を可能とすることには、Leonard Chavas助教（KEK PF）およびビームラインスタッフの協力を得ました。ルビー蛍光測定には、亀卦川卓美講師（KEK PF）の協力でPF-AR NE1の測置を利用いたしました。深く感謝致します。

参考文献

[1] Kundrot, C. E. and Richards F., M. (1986) Collection and processing of X-ray diffraction data from protein crystals at high pressure. J. Appl. Cryst. 19: 208–213.
[2] Suzuki, Y., Tsukamoto, M., Sakuraba, H., Matsumoto, M., Nagasawa, M. and Tamura, K. (2010) Design of a standalone-type beryllium vessel for high-pressure protein crystallography. Rev. Sci. Instrm. 81: 084302-1-3.
[3] Katrusiak, A. and Dauter Z. (1996) Compressibility of lysozyme protein crystals by X-ray diffraction. Acta Cryst. D52: 607-608.
[4] Fourme, R., Kahn, R., Mezouar, M., Girard, E., Hoerentrup, C., Prangé, T. and Ascone, I. (2001) High-pressure protein crystallography (HPPX): instrumentation, methodology and results on lysozyme crystals. J. Synchrotron Rad. 8: 1149-1156.
[5] Kim, C. U., Kapfer, R. and Gruner, S. M. (2005) High-pressure cooling of protein crystals without cryoprotectants. Acta Cryst. D61: 881-890.
[6] Nagae, T., Kawamura, T., Chavas, L. M. G., Niwa, K., Hasegawa, M., Kato, C. and Watanabe, N. (2012) High-pressure-induced water penetration into 3-isopropylmalate dehydrogenase. Acta Cryst. D68: 300–309.
[7] Kasahara, R., Sato, T., Tamegai, H. and Kato, C. (2009) Piezo-adapted 3-isopropylmalate dehydrogenase of the obligate piezophile Shewanella benthica DB21MT-2 isolated from the 11,000-m depth of the Mariana Trench. Biosci. Biotechnol. Bochem. 73(11): 2541-2543.
[8] Merrill L. and Bassett W. A. (1974) Miniature diamond anvil pressure cell for single crystal x - ray diffraction studies. Rev. Sci. Instrum., 45: 290–294.
[9] Chervin, J.-C., Canny, B., Besson, J.-M. and Pruzan, P. (1995) A diamond anvil cell for IR microspectroscopy. Rev. Sci. Instrum. 66: 2595-2598.
[10] Boehler, R. and De Hantsetters, K. (2004) New anvil designs in diamond-cells. High Press. Res. 24: 1-6.
[11] Piermarini, G. J., Block, S., Barnett, J. D. and Forman, R. A. (1975) Calibration of the pressure dependence of the R1 ruby fluorescence line to 195 kbar. J. Apple. Phys. 46: 2774-2780.
[12] Chavas, L. M. G., Nagae, T., Yamada, H., Watanabe, N., Yamada, Y., Hiraki, M. and Matsugaki, N. (2013) Development of an automated large-scale protein-crystallization and monitoring system for

high-throughput protein-structure analyses. J. Synchrotron Rad. 20: 838-842.
[13] Kurpiewska, K. and Lewiński, L. (2010) High pressure macromolecular crystallography for structural biology. Cent. Eur. J. Biol. 5: 531-542.
[14] Fraser, J. S., van den Bedem, H., Samelson, A. J., Lang, P. T., Holton, J. M., Echols, N. and Alber, T. (2011) Accessing protein conformational ensembles using room-temperature X-ray crystallography. Proc. Natl. Acad. Sci. 108: 16247-16252.
[15] Otwinowski, Z. and Minor, W. (1997) Processing of X-ray Diffraction Data Collected in Oscillation Mode. Methods Enzymol. 276: 307-326.
[16] Collaborative Computational Project, Number 4. (1994) The CCP4 suite: programs for protein crystallography. Acta Cryst. D50: 760-763.
[17] Vagin, A. and Teplyakov, A. (1997) MOLREP: an Automated Program for Molecular Replacement. J. Appl. Cryst. 30: 1022-1025.
[18] Emsley, P. and Cowtan, K. (2004) Coot: model-building tools for molecular graphics. Acta Cryst. D60: 2126-2132.
[19] Murshudov, G. N., Vagin, A. A. and Dodson, E. J. (1997) Refinement of Macromolecular Structures by the Maximum-Likelihood Method. Acta Cryst. D53: 240-255.
[20] DeLano, W. L. (2002) The PyMOL Molecular Graphics System. DeLano Scientific, San Carlos, USA. http://www.pymol.org.

Structural Study of Proteins Using High-Pressure Protein Crystallography: Pressure-Induced Hydration Structure Change of 3-isopropylmalate Dehydrogenase and Pressure Adaptation of a Deep-Sea Bacterium Enzyme

Takayuki Nagae[1], Yuki Hamajima[2], Takashi Kawamura[3], Ken Niwa[4], Masashi Hasegawa[4], Chiaki Kato[5], Nobuhisa Watanabe[3,4]*

[1]Venture Business Laboratory, Nagoya University, Furo-cho, Chikusa-ku, Nagoya 464-8603, Japan.
[2]Graduate School of Science, Rikkyo University, Nishi-ikebukuro, Toshima-ku, Tokyo 171-8501, Japan.
[3]Synchrotron Radiation Research Center, Nagoya University,
[4]Graduate School of Engineering, Nagoya University, Furo-cho, Chikusa-ku, Nagoya 464-8603, Japan.
[5]Japan Agency for Marine-Earth Science and Technology (JAMSTEC), Natsushima-cho 2-15, Yokosuka 237-0061, Japan.
**E-mail: nobuhisa@nagoya-u.jp*

Abstract

Hydrostatic pressure induces structural changes in proteins, such as dissociation, conformational changes and denaturation. These effects are currently considered to be mainly caused by hydration structure changes at high pressure conditions. In this study, we report structures of 3-isopropylmalate dehydrogenase from a land bacterium *Shewanella oneidensis* MR-1 determined in several pressure conditions up to 650 MPa using a diamond anvil cell (DAC). At 580 MPa a new cleft, which is not observed in the 0.1 MPa structure, is formed on the molecular surface of *S. oneidensis* IPMDH, and penetration of water molecules into the cleft is observed. This observation of hydration structure change deepens our understanding of how IPMDHs from deep-sea bacteria adapts to extreme high-pressure environments in deep seas.

Keywords : high-pressure protein crystallography, DAC, hydration structure, Water penetration, IPMDH, pressure adaptation

索　引

1

2

A

B

D

E

H

I

L

R

S

あ

い

え

お

か

き

く

け

こ

さ

し

す

せ

そ

た

ち

て

と

な

に

ね

は

ひ

ふ

へ

ほ

ま

み

ゆ

れ

高圧バイオサイエンスとバイオテクノロジー
−High Pressure Bioscience and Biotechnology−

2015年11月1日　初版発行

野村 一樹・藤澤 哲郎・岩橋 均　編集

定価（本体価格 6,500 円+税）

発行所　株式会社　三恵社
〒462-0056　愛知県名古屋市北区中丸町2-24-1
TEL 052(915)5211
FAX 052(915)5019
URL http://www.sankeisha.com

乱丁・落丁の場合はお取替えいたします。
ISBN978-4-86487-437-3 C3045 ¥6500E